变质心飞行器动力学与集群控制

Dynamics and Swarm Control of Aircraft with Moving Mass Control

李涧青 李超勇 高长生 齐冬莲◎著

ZHEJIANG UNIVERSITY PRESS
浙江大学出版社
·杭州·

图书在版编目（CIP）数据

变质心飞行器动力学与集群控制/李涧青等著. 一杭州：浙江大学出版社，2023.9
ISBN 978-7-308-24151-9

Ⅰ.①变… Ⅱ.①李… Ⅲ.①飞行器一姿态飞行控制一动力学 Ⅳ.①V412.4

中国国家版本馆 CIP 数据核字(2023)第 164158 号

变质心飞行器动力学与集群控制
李涧青 李超勇 高长生 齐冬莲 著

责任编辑 陈 宇
责任校对 赵 伟
封面设计 雷建军
出版发行 浙江大学出版社
（杭州市天目山路 148 号 邮政编码 310007）
（网址：http://www.zjupress.com）
排 版 杭州星云光电图文制作有限公司
印 刷 广东虎彩云印刷有限公司绍兴分公司
开 本 710mm×1000mm 1/16
印 张 12.5
字 数 260 千
版 印 次 2023 年 9 月第 1 版 2023 年 9 月第 1 次印刷
书 号 ISBN 978-7-308-24151-9
定 价 68.00 元

浙江大学出版社市场运营中心联系方式：(0571) 88925591；http://zjdxcbs.tmall.com

前言

变质心飞行器是一种利用内部质量块调整飞行器质心位置，然后根据外部作用力对质心形成的力矩进行姿态控制的飞行器，这种利用质心变化进行姿态控制的方式被称为变质心控制（质量矩控制）。与传统的飞行器控制方式（气动舵、喷气控制等）相比，变质心控制的特殊之处在于其执行机构位于飞行器内部，这对飞行器的结构和气动设计提出了一系列有待研究的问题。同时，由于独立的质量块需要在导轨上快速滑动，整个系统的模型会呈现出强不确定性和强非线性，这对飞行器的动力学建模和稳定控制等都提出了全新的问题，也是一个全新的挑战。

本书从动力学与控制角度出发，结合作者多年来在飞行器制导与控制领域的研究经验，对变质心控制技术在不同飞行器上的应用进行了较为全面的总结与归纳。其内容主要涉及变质心飞行器的构型设计、动力学建模与分析、控制机理分析、制导与控制律设计等，旨在使读者对这种新颖飞行器的控制特点、原理方法和发展方向等形成较为全面的认识。同时，本书借鉴了近几年控制理论的一些最新成果，并将其应用于变质心飞行器的协同制导控制算法设计中，其中包括基于仿生学的再入制导律、基于角度刚性理论的协同控制、基于博弈理论的系统控制等。

全书共 5 章。第 1 章为绪论，系统地概述了变质心控制技术的概念及应用，介绍了国内外关于变质心飞行器动力学与控制的发展现状和趋势；第 2 章介绍了不同变质心飞行器的构型配置及其对应的控制方式，基于牛顿力学建立了不同构型的动力学模型；第 3 章阐述了不同类型变质心飞行器的控制机理，并利用线性系统理论和非线性力学分析了变质心飞行器的动力学行为；第 4 章介绍了变质心飞行器的姿态控制方法，包括姿态/滑块的耦合控制、多通道耦合控制和姿态协同控制；第 5 章介绍了变质心飞行器制导及协同编队控制方法，包括高超声速变质心飞行器再入制导律、变质心航天器协同编队控制等。

本书的出版得益于哈尔滨工业大学荆武兴教授在变质心控制方面的开创性工作，作者承袭了荆武兴教授做学问的“系统性、逻辑性和实践性”思想。本书以此思想为指导，凝聚了作者及所在团队在飞行器动力学与控制领域多年的研究成果，李瑞康、魏鹏鑫等参与了本书变质心飞行器动力学方面的部分工作，陈亮名、范一迪、刘智陶和陈赛等参与了本书变质心飞行器协同控制方面的部分工作。本书还参考了国内外相关领域专家的文献，在此一并表示感谢。本书既可为今后从事飞行器动力学与控制及相关工作的科研人员提供参考，也可作为高等院校相关专业高年级本科生和研究生的教材。

鉴于作者水平有限，书中不妥之处在所难免，恳请读者不吝指正。

目录

第1章 绪 论

1.1 变质心控制技术

实现飞行器机动飞行的方式主要有气动舵控制、喷气控制和变质心控制三种。其中，气动舵控制和喷气控制在飞行控制领域的应用已较为成熟，然而在高超声速飞行情况下，两者皆存在一定弊端，如气动舵控制难以解决舵面烧蚀等难题，喷气控制受限于携带燃料且存在无用载荷等缺点。不同于这两种传统的控制方式，变质心控制通过安装在飞行器内部具有一定质量的滑块的相对弹体运动来改变系统质心位置，从而改变气动力矩的力臂，产生附加稳定力矩，以实现对飞行器的姿态控制。变质心控制方式相较于传统的控制方式优势明显：一方面，执行机构处于弹体内部，弹体外部无控制机构，这使飞行器具有良好的气动外形，避免了诸如舵面烧蚀等问题；另一方面，它可以将一些有效载荷作为活动质量体，且充分利用飞行器高速运动产生的气动力进行机动，不仅减少了燃料的携带量，还使得飞行器获得了巨大的控制力和控制力矩，避免了喷气控制力、弹头质量与携带燃料间的突出矛盾，从而提高了导弹的作战效能。以上这些特点也使得变质心控制在高超声速飞行器的应用中具有明显优势。

变质心技术在过去几十年已经被广泛推广，现已应用于卫星稳定控制[1-2]、大气层内飞行器[3-4]、火星再入探测器[5]、无人机控制[6]等多个领域。

1.1.1 变质心控制在空间飞行器中的应用

变质心控制技术作为一种主动控制技术，首先被应用于空间飞行器的姿态控制，目前主要应用于飞行器的姿态稳定控制、姿态机动、系统结构调节等方面。

(1)航天器的姿态稳定和抗扰动

航天器在空间运动时会受到不同形式的环境力矩扰动，这些力矩扰动会影响航天器的姿态稳定精度。变质心控制技术可以通过滑块运动产生动量交换来抵消外部干扰，从而实现姿态的稳定。许多学者通过设计不同的滑块构型来解决不同的姿态稳定问题。

美国科罗拉多州立大学的 Childs 等人[7]针对空间站的定向问题，将滑块设计为一种主动阻尼器来减轻空间站在定向过程中的振动。滑块系统也可作为一种平衡装置来抵消作用在空间站上的干扰力矩，如图 1-1 所示。这套滑块系统相较于其他稳定系统（喷气控制或控制力矩陀螺）具有质量轻、系统组成简单、动力需求低等优点。

固体火箭发动机的上面级在自旋过程中会产生章动运动。为了避免这种现象的出现，Janssens 等人[8-9]将滑块与弹簧组合为滑块-弹簧系统（见图 1-2），该系统作为上面级或卫星的阻尼器可以消除自旋过程中的章动角。他们研究了在轴向推力作用下这种滑块-弹簧系统对不同类型卫星（细长形和扁平形）的稳定效果。对于较扁平的卫星，当轴向推力大于某一阈值时，该阻尼系统将失效；而对于细长形的卫星，滑块-弹簧系统可以在任意推力下很好地稳定卫星的自旋运动。

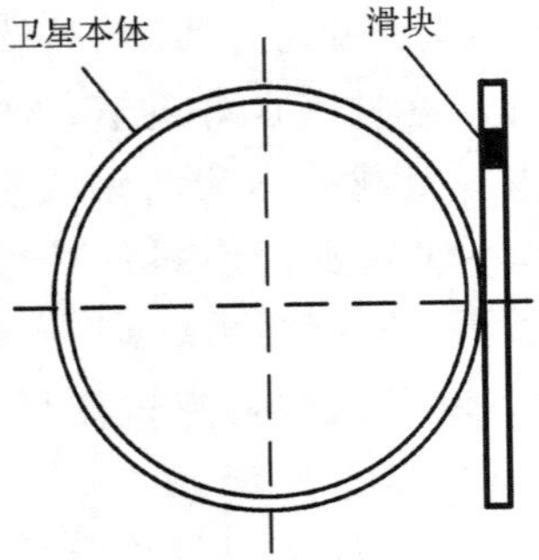

图 1-1　滑块稳定系统

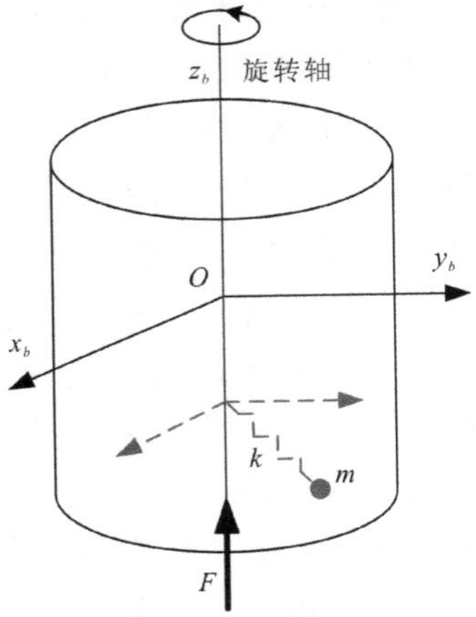

图 1-2　滑块-弹簧系统

(2)航天器的姿态控制

埃及曼苏拉大学的 Gohary 等人[10-12]着重研究了三轴稳定卫星的变质心姿态控制，针对刚体姿态运动设计了一种配置三个滑块的主动稳定系统，如图 1-3(a)所示。三个滑块分别配置在与卫星的三个惯性主轴平行的导轨内，这一布局方式可以保证卫星姿态的运动是渐近稳定的，并用李雅普诺夫(Lyapunov)方法证明了这种动力学模型的渐近稳定性。Gohary 等人[13]还设计了一种环形变质心稳定系统，将滑块布置于飞行器的三个环形导轨上，三个环形导轨所在的平面与惯性主轴重合，如图 1-3(b)所示。这种配置可以克服直线滑块卸载时的干扰问题。

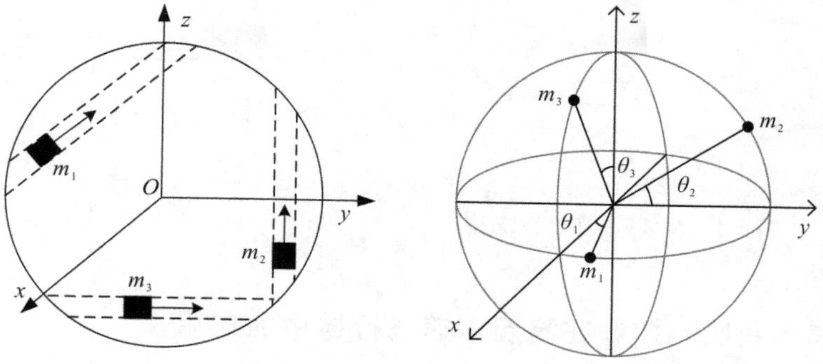

(a) 线性运动配置　　(b) 弧线运动配置

图 1-3　三轴稳定姿态控制

载人飞船在对接或再入过程中会出现大角速率的无控翻滚运动，这一现象对于宇航员来说是非常危险的。美国宾夕法尼亚大学的 Edwards 等人[14]针对载人飞船的自由翻滚问题进行了研究。为了解决这一问题，他们将滑块所在的导轨与飞船的滚转轴平行，通过滑块运动将飞船的快速翻滚状态转变为简单的绕惯性主轴的自旋稳定状态。而对于大型空间站，质量比为 1% 的滑块就可以在 2h 内将其姿态运动稳定下来。

加拿大瑞尔森大学的 Oguamanam 等人[15]研究了滑块和柔性杆结合的控制方案，如图 1-4 所示。飞行器质量为 m_s，杆的顶端有一质量为 m_t 的质点载荷，质量为 m_v 的滑块在杆上可移动。滑块运动的速度和加速度可以调节系统的刚性程度。考虑到柔性系统的变形程度，滑块运动的最佳方案是以最短常速度相(constant velocity phase)或者以尽可能小的加速度在柔性杆上滑动。

南京理工大学的陆正亮等人[16]研究了变质心控制在微纳卫星上的应用。滑块在立方体卫星中的布局，如图 1-5 所示。四个滑块分别布置在卫星的四周，布置在 z_b 轴上的两个滑块可以对卫星的俯仰角进行控制，布置在 y_b 轴上的滑块可以对偏航角进行控制。

固体火箭发动机在对立方体卫星进行机动变轨时瞬间推力较大，若存在安装误差、质心偏差等因素，立方体卫星会发生姿态翻滚而变轨失败。利用滑块调整系统质心偏移推力轴线的距离可以实现卫星的姿态控制及稳定。

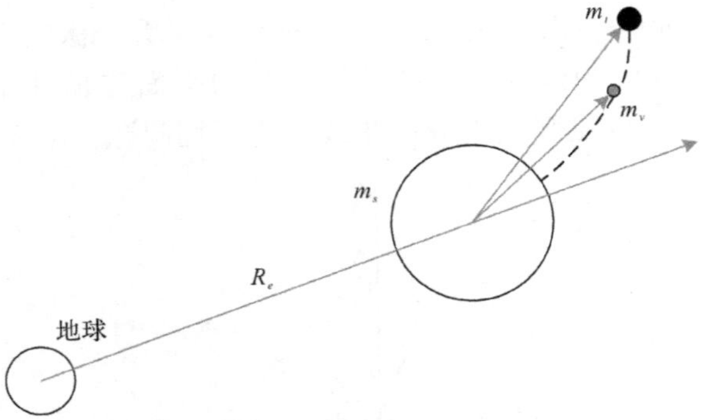

图 1-4 滑块-柔性杆系统

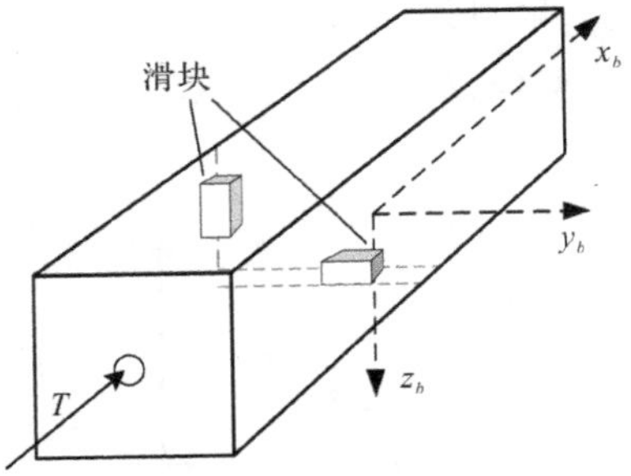

图 1-5 立方体卫星构型

1.1.2 变质心控制在高超声速飞行器中的应用

气动力作为客观存在的非保守力，是控制大气层内飞行器姿态变化的有效控制力。基于气动力的变质心控制指通过改变飞行器质心与压心（气动力作用线与飞行器纵轴的交点）的距离来改变作用在飞行器上的气动力矩，从而改变飞行器姿态。因此，对于高超声速再入飞行器，采用变质心控制可以在保证良好气动外形的同时避免空气舵的烧蚀问题。鉴于这个优点，自 20 世纪 90 年代中期起，变质心控制技术在再入飞行器姿态控制上的应用逐渐成为研究热点。

美国海军水面作战中心的 Regan 等人[17]首次探讨了滑块在再入飞行器滚转控制中的应用，如图 1-6 所示。单滑块滚转控制系统（moving-mass roll control system，MMRCS）通过滑块在横向导轨槽内的左右移动来控制飞行器的滚转运动。MMRCS 不像襟翼控制那样需要较大的力矩来平衡气动过载，它只需要电动机就可以驱动滑块。

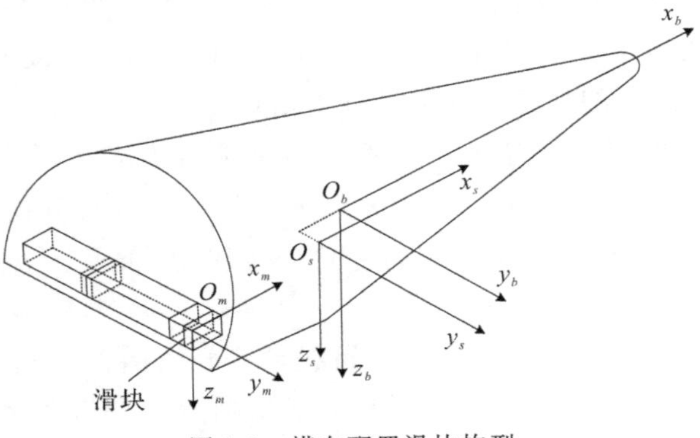

图 1-6 横向配置滑块构型

Robinett 等人[18]针对再入飞行器的配平控制给出了三种滑块构型，如图 1-7 所示。其中第一种和第三种构型方案配有两个滑块，第二种构型方案配有一个滑块。他们设计了一种旋转发动机对滑块进行控制。对于快速自旋的再入飞行器，配平攻角的产生主要依赖于主轴不重合(principal axis misalignment, PAM)效应；低速自旋的再入飞行器主要依靠质心偏移产生气动阻力矩，从而获得配平攻角。这里需要注意的是，为了保证合理的滑块尺寸，一般低速旋转的再入飞行器的静稳定裕度(system static margin, SSM)需要小于 10%。

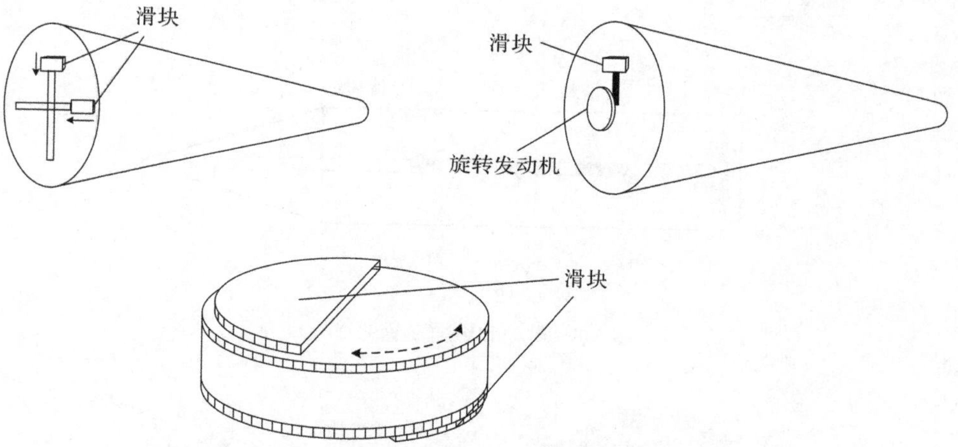

图 1-7 配平控制的三种不同形式

美国佐治亚理工大学的 Costello 等人[19-20]也研究了平动式的滑块系统。图 1-8(a) 为内置滑块横向往复运动的构型，这种构型适合于自旋稳定炮弹。该构型之所以能够改变炮弹的弹道，是因为质量块往复运动可与弹体动态耦合；图 1-8(b)中滑块沿弹体纵轴运动，这种方式可以改变弹体静稳定性。相对于高静稳定性的炮弹，低静稳定裕度的炮弹具有更为灵活的机动能力，但同时它在发射时也更容易受到干扰。因此在发射之前，可通过滑块移动使炮弹具有高静稳定裕度，从而保证发射初期的稳定性，之后再调低静稳定裕度，以增加炮弹的机动能力，提高打击范围。

变质心控制技术还被应用于火星探测器的再入控制，从而提高着陆精度和扩大着陆范围。美国喷气推进实验室(Jet Propulsion Laboratory, JPL)的 Balaram 等人[21-22]将一种双滑块机构安装进再入飞船，如图 1-9 所示。当两个滑块沿圆形轨道运动时，飞船的质心会发生偏移，从而产生配平攻角。当 $\theta_1=\theta_2$ 时，飞船可以获得最大升力；当 $\theta_1=\theta_2+\pi$ 时，升力为零。通过这种滑块控制，再入飞船具备了纵向和横向机动的能力。

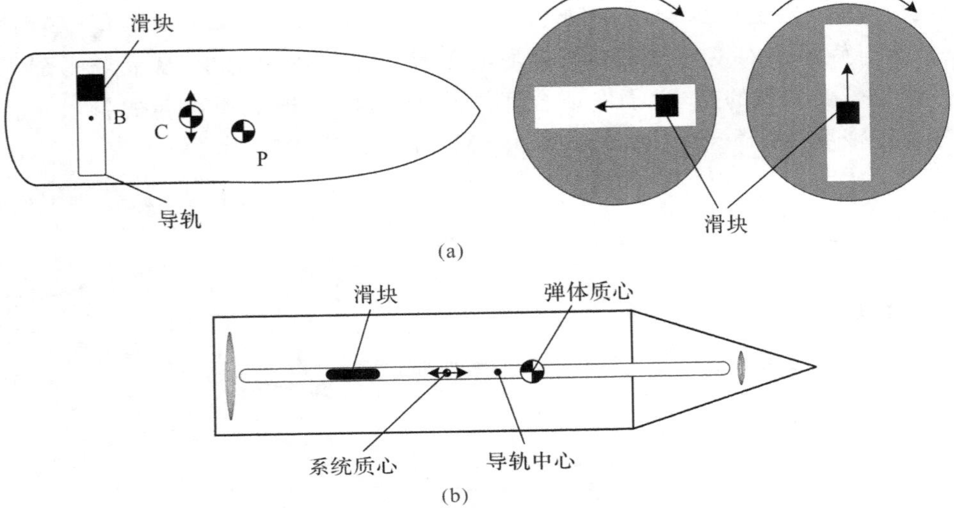

图 1-8　轴向和纵向配置的滑块

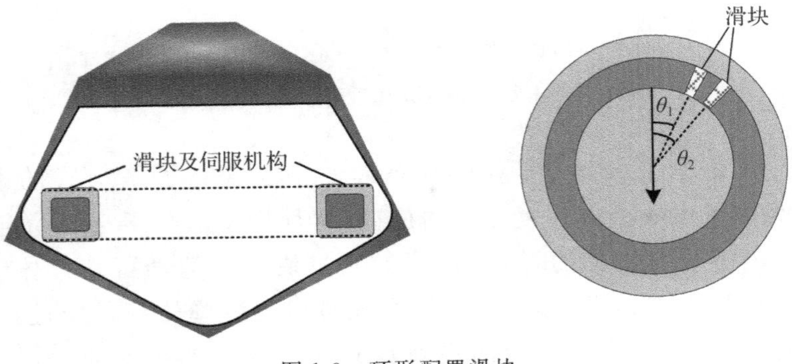

图 1-9　环形配置滑块

Balaram 等人[21-22]对这种变质心控制方案进行了分析，给出了变质心控制可以应用在火星再入飞船中的几点理由。①整个再入过程仅持续几分钟，在开始再入之后的 20～150s 内，气动力主要用于对飞船的减速以及提供纵向距离的控制能力。而火星大气较为稀薄，为了充分利用气动力，变质心控制可以提供较大的控制力矩。②传统的钝头型再入飞船可以通过调整攻角来获得不同的升阻比(0.15～0.30)，而滑块控制可以在保证气动外形的前提下改变配平攻角。对于配置有

10kg 滑块、升阻比为 0.18、总重为 300kg 的再入飞船来说，最大航程调节范围可达 0～150km。因此，这种控制模式不仅可以克服再入初始误差带来的影响，还可以克服气动干扰等因素。③当飞船处在高动压环境时，双滑块控制系统可以调节使其达到最大升力，而当飞船速度减到安全速度时，又可以通过滑块控制系统减小配平攻角，以备打开降落伞。④相较于需要通过喷气发动机控制侧滑角来改变升力方向的方式，双滑块配置的控制系统具有更高的可靠性及更低的风险性。

美国弗吉尼亚理工大学的 Atkins 等人[23]将变质心控制应用于美国国家航空航天局(NASA)提出的一种类似于"凤凰号"的火星探测器中。该探测器直径为 2.65m，质量为 602kg，其构型如图 1-10 所示。双滑块的布置为十字交叉型，这种布置方式可以分别控制飞行器的俯仰和偏航通道。而轴向布置的第三个滑块则可以调整质心和压心的相对距离，从而改变静稳定度。受限于飞行器内部空间与任务需求，一般双滑块配置构型已基本可以满足火星再入着陆的任务。基于攻角和侧滑角控制的内部质量块驱动装置可以将纵向和横向控制解耦[24]。

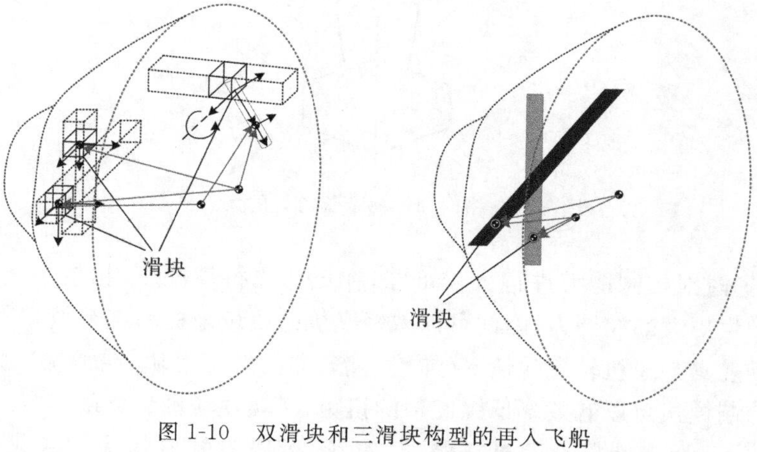

图 1-10　双滑块和三滑块构型的再入飞船

1.1.3　变质心控制在无人机中的应用

随着高新技术的快速发展，对军事及民用领域的无人机的研制取得了突破性的进展与应用。作为受气动力控制的一种飞行器，一些学者也探讨了将变质心控制应用于无人机姿态控制的可实现性问题。

美国得克萨斯大学阿灵顿分校的 Erturk 等人[25]将变质心控制应用于固定翼无人机中。他们将双滑块分别置于飞机的纵轴和机翼处，沿 x 轴运动的滑块可以提供俯仰力矩，沿 y 轴运动的滑块可以提供滚转力矩，如图 1-11 所示。由于缺少产生偏航力矩的执行机构，因此该配置的飞机无法在零侧滑角情况下保持固定高度的稳定转弯。若结合方向舵加以控制，则可实现固定高度的稳定转弯。通过与传统单一气动舵控制方式比较发现，这种组合控制所需要的螺旋桨推力更小。这是因为没有升降舵和副翼，所以减小了阻力作用和升力损失[26]。

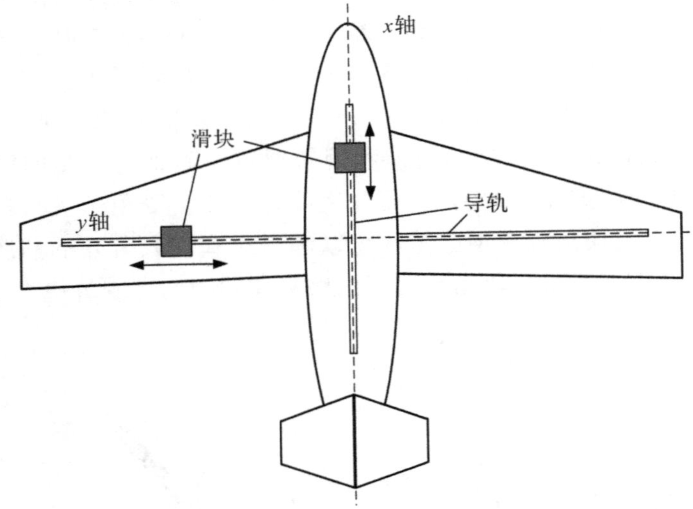

图 1-11　横向和轴向配置滑块的无人机

此外，通过对控制能力进行分析可知，在低速飞行情况下，相较于气动舵控制，滑块可以产生更大的控制力，因此可以减轻飞机的质量来提高飞行效率[27]。通过对比有无气动舵参与飞机转弯的情况（纯气动舵、方向舵＋滑块、纯滑块），方向舵＋滑块组合的控制模式可以有效降低螺旋桨的扭矩，减轻发动机的负载[28-29]。

近年来，民用多旋翼无人机在航拍、农业、运输等领域的应用越来越广泛，无人机的动力来源在一定程度上制约了无人机的发展空间。锂电池发动机受能量密度的影响，无法完成长航时、远距离任务；油动发动机虽然可以保证续航时间，但会影响无人机的载重，且稳定性较差。因此，如何提高无人机的使用效率是科学家研究的一个重点。

克罗地亚萨格勒布大学的 Haus 等人[30-31]从控制效率的角度入手，提出了利用滑块控制四轴飞行器的重心，进而改变姿态的控制模式。四个滑块分别安装在四条桨臂上，桨臂上的滑动可以控制无人机的滚转和俯仰姿态，而高度控制和偏航控制则依旧通过控制桨速来实现，如图 1-12 所示。

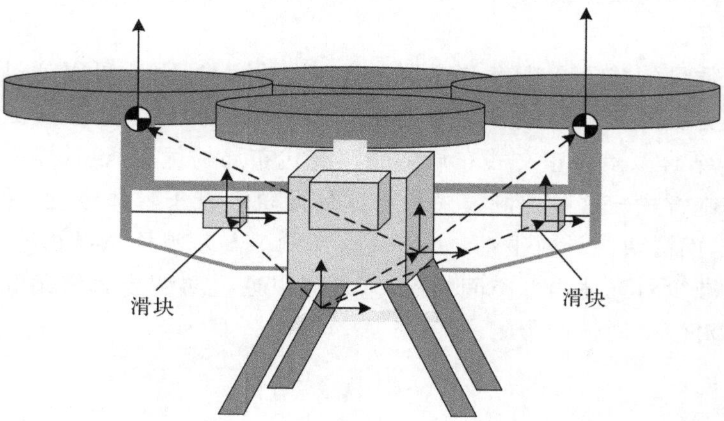

图 1-12 具有滑块驱动的四旋翼

通过对传统桨控制和桨-滑块控制的四轴飞行器进行动力学分析可知，滑块控制有更快的姿态响应速度，无须提供更多的能量即可实现姿态控制。但缺点也较为明显，其能提供的最大力矩严重依赖于滑块的质量和偏移距离。因此，需建立合理的指标，对滑块质量、桨臂长度进行优化。此外，通过对系统敏感性进行分析发现，滑块所在平面距离质心越远，闭环系统的稳定性越强。

除了上述这些应用外，变质心控制技术还被应用于水下滑翔机[32-33]、火箭自旋稳定[34-35]、临近空间飞艇[36]等领域。可见，随着传感器、材料及驱动技术的发展，变质心控制的应用领域已经越来越广泛。其独特的控制方式也使系统的动力学特性变得异常复杂，因此要对变质心控制系统的动力学分析及控制进行深入的研究分析。

1.2 变质心飞行器滑块布局

变质心控制的执行机构（滑块）通常需要安装在载体内部，这样的安装形式不仅会破坏载体内部的空间结构，还会占据一部分的有效空间，这大大增加了滑块布局的设计难度。因此，对滑块的布局进行合理的优化设计是变质心控制技术实现真正工程化的先决条件。目前对于优化滑块布局的方式大致可以总结为三种。

（1）减少内部滑块数量

占据载体内部空间的，除了滑块，还包括驱动滑块的伺服机构（电机、作动器）

及蓄电池等。因此减少滑块的数量，可以减少对内部空间的占用率，同时降低滑块的布局难度。

但滑块数量的减少意味着飞行器机动方式的减少，因此可以通过增加滑块的运动形式来克服滑块数量减少造成的机动能力减弱问题。哈尔滨工业大学的荆武兴等人[37]结合双滑块正交式布局和非正交式布局的优点，设计了一种单滑块极坐标式的控制方式。这种控制模式的特点是导轨垂直于弹体纵轴，并且可以绕弹体纵轴转动，而滑块沿导轨平动，如图 1-13 所示。与双滑块布局相比，这种布局方式不仅可以减少对弹体内部空间的破坏，还可以通过协调导轨转角和滑块的偏移来降低系统对滚转通道的影响。

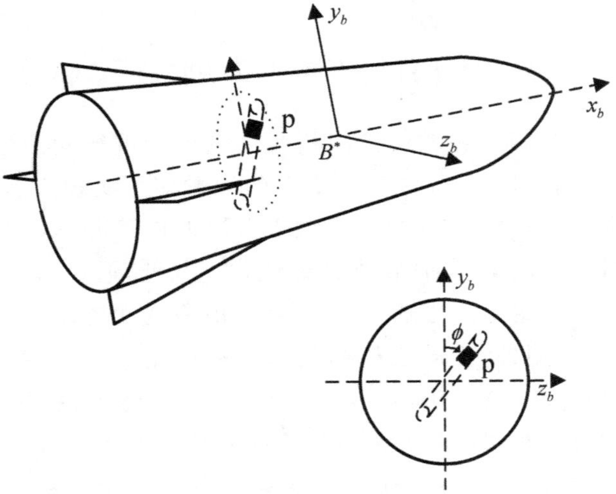

图 1-13　导轨旋转式的再入飞行器

(2)调整滑块布局位置

为了不破坏飞行器内部的主体结构，滑块通常被布置于载体的边缘位置。例如，可尽量布置在飞行器的后(底)部，或者布置在径向方向靠外处，甚至可以将滑块附加在飞行器的尾部，等等。

美国桑迪亚国家实验室的 Robinett 等人[38]在研究利用变质心控制消除自旋航天器的章动角时设计了两种双滑块配置的消旋机构，如图 1-14 所示。一种是双滑块均沿轴向运动，但在径向上偏移主轴一定距离；另一种是双滑块十字交叉式的径向布局。通过分析可知，这两种布局方式都可以很好地消除章动角，并且可以为航天器提供额外的自主平衡能力。十字型布局可以在三阶伺服模型下保持消旋稳定，且可以采用位置和速率反馈控制，而轴向布局只能在二阶伺服模型基础上设计控制器，且只能采用位置反馈。

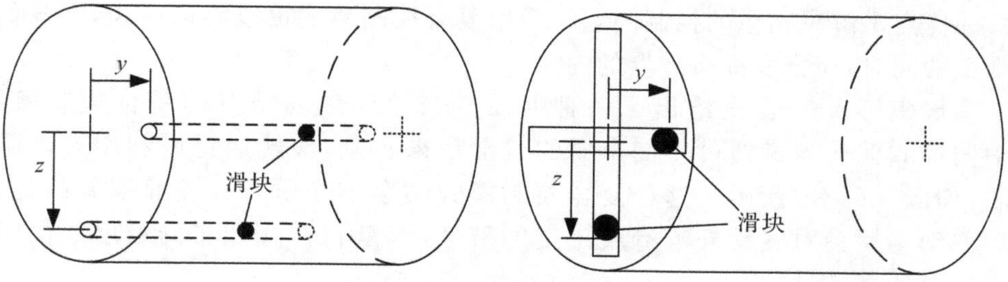

图 1-14　轴向配置和径向配置

变质心火星探测器中，滑块是布置在载体内部的，而这种布局方式会增加飞行器内部的设计难度。因此，Atkins 等人[23]根据 NASA 提出的高超声速气动充气制动器(hypersonic aerodynamicinatable decelerator, HAID)设计了一种变质心控制的火星再入探测器。

HAID 配备了一个充气制动罩，发射时充气制动罩处于收缩状态，而当准备进入火星大气层时，制动罩充气展开，以增加接触面来实现减速。这种独特的组合体设计(充气制动罩和圆柱体载荷)中，滑块布置于飞船的后部。其中，一种是两自由度的平动方式，另一种是两自由度的转动方式，如图 1-15 所示。上方的圆柱形滑块高为 1.50m，直径为 3.32m，质量为 750kg，质量比为 0.12。Atkins 等人[23]对这两种配置方式在相同的仿真条件下进行分析得到结论：转动式滑块可以更容易地调节系统的响应能力和跟踪精度，并且具有更高的制导精度和更低的功耗。显然，这种布局方式不仅可以保证载荷的结构完整性，还能提供多样的再入机动形式。

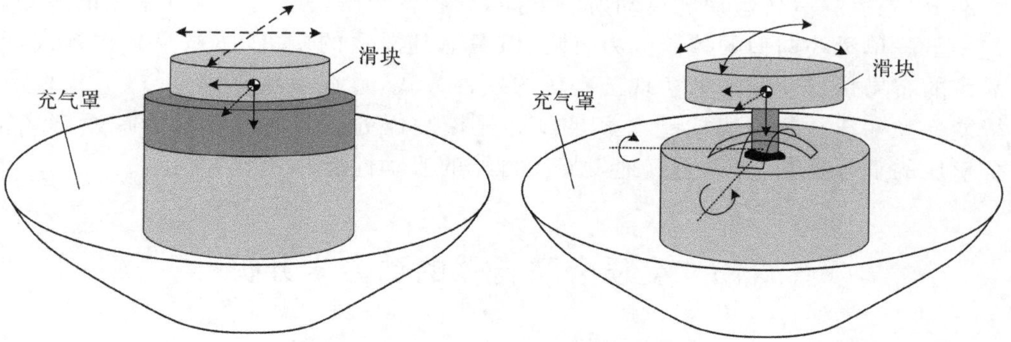

图 1-15　HAID 的两种不同滑块配置

(3)复合控制

多滑块布局会增加飞行器内部结构的设计难度,单滑块布局又无法提供丰富的机动策略。因此,很多学者将变质心控制与其他控制方式组合,利用不同控制方式的优点来解决相应的控制问题。采用复合控制模式可以各取所长,在降低布局难度的同时,充分发挥飞行器的性能。

李瑞康等人[39]首先给出了一种变质心与差动副翼结合的复合控制模式。其中俯仰和偏航通道通过正交布局的双滑块来控制,滚转通道则利用差动副翼控制,如图 1-16(a)所示。这种复合控制模式结合了变质心和舵面控制的优点,虽然差动副翼会对气动外形造成一定的破坏,但是它在降低布局难度的同时增加了机动的多样性。

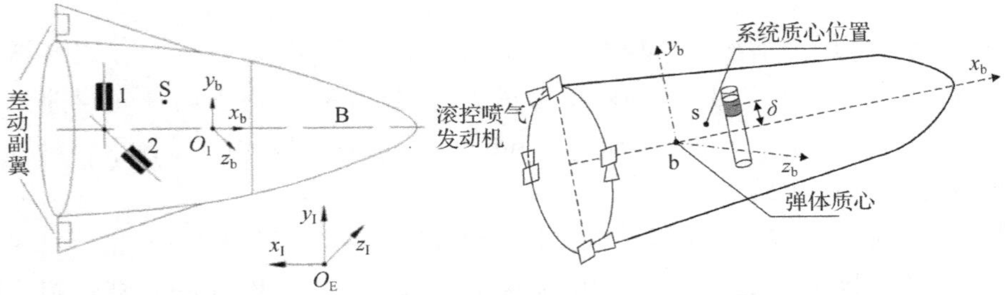

(a) 双滑块正交布局　　(b) 单滑块布局

图 1-16　两种不同的复合控制

魏鹏鑫等人[40]则将滑块与喷气控制结合,提出了一种倾斜转弯(bank to turn, BTT)控制模式。位于弹体纵平面的滑块通过移动可以产生攻角从而提供升力,弹体尾部的喷气发动机则控制飞行器的滚转来改变升力的方向,如图 1-16(b)所示。基于此,他们也提出一种易于工程实现的控制策略,即将一个控制周期分为两部分,先控制滚转运动到机动所需方向,然后移动滑块来实现制导指令的跟踪。

虽然单滑块构型的控制能力有限,但考虑到滑块的质量、体积及驱动方式,单滑块的布局是目前较容易实现工程化的一种方式,且在一些应用领域(卫星稳定、智能炮弹变轨),单滑块构型已经足以胜任控制任务。但通过和其他控制方式组合形成的复合控制,可以更好地发挥飞行器的机动性能。

1.3　变质心飞行器的动力学分析

传统飞行器的动力学分析是在进行一些小量假设后,采用线性系统理论来分析的，而早期对变质心控制技术的研究也是在线性模型的基础上进行稳定性和控制机理研究[41]。但实质上，采用变质心控制技术的运载器属于结构快时变的多体系统，滑块与弹体频繁的相对运动和内动量交换会导致通道间的耦合。这就导致了整个系统成为一个强非线性、强耦合的动力学系统，其动力学特性非常复杂。若仍忽略非线性因素而采用传统的线性系统理论来进行分析，势必会引起一些无法接受的误差，甚至可能出现本质上的错误。因此，有必要采用非线性动力学理论来研究变质心控制系统的非线性特性，如非线性振动特性、分岔特性和混沌现象等。

如今，线性微分方程理论已发展得较为成熟，方法简单且易于应用。对于一些非线性因素较弱的系统，按线性振动理论求解得到的解是可以接受的，但对于非线性因素较强的系统，其参数振动、内部共振、次谐波共振、组合谐波共振、跳跃等现象将无法用线性理论揭示。受滑块运动导致的非线性特性影响，飞行器姿态的响应在自由状态和受迫状态的情况下，必将发生多频振动现象和多解现象，不同的参数会引起不同的解状态（稳定和不稳定）。因此，需要对非线性自治系统的解进行必要的定量分析。非线性振动的定量分析方法主要有解析法和数值法。传统的解析法主要包括平均法、多尺度法、林德施泰特-庞加莱（Lindstedt-Poincare）法、克雷洛夫-玻戈留玻夫-米特罗波斯基（Krylov-Bogoliubov-Mitropolsky）法。这些方法均采用摄动方法来求取系统的近似解，其解的形式是渐近级数的组合。数值方法虽然精度较高，但无法给出系统运动特性和系统参数之间的关系，也不便于系统的参数控制[42]。

诸多学者采用解析法深入研究了系统参数和运动规律之间的关系，涉及桥梁[43-44]、机器人[45]、电力系统[46]等领域。在飞行器动力学领域，Nayfeh 等人[47]假设马格努斯力矩为攻角的三次函数，分析了对称和非对称再入飞行器在同时具有线性和非线性阻尼参数情况下的滚转和俯仰运动响应。Maqsood 等人[48-49]采用多尺度法分析了无人机在大迎角情况下的俯仰姿态的运动特性，结果表明，升力和推力之间的立方非线性项和俯仰阻尼的损失会导致攻角出现极限环现象，而通过辨识得到的气动参数精度会对无人机的姿态稳定性有影响。Hou 等人[50]研究了直升机机动时转子频率比为 2∶1 和 3∶1 情况下的超谐内共振响应。其动力学模型不仅考虑了具有达芬（Duffing）形式的非线性刚度，还考虑了爬升和俯冲过程中的过载。夏洁等人[51-52]研究了绳系卫星系统的内共振问题，由凯恩方法建立的非线性动力学方程因陀螺力的存在而产生耦合，从而产生 2∶1 的内共振。系统参数产生的内共振会在两个模态之间相互转换，其周期取决于初始状态，并且振幅会出现饱和现象。贾宝等人[53]研究了自旋弹在自旋过程中受干扰而产生的内共振问题。结构不对称导致的周期性干扰会影响自旋稳定性，当滚转速率接近固有频率时，气动非线性项和干扰都会影响角运动的稳定性。

18世纪，伯努利(Bernoulli)和欧拉(Euler)等对力学失稳现象的研究引出了分岔问题。雅可比(Jacobi)首先提出了“分岔”这一术语，此后在不同的学科领域均发现了分岔现象。分岔现象是非线性理论的一个重要分支，是指系统参数发生变化时，系统动力学行为会呈现出不同的状态。自从分岔理论被引入飞行器动力学分析领域后，越来越多的飞行器非线性动力学现象依赖于分岔理论来揭示。Carroll等人[54]首次在非线性飞行动力学的分析中采用了分岔理论，建立了分岔与非线性飞行动力学中特殊运动的联系；Halanay等人[55]针对飞行器自动驾驶仪延迟效应进行了霍普夫(Hopf)分岔分析，结果表明，当自动驾驶仪延迟时间超过了一定阈值后，飞行器原有的稳定平衡点将会消失并产生了Hopf分岔，进而引发了不期望的振荡。Avanzini等人[56]分析了“联盟号”飞船返回舱的非线性分岔特性及各吸引子的吸引域问题。袁先旭等人[57]以自主着陆飞行器为研究对象，对其俯仰舵偏角连续变化产生的极限点分岔进行了研究。Stephen等人[58-59]讨论了飞行器在接受错误指令和强外部干扰下的非线性动力学特性，并基于分岔理论研究了多吸引子下的强扰动现象。Lowenberg[60]将分岔分析方法运用到了F-4J飞机中，并成功揭示了其飞行过程中的偏离、尾旋、机翼摇晃等非线性动力学现象。

另外，还有一些学者也研究了分岔理论在变质心飞行器上的应用。王亚飞等人[61-62]研究了单滑块控制滚转运动的再入飞行器的分岔特性。他们以滑块的不同偏移距离为自变量，研究再入飞行器在不同初始条件下的收敛结果，根据分岔图总结发现，气动外形、滑块质量及布置位置等会影响滑块的稳定偏移距离，大章动角高速旋转条件下应提高期望平衡点的吸引域。Doroshin[63]对配有滑块控制的卫星进行混沌模态分析发现，变质心控制系统会激发动力学中的希尔尼科夫(Shilnikov)吸引子，这种混沌运动中的吸引子可以用于设计有效的姿态控制器来抑制混沌运动。此外，他们还基于同宿/异宿环混沌激发和奇怪混沌吸引子激发的方法进行了状态相轨迹的仿真和混沌分析[64]。

可见，对变质心控制系统进行非线性动力学分析，不仅可以为飞行器的结构设计提供理论依据，还可以利用一些非线性系统的特性，设计出一些更有效的控制器来提高控制系统的响应性能。因此，对于采用变质心控制的非线性系统，还需要进行更加深入的分析，才能够充分发挥变质心的控制潜力。

1.4 变质心飞行器控制方法

经典控制理论是以传递函数为基础的一种控制理论，经过多年的发展已经形成了一套从分析到设计的完整体系。因此，作为非常成熟的控制方法，它首先被应用于变质心控制系统的设计上。Lowenberg[60]在对变质心自旋卫星的动力学模型线性化后,依据根轨迹方法分析了滑块控制系统的稳定性,采用经典的反馈比例控制设计了滑块控制器。孙卫华等人[65]对滑块运动引起的静不稳定度变化和小不对称量进行了参数辨识,采用前馈-反馈复合控制对扰动进行补偿。另外,他们还针对自旋变质心飞行器的姿态耦合控制问题,借鉴逆奈奎斯特阵列法对三通道控制模型进行了解耦,然后采用频域设计方法对各通道进行设计[66]。

最优控制理论是对状态空间描述的线性系统进行设计的一种方法,它所研究的问题是寻求控制信号使控制系统的某些性能指标达到最优。而线性二次型调节器(linear quadratic regulator, LQR)又是最优控制理论中发展最早、最成熟的一种设计方法。这一理论的研究对象是线性系统,而性能指标则是状态量和控制量的二次型函数。Petsopoulos 等人[17]采用 LQR 设计了单滑块配平控制的再入飞行器的滚转控制器,依据经典的频域设计方法分析了开环传递函数的波特图及控制器的性能。由于再入过程中飞行条件会剧烈变化,状态方程实质上是一个线性时变系统,因此 LQR 控制增益被设计成了关于动压的函数,并且根据不同状态的物理意义调整了相应的增益大小。Menon 等人[67-68]研究了变质心拦截弹的制导控制一体化设计,将拦截终端约束加入性能指标,针对解黎卡提方程积分计算量大的问题,采用多步状态转移矩阵(multi-stepping state transition matrix)来求解两点边值问题,这种方法可以完全实现实时在线计算,从而提高了拦截弹的敏捷性。

变质心控制技术这种独特的布局和控制方式导致滑块在运动过程中产生惯性主轴偏移,这种偏移不仅会导致通道间的耦合,还会引起陀螺效应,从而增加了附加惯性力矩,严重时还会导致系统失稳。由飞行器和滑块共同构成的动力学系统实质上是一个强耦合、强非线性的控制系统。设计和应用新的非线性控制方法来实现变质心控制已经成了必然趋势,如变结构控制[69]、反馈线性化[70]、退步控制[71]、动态逆[72]等非线性控制方法已经被应用于变质心控制。毕开波[73]依据线性化族近似化理论对变质心旋转弹头模型进行简化后,采用变结构理论设计了姿态控制器。此外,他还将滑块引起转动惯量变化以及惯性力矩作为不确定因素处理,设计具有积分型滑模的双环变结构姿态控制器。高长生等人[74]基于杨氏(Young)不等式设计自适应反演控制律来补偿导轨安装误差、惯性主轴偏移等不确定性,针对反演法中存在计算膨胀这一问题,设计滑模滤波器来估计虚拟控制量的导数。呼延霄等人[75]研究了 BTT 拦截弹的变质心控制,针对倾斜转弯条件下状态和控制耦合严重的特点,利用反馈线性化进行解耦,采用变结构控制设计了滑块的运动规律。而对于滑块运动过程中所引起的附加干扰及模型的不确定性,大多数学者则通过设计估计器先对这些不确定性进行估计,然后通过补偿实现非线性控制器的自适应性[76-77],采用 H_∞ 理论设计鲁棒控制器来克服变质心系统的不确定性[78-79]。随着计算机技术的发展，智能控制逐渐引起学者的重视，模糊逻辑、神经网络也被用来估计和补偿变质心系统中的不确定性或模型误差[80-81]，甚至用来抑制变结构控制中的抖动问题[82-83]。

1.5 变质心控制技术的问题

虽然变质心控制在高超声速飞行器的应用上有诸多优势，但它仍存在一些亟待解决的问题。

①滑块布局问题。早期的变质心飞行器以三滑块和两滑块布局为主，然而受飞行器内部空间的限制，这类布局模式很难在实际工程中实现。21 世纪初，变质心控制技术从相关的理论研究转入工程应用阶段，单滑块控制成为目前较有应用前景的布局模式。单滑块布局的变质心控制模式可以减少内部执行机构的个数，但其工程化仍然有一定困难，主要体现在质量、体积和机动能力的冲突上。因此，滑块的设计和布局是变质心控制技术转向工程化的关键问题之一。

②非线性运动特性问题。滑块运动产生的质心偏移及惯性主轴偏移模型系统，其动力学具有耦合性及非线性的特点。虽然简化后的线性系统模型可以很好地分析变质心系统的控制机理，但对于具有大质量比的单滑块变质心飞行器来说，模型加剧了系统动力学的复杂性，整个系统是一个强非线性、强耦合的动力学系统。利用线性系统理论对其进行分析无法得到正确结果。若忽略非线性因素而采用传统的线性系统理论来进行分析，则会引起无法接受的误差，甚至出现本质上的错误。因此，深入研究变质心飞行器的运动特性，是设计滑块总体参数的依据，也是进行制导与控制系统设计的基础。

③非线性控制问题。配置有滑块的高超声速飞行器是一个结构快时变的多体系统，滑块与壳体的相对运动会产生内动量交换导致通道间的耦合，从而严重影响到飞行器的动力学特性。在滑块与气动力的共同作用下，未建模动态、外部扰动、气动非线性及测量误差等问题会使飞行器的弹道极易发散，给飞行控制系统的设计带来极大难度。目前，传统的以古典控制理论为基础，在瞬时平衡假设和小扰动线性化假设下设计的控制系统已无法满足控制需求，因此有必要采用先进智能控制理论设计变质心系统的控制器。同时，随着滑块质量的增加，设计控制器时伺服回路的响应也需要加以考虑，如何设计姿态控制和伺服回路间的耦合控制也是需要解决的问题。

第 2 章　变质心飞行器系统描述

由于变质心飞行器的执行机构(滑块)需要安装在飞行器的内部,因此如何充分优化飞行器内部空间,协调好载荷和执行机构的空间布局,降低滑块在飞行器内部的结构布局难度是变质心控制技术的难点。本章介绍几种变质心飞行器的布局形式,并针对不同的构型建立相应的动力学模型,为后续的动力学分析和控制提供基础。

2.1　俯控式变质心飞行器系统描述

2.1.1　俯控式变质心飞行器构型及参数

本节提出一种具有大质量比的单滑块与喷气控制组合的 BTT 机动组合方案，该方案的结构布局如图 2-1 所示。单滑块变质心飞行器(质心为 s)的布局主要由壳体 B(质心为 b)、壳体内部的活动体 P(质心为 p)以及反作用控制系统(reaction control system，RCS)三部分构成。活动体与壳体在 O、C 两点连接，O 点为飞行器头部,C 点在伺服力的作用下沿导轨(与弹体固连)绕 O 点做相对运动。活动体通过改变相对位置使得系统质心发生变化,从而使飞行器在气动力的作用下获得不同的配平攻角,产生不同大小的期望升力。可通过尾部的 RCS 来控制飞行器的滚转通道,实现期望升力的方向改变。

该构型下,活动体作为可移动的滑块占据了飞行器内部的大量空间,并且其质量占系统总质量的大部分。因此,可以将飞行器所需要的一些载荷装填入活动体内部,如战斗部、引控系统、能源系统、突防系统、制导控制系统、RCS 的燃料储箱等设备。

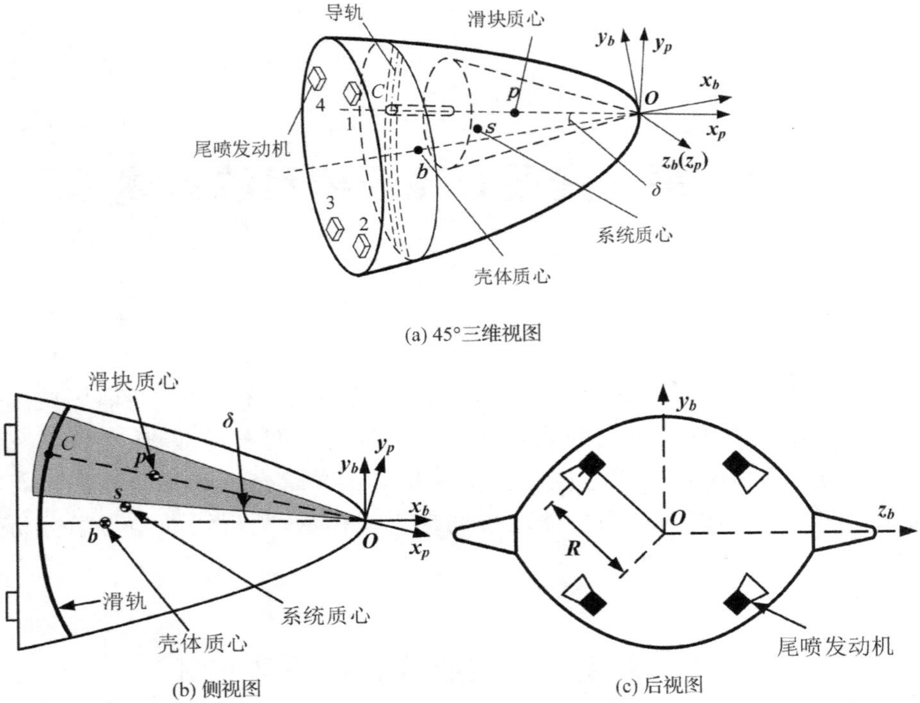

图 2-1 单滑块变质心飞行器构型

①战斗部是飞行器有效载荷的重要组成部分，其质量一般占系统总质量的比例也较大。美国的先进高超声速导弹（Advanced Hypersonic Weapon，AHW）计划中的高超声速滑翔体的战斗部质量约为 400kg，约占系统总质量的 40%；俄罗斯的白杨-M 弹道导弹的弹头采用滑块-喷气组合模式来修正弹头位置，并将铀 238 核装置作为滑块，采用高压气瓶和作动筒来驱动滑块[84]。

②采用 RCS 作为动力装置时，推进剂采用液体推进剂。根据不同的弹道机动任务，推进剂的质量一般在几千克至几十千克。若推进剂质量较小，则可以将储存燃料的贮箱紧靠于飞行器尾部，以节省空间；若推进剂质量较大，则可以将贮箱放置在活动体内。

③飞行器的能源系统主要是电源与配电分系统，其主要作用是为飞行器上的各类电气设备提供电能。电源系统一般包括蓄电池、驱动器电池、功率分配装置、转接器接线盒、电缆组件等。对于不同的高超声速飞行器，不同的能源需求所配备的电池类型和质量也不同。锂离子或镍氢电池的质量较小，一般在 1～30kg，驱动器电池的质量在 50kg 以上。

④飞行器上的制导控制系统、测量与通信系统、引控系统等属于电气控制设备。这些设备的质量虽然较小，但具有高可靠性、小型化、对环境适应能力强的特点，非常适合作为活动体的一部分质量。在设计时，需要考虑结构强度和减震的要求。

上述这些主要有效载荷均可以作为装填物装入活动体内，不过需要注意的是，这些装填物有一定的形状和尺寸，在装填之前必须进行优化设计才能得到合理的布局组合。本书中提出的这种大质量比滑块布局设计不仅优化了内部空间，还尽可能地减少了为活动体配置额外的质量块，从而提高了有效载荷的利用率。

本书提出的变质心飞行器的动力系统主要包括以下两部分。

(1)反作用推力系统

美国国防部高级研究计划局(Defense Advanced Research Projects Agency, DARPA)研制的猎鹰高超声速飞行器(Hypersonic Technology Vehicle 2, HTV-2)的四喷管布局，采用与本书相同的布局形式。位于飞行器尾部的RCS由四台喷气发动机组成，一般可以提供俯仰、偏航和滚动力矩。通常采用挤压式输送系统，推进剂为可储存的单组元(过氧化氢)或双组元(一甲基肼和四氧化二氮)。

(2)伺服执行机构

考虑到活动体的质量较大，驱动滑块的执行机构可以选择液压伺服系统。液压伺服控制具有动作快、换向迅速、功率增益高等优点，且在高功率指标下其体积和质量远小于同指标的机电执行机构(采用高强度和轻金属材料可以进一步减小体积和质量)。因此，液压伺服系统可以精确跟随控制指令，实时提供较大的液压操作力，以灵活推动活动体转动。

传统的变质心飞行器滑块布局设计中，由于滑块体积较小，因此对滑块布局的设计即是对其质心位置的设计。对于本书提出的这种构型，活动体已经布置在弹体纵平面内且体积较大，因此如何布置其质心位置是设计过程中的关键之一。此外，活动体的质量比也是影响飞行器控制性能的一个重要参数，滑块的质心位置和质量比这两个参数的设计在后面的动力学分析中将进行深入研究。表2-1给出了本书设计的变质心飞行器的相关参数。

表2-1 单滑块变质心飞行器的相关参数

参数	数值
飞行器总质量 m_S/kg	1000
参考面积 S/m^2	3.8
参考长度 L/m	4.11
壳体质心距离头部 L_B/m	2.6
RCS安装半径/m	1.1
单个RCS产生推力 F_{RCS}/N	600

2.1.2 坐标系统描述

2.1.2.1 坐标系的定义

为了建立变质心飞行器的动力学和运动学模型并清楚描述飞行器的姿态，首先，给出建模过程中所需要的坐标系定义。

(1)J2000 地心惯性坐标系(O_E-$x_Ey_Ez_E$)

该坐标系原点 O_E 位于地心，以历元时刻的地球赤道平面为参考平面，O_Ex_E 轴指向历元时刻的春分点方向，O_Ez_E 轴垂直于赤道平面与地轴重合并指向北极，O_Ey_E 轴与其他两轴垂直并构成右手坐标系。

(2)再入坐标系(O_e-$x_ey_ez_e$)

该坐标系原点 O_e 位于地面某一固定点(可选取目标点所在位置，若目标运动则选零时刻目标点所在的位置)，O_ex_e 轴在该点所在的地平面内，以东为正，O_ey_e 轴在该点与地心的连线上，以天顶方向为正，O_ez_e 轴与其他两轴垂直并构成右手坐标系。该坐标系为动坐标系，主要用于确定飞行器的空间位置及空间姿态。

(3)弹体坐标系(O_b-$x_by_bz_b$)

该坐标系原点 O_b 取飞行器质心，O_bx_b 与弹体纵轴重合，且以头部为正，O_by_b 位于弹体纵轴对称平面内并与 O_bx_b 轴垂直，O_bz_b 轴垂直于其他两轴并构成右手坐标系。该坐标系与弹体固连，主要用于描述飞行器的空间姿态运动。

(4)速度坐标系(O_v-$x_vy_vz_v$)

该坐标系原点 O_v 同样取飞行器质心，O_vx_v 轴与飞行器质心速度矢量重合，O_vy_v 轴位于弹体纵对称面内并与 O_vx_v 轴垂直，O_vz_v 轴垂直于其他两轴并构成右手坐标系。该坐标系与飞行器速度固连，为动坐标系。

(5)弹道坐标系(O_t-$x_ty_tz_t$)

该坐标系原点 O_t 同样取飞行器质心，O_tx_t 轴与飞行器质心速度矢量重合，O_ty_t 轴位于包含速度矢量的铅垂面内并与 O_tx_t 轴垂直，O_tz_t 轴垂直于其他两轴并构成右手坐标系。该坐标系与飞行器速度固连，为动坐标系。

(6)滑块坐标系(O_p-$x_py_pz_p$)

滑块固连坐标系的原点在弹头 O_p，O_px_p 轴沿滑块纵轴指向头部，O_py_p 轴垂直于 O_px_p 轴并位于弹体纵对称面内，O_pz_p 轴与其他两轴构成右手坐标系。该坐标系与滑块固连，为动坐标系。

2.1.2.2 坐标系间的关系及其转换

在建立变质心飞行器的动力学模型过程中，需要用到坐标系之间的转换关系。为了表述方便，采用 $s_a = \sin a$，$c_a = \cos a$ 的简写方式。下面给出坐标系之间的转换关系。

(1)再入坐标系与弹体坐标系之间的转换

弹体坐标系按 3—2—1 的顺序分别旋转俯仰角 φ、偏航角 ψ、滚转角 γ，从而得到两坐标系之间的方向余弦矩阵：

$$\boldsymbol{C}_{BG} = \begin{bmatrix} c_{\varpi} c_{\psi} & s_{\varpi} c_{\psi} & -s_{\psi} \\ c_{\varpi} s_{\psi} s_{\gamma} - s_{\varpi} c_{\gamma} & s_{\varpi} s_{\psi} s_{\gamma} + c_{\varpi} c_{\gamma} & c_{\psi} s_{\gamma} \\ c_{\varpi} s_{\psi} c_{\gamma} + s_{\varpi} s_{\gamma} & s_{\varpi} s_{\psi} c_{\gamma} - c_{\varpi} s_{\gamma} & c_{\psi} c_{\gamma} \end{bmatrix} \tag{2-1}$$

(2)再入坐标系与弹道坐标系之间的转换

以再入坐标系为基准，按照 3—2 顺序旋转弹道倾角 θ、弹道偏角 ψ_v 后得到弹道坐标系，两坐标系之间的方向余弦矩阵为：

$$\boldsymbol{C}_{TG} = \begin{bmatrix} c_{\theta} c_{\psi_v} & s_{\theta} c_{\psi_v} & -s_{\psi_v} \\ -s_{\theta} & c_{\theta} & 0 \\ c_{\theta} s_{\psi_v} & s_{\theta} s_{\psi_v} & c_{\psi_v} \end{bmatrix} \tag{2-2}$$

(3)弹体坐标系和速度坐标系之间的转换

以速度坐标系为基准，按照 2—3 顺序旋转侧滑角 β、攻角 α 后得到弹体坐标系，两坐标系之间的方向余弦矩阵为：

$$\boldsymbol{C}_{BV} = \begin{bmatrix} c_{\beta} c_{\alpha} & s_{\alpha} & -s_{\beta} c_{\alpha} \\ -c_{\beta} s_{\alpha} & c_{\alpha} & s_{\beta} s_{\alpha} \\ s_{\beta} & 0 & c_{\beta} \end{bmatrix} \tag{2-3}$$

(4)弹道坐标系和速度坐标系之间的转换

弹道坐标系和速度坐标系之间的转换只需要一个旋转角(速度倾斜角 σ)即可得到，两坐标系之间的方向余弦矩阵为：

$$\boldsymbol{C}_{VT} = \begin{bmatrix} 1 & 0 & 0 \\ 0 & c_{\sigma} & s_{\sigma} \\ 0 & -s_{\sigma} & c_{\sigma} \end{bmatrix} \tag{2-4}$$

(5)弹体坐标系和滑块固连坐标系之间的转换

弹体坐标系和滑块固连坐标系之间的关系只需要一个角度即可确定，假设弹体坐标系绕 Oz_b 轴逆时针转动 δ 得到滑块固连坐标系，则转换矩阵为：

$$\boldsymbol{C}_{PB} = \begin{bmatrix} c_{\delta} & s_{\delta} & 0 \\ -s_{\delta} & c_{\delta} & 0 \\ 0 & 0 & 1 \end{bmatrix} \tag{2-5}$$

2.1.3 数学符号定义和说明

本小节对建模过程中需要用到的一些符号进行说明。

① 将滑块和壳体视为刚体，m_P、m_B 和 m_S 分别为滑块质量、飞行器质量和总系统质量，且 $m_S = m_B + m_P$。

② $\mu_P = m_P/m_S$，$\mu_B = m_B/m_S$ 分别为滑块和弹体的质量比。

③ $\boldsymbol{r}_{op}$ 和 $\boldsymbol{r}_{ob}$ 分别表示滑块质心和弹体质心相对 O 点的位置矢量，它们在弹体坐标系下表示为：

$$\boldsymbol{r}_{op} = \begin{bmatrix} -L_P\cos\delta \\ -L_P\sin\delta \\ 0 \end{bmatrix}, \quad \boldsymbol{r}_{ob} = \begin{bmatrix} -L_B \\ 0 \\ 0 \end{bmatrix} \tag{2-6}$$

其中，L_P 和 L_B 分别表示滑块质心到弹体质心到 O 点的距离。系统质心相对 O 点的位置矢量为 $\boldsymbol{r}_{os} = \mu_P \boldsymbol{r}_{op} + \mu_B \boldsymbol{r}_{ob}$。

④ $\boldsymbol{\omega}_{B/I}$、$\boldsymbol{\omega}_{P/I}$ 和 $\boldsymbol{\omega}_{P/B}$ 分别表示弹体和滑块相对惯性坐标系的转动角速度矢量及滑块相对弹体的转动角速度。它们在弹体坐标系下表示为：

$$\boldsymbol{\omega}_{B/I} = \begin{bmatrix} \omega_x \\ \omega_y \\ \omega_z \end{bmatrix}, \quad \boldsymbol{\omega}_{P/B} = \begin{bmatrix} 0 \\ 0 \\ \dot{\delta} \end{bmatrix}, \quad \boldsymbol{\omega}_{P/I} = \boldsymbol{\omega}_{P/B} + \boldsymbol{\omega}_{B/I} \tag{2-7}$$

⑤ $\boldsymbol{I}_B = \mathrm{diag}([I_{B1}, I_{B2}, I_{B3}])$ 和 $\boldsymbol{I}_P = \mathrm{diag}([I_{P1}, I_{P2}, I_{P3}])$ 分别表示弹体和滑块绕 O 点的惯性张量在弹体坐标系下的投影。

⑥ 设向量 $\boldsymbol{a}$ 在坐标系下的分量式为 $[a_1, a_2, a_3]$，则其叉乘矩阵可表示为：

$$\boldsymbol{a}^{\times} = \begin{bmatrix} 0 & -a_3 & a_2 \\ a_3 & 0 & -a_1 \\ -a_2 & a_1 & 0 \end{bmatrix} \tag{2-8}$$

⑦ $\dfrac{{}^A\mathrm{d}\boldsymbol{a}}{\mathrm{d}t}$、$\dfrac{{}^A\mathrm{d}^2\boldsymbol{a}}{\mathrm{d}t^2}$ 分别表示矢量 $\boldsymbol{a}$ 在 A 坐标系下对时间的一、二阶导数。

2.2 俯控式单滑块变质心飞行器动力学模型

2.2.1 作用在飞行器上的力和力矩

变质心飞行器在飞行过程中受到地球引力、喷气推力和空气动力的作用，由于重力并不影响弹体的姿态运动，因此喷气推力和空气动力成为影响姿态运动的主要外力。

作用在飞行器上的空气动力在速度坐标系下可表示为：

$$\begin{bmatrix} -X \\ Y \\ Z \end{bmatrix} = \begin{bmatrix} -C_x \\ C_y \\ C_z \end{bmatrix} qS \tag{2-9}$$

其中，C_x、C_y、C_z 分别为变质心飞行器的阻力、升力和侧向力系数；S 为飞行器的参考面积；$q=(1/2)\rho V^2$ 为动压，ρ 为大气密度，V 为飞行器质心相对再入坐标系的速度。

气动力在弹体坐标系下的分量可表示为：

$$\boldsymbol{F}_{aero} = \boldsymbol{C}_{BV} \begin{bmatrix} -X \\ Y \\ Z \end{bmatrix} \tag{2-10}$$

气动力对弹体质心产生的气动力矩在弹体坐标系下可表示为：

$$\boldsymbol{M}_B = \begin{bmatrix} m_x \\ m_y \\ m_z \end{bmatrix} qSL \tag{2-11}$$

其中，m_x、m_y、m_z 分别为滚动力矩系数、偏航力矩系数和俯仰力矩系数；L 为飞行器的特征长度。

工程设计中，一般将空气动力系数视为飞行攻角 α、侧滑角 β、马赫数 Ma 和飞行高度 h 的函数，可将获得的气动参数制成表格数据形式，通过插值方法来获得当前的气动参数。为了简化计算，假设气动力系数和气动力矩系数是攻角、侧滑角的线性函数：

$$\begin{aligned} C_x &= C_{x0} \\ C_y &= C_{L0} + C_y^{\alpha}\alpha \\ C_z &= C_{L0} + C_z^{\beta}\beta \end{aligned} \tag{2-12}$$

$$\begin{aligned} m_x &= \frac{m_x^{\omega_x} L}{2V}\omega_x \\ m_y &= m_y^{\beta}\beta + \frac{m_y^{\omega_y} L}{V}\omega_y \\ m_z &= m_z^{\alpha}\alpha + \frac{m_z^{\omega_z} L}{V}\omega_z \end{aligned} \tag{2-13}$$

其中，C_x 为阻力系数，C_y^α 和 C_z^β 为升力系数和侧力系数分别对攻角和侧滑角的偏导数；m_z^α 和 m_y^β 为稳定力矩系数对攻角和侧滑角的偏导数；$m_x^{\omega_x}$、$m_y^{\omega_y}$ 和 $m_z^{\omega_z}$ 为阻尼力矩系数导数；C_{L0} 为攻角为零时的升力系数，而对于轴对称飞行器有 $C_{L0}=0$。

飞行器尾部的RCS发动机通过喷射气流产生推力，假设单个RCS发动机产生的推力为 F_{RCS}，且根据本书提出的BTT控制模式，RCS只控制飞行器的滚转运动，因此RCS产生的控制力矩在飞行器本体坐标系下可表示为：

$$\boldsymbol{M}_{\mathrm{RCS}}=\begin{bmatrix}2F_{\mathrm{RCS}}R\\0\\0\end{bmatrix} \tag{2-14}$$

2.2.2 动力学方程

2.2.2.1 系统质心动力学方程

滑块质心和壳体质心可以表示为：

$$\begin{aligned}\boldsymbol{r}_p&=\boldsymbol{r}_o+\boldsymbol{r}_{op}\\\boldsymbol{r}_b&=\boldsymbol{r}_o+\boldsymbol{r}_{ob}\end{aligned} \tag{2-15}$$

从而惯性系下系统质心的动力学方程为：

$$m_s\ddot{\boldsymbol{r}}_s=m_s\ddot{\boldsymbol{r}}_o+m_P\ddot{\boldsymbol{r}}_{op}+m_B\ddot{\boldsymbol{r}}_{ob}=\boldsymbol{G}_S+\boldsymbol{F}_{aero}+\boldsymbol{F}_{\mathrm{RCS}} \tag{2-16}$$

上式中的微分形式写在体坐标系下最为简便。利用矢量微分法则关系式，将其投影在体坐标系下，从而有：

$$\ddot{\boldsymbol{r}}_o=\boldsymbol{v}'_{P/G}+\boldsymbol{\omega}_{P/G}\times\boldsymbol{v}_{O/G}+\boldsymbol{C}_{BG}\left[2\boldsymbol{\omega}_e\times\frac{{}^G\mathrm{d}\boldsymbol{r}_o}{\mathrm{d}t}+\boldsymbol{\omega}_e\times(\boldsymbol{\omega}_e\times\boldsymbol{r}_o)\right] \tag{2-17}$$

$$\begin{aligned}\ddot{\boldsymbol{r}}_{op}=&\boldsymbol{\omega}'_{P/B}\times\boldsymbol{r}_{op}+\boldsymbol{\omega}'_{B/I}\times\boldsymbol{r}_{op}+\boldsymbol{\omega}_{P/B}\times(\boldsymbol{\omega}_{P/B}\times\boldsymbol{r}_{op})\\&+2\boldsymbol{\omega}_{B/I}\times(\boldsymbol{\omega}_{P/B}\times\boldsymbol{r}_{op})+\boldsymbol{\omega}_{B/I}\times(\boldsymbol{\omega}_{B/I}\times\boldsymbol{r}_{op})\end{aligned} \tag{2-18}$$

$$\ddot{\boldsymbol{r}}_{ob}=\boldsymbol{\omega}'_{B/I}\times\boldsymbol{r}_{ob}+\boldsymbol{\omega}_{B/I}\times(\boldsymbol{\omega}_{B/I}\times\boldsymbol{r}_{ob}) \tag{2-19}$$

其中，()′ 表示矢量在弹体坐标系下对时间的一阶导数。将式(2-17) ～ (2-19) 代入式(2-16)，得到变质心飞行器系统质心在弹体坐标系下表示的平动动力学方程：

$$\begin{aligned}&m_S\boldsymbol{v}'_{b/G}+m_S\boldsymbol{r}_{os}^{\times}\boldsymbol{\omega}'_{B/I}+m_P\boldsymbol{r}_{op}^{\times}\boldsymbol{\omega}'_{P/B}=m_S\boldsymbol{g}+\boldsymbol{F}_a+\boldsymbol{F}_{\mathrm{RCS}}-m_S\boldsymbol{\omega}_{B/G}\times\boldsymbol{v}_{b/G}\\&\quad-m_S\boldsymbol{C}_{BG}\left[2\omega_e\times\frac{{}^G d\boldsymbol{r}_b}{\mathrm{d}t}+\boldsymbol{\omega}_e\times(\boldsymbol{\omega}_e\times\boldsymbol{r}_b)\right]-m_B[\boldsymbol{\omega}_{B/I}\times(\boldsymbol{\omega}_{B/I}\times\boldsymbol{r}_{ob})]\\&\quad-m_P[\boldsymbol{\omega}_{P/B}\times(\boldsymbol{\omega}_{P/B}\times\boldsymbol{r}_{op})+2\boldsymbol{\omega}_{B/I}\times(\boldsymbol{\omega}_{P/B}\times\boldsymbol{r}_{op})+\boldsymbol{\omega}_{B/I}\times(\boldsymbol{\omega}_{B/I}\times\boldsymbol{r}_{op})]\end{aligned} \tag{2-20}$$

2.2.2.2　系统姿态动力学模型

根据质点系的动量矩定理可以得到滑块 P 和弹体 B 分别对系统质心 s 的绝对动量矩：

$$\boldsymbol{H}_P = \boldsymbol{I}_P \cdot \boldsymbol{\omega}_{P/I} + m_P \boldsymbol{r}_{sp} \times \dot{\boldsymbol{r}}_p \tag{2-21}$$

$$\boldsymbol{H}_B = \boldsymbol{I}_B \cdot \boldsymbol{\omega}_{B/I} + m_B \boldsymbol{r}_{sb} \times \dot{\boldsymbol{r}}_b \tag{2-22}$$

其中，$\boldsymbol{r}_{sp} = \boldsymbol{r}_{op} - \boldsymbol{r}_{os}$，$\boldsymbol{r}_{sb} = \boldsymbol{r}_{ob} - \boldsymbol{r}_{os}$。由于 $\boldsymbol{r}_p = \boldsymbol{r}_o + \boldsymbol{r}_{op}$，$\boldsymbol{r}_b = \boldsymbol{r}_o + \boldsymbol{r}_{ob}$，因此系统对系统质心的动量矩可进一步写为：

$$\begin{aligned}\boldsymbol{H}_S &= \boldsymbol{H}_P + \boldsymbol{H}_B \\ &= \boldsymbol{I}_P \cdot (\boldsymbol{\omega}_{B/I} + \boldsymbol{\omega}_{P/B}) + \boldsymbol{I}_B \cdot \boldsymbol{\omega}_{B/I} + m_P \boldsymbol{r}_{sp} \times \dot{\boldsymbol{r}}_{o_1 p} + m_B \boldsymbol{r}_{sb} \times \dot{\boldsymbol{r}}_{o_1 b}\end{aligned} \tag{2-23}$$

根据质点系的动量矩定理有：

$$\frac{{}^I\mathrm{d}\boldsymbol{H}_S}{\mathrm{d}t} = \frac{{}^I\mathrm{d}(\boldsymbol{I}_P \cdot \boldsymbol{\omega}_{P/I} + \boldsymbol{I}_B \cdot \boldsymbol{\omega}_{B/I})}{\mathrm{d}t} + m_P \boldsymbol{r}_{sp} \times \ddot{\boldsymbol{r}}_{o_1 p} + m_B \boldsymbol{r}_{sb} \times \ddot{\boldsymbol{r}}_{o_1 b} = \sum \boldsymbol{M}_S \tag{2-24}$$

$\sum \boldsymbol{M}_S$ 为作用在飞行器上的外力矩，可表示为：

$$\begin{aligned}\sum \boldsymbol{M}_S &= \boldsymbol{M}_{\mathrm{RCS}} + \boldsymbol{r}_{sq} \times \boldsymbol{F}_{aero} \\ &= \boldsymbol{M}_{\mathrm{RCS}} + \boldsymbol{M}_B + \boldsymbol{r}_{sb} \times \boldsymbol{F}_{aero}\end{aligned} \tag{2-25}$$

其中，$\boldsymbol{M}_{\mathrm{RCS}}$ 为滚喷发动机产生的喷气力矩，$\boldsymbol{M}_B$ 为气动力对弹体质心产生的力矩，$\boldsymbol{r}_{sq}$ 表示从系统质心到飞行器压心的位置矢量，$\boldsymbol{r}_{sb} \times \boldsymbol{F}_{aero}$ 为弹体受到的附加气动力矩，该项是变质心控制所产生的控制力矩。

根据相对微分法则，将式(2-18)、式(2-19) 和式(2-25) 代入式(2-24)，经过整理得到弹体坐标系下表示的系统绕质心转动的动力学方程：

$$\begin{aligned}&(\boldsymbol{I}_B + \boldsymbol{J}_P + \mu_B m_P \boldsymbol{r}_{bp}^{\times} \boldsymbol{r}_{bp}^{\times\mathrm{T}})\boldsymbol{\omega}'_{B/I} + (\boldsymbol{J}_P + \mu_B m_P \boldsymbol{r}_{bp}^{\times} \boldsymbol{r}_{o_1 p}^{\times\mathrm{T}})\boldsymbol{\omega}'_{P/B} = \boldsymbol{M}_B + \boldsymbol{r}_{sb} \times \boldsymbol{F}_{aero} \\ &+ \boldsymbol{M}_{\mathrm{RCS}} - \boldsymbol{\omega}_{B/I} \times [(\boldsymbol{I}_B + \boldsymbol{J}_P)\boldsymbol{\omega}_{B/I} + \boldsymbol{J}_P \boldsymbol{\omega}_{P/B}] + \boldsymbol{M}_{p1} + \boldsymbol{M}_{b1} + \boldsymbol{M}_{j1}\end{aligned} \tag{2-26}$$

其中，

$$\begin{aligned}\boldsymbol{M}_{p1} = &-\boldsymbol{r}_{sp} \times m_p [\boldsymbol{\omega}_{P/B} \times (\boldsymbol{\omega}_{P/B} \times \boldsymbol{r}_{o_1 p}) + 2\boldsymbol{\omega}_{B/I} \times (\boldsymbol{\omega}_{P/B} \times \boldsymbol{r}_{o_1 p}) + \boldsymbol{\omega}_{B/I} \\ &\times (\boldsymbol{\omega}_{B/I} \times \boldsymbol{r}_{o_1 p})]\end{aligned}$$

$$\boldsymbol{M}_{b1} = -\boldsymbol{r}_{sb} \times m_B [\boldsymbol{\omega}_{B/I} \times (\boldsymbol{\omega}_{B/I} \times \boldsymbol{r}_{o_1 b})]$$

$$\boldsymbol{M}_{j1} = -\boldsymbol{J}'_P (\boldsymbol{\omega}_{B/I} + \boldsymbol{\omega}_{P/B})$$

$$\boldsymbol{J}_P = \boldsymbol{C}_{BP} \boldsymbol{I}_P \boldsymbol{C}_{BP}^{\mathrm{T}}$$

$$\boldsymbol{J}'_P = \boldsymbol{\omega}_{P/B} \times \boldsymbol{J}_P - \boldsymbol{J}_P \times \boldsymbol{\omega}_{P/B}$$

由式(2-26) 可知，$\mu_B m_P \boldsymbol{r}_{bp}^{\times}\boldsymbol{r}_{bp}^{\times\mathrm{T}}$ 和 $\mu_B m_P \boldsymbol{r}_{bp}^{\times}\boldsymbol{r}_{o_1p}^{\times\mathrm{T}}$ 为滑块转动引起的附加转动惯量；$\boldsymbol{M}_{p1}$ 和 $\boldsymbol{M}_{b1}$ 为滑块和壳体转动引起的附加陀螺力矩，$\boldsymbol{M}_{j1}$ 为转动惯量变化引起的附加力矩；$(\boldsymbol{J}_P+\mu_B m_P \boldsymbol{r}_{bp}^{\times}\boldsymbol{r}_{o_1p}^{\times\mathrm{T}})\boldsymbol{\omega}'_{P/B}$ 可以视为滑块运动产生的附加相对惯性力矩。

2.2.2.3 滑块动力学方程

在得到系统的动力学模型后，还需要建立滑块运动与伺服力之间的关系。滑块 P 对其质心 p 的动量矩定理有：

$$\frac{{}^I\mathrm{d}\boldsymbol{H}_P}{\mathrm{d}t}=\frac{{}^I\mathrm{d}(\boldsymbol{I}_P\cdot\boldsymbol{\omega}_{P/I})}{\mathrm{d}t}=\boldsymbol{r}_{pc}\times\boldsymbol{F}_C+\boldsymbol{r}_{po}\times\boldsymbol{F}_O \tag{2-27}$$

其中，$\boldsymbol{F}_O$ 是作用于滑块与飞行器头部连接处 O 点的内力，$\boldsymbol{F}_C$ 是驱动滑块的伺服力。根据牛顿第二定律，可得滑块和系统质心的平动动力学方程为：

$$\ddot{\boldsymbol{r}}_P=(\ddot{\boldsymbol{r}}_o+\ddot{\boldsymbol{r}}_{op})=\frac{\boldsymbol{F}_C}{m_P}+\frac{\boldsymbol{F}_O}{m_P}+\boldsymbol{g} \tag{2-28}$$

$$\ddot{\boldsymbol{r}}_s=\ddot{\boldsymbol{r}}_o+\ddot{\boldsymbol{r}}_{os}=\ddot{\boldsymbol{r}}_o+\mu_P\ddot{\boldsymbol{r}}_{op}+\mu_B\ddot{\boldsymbol{r}}_{ob}=\frac{m_s\boldsymbol{g}+\boldsymbol{F}_a}{m_s} \tag{2-29}$$

将式(2-27) 和式(2-28) 消去 $\boldsymbol{F}_O$ 后，得到：

$$\frac{{}^I\mathrm{d}(\boldsymbol{I}_P\cdot\boldsymbol{\omega}_{P/I})}{\mathrm{d}t}=\boldsymbol{r}_{pc}\times\boldsymbol{F}_C+\boldsymbol{r}_{po}\times[m_P(\ddot{\boldsymbol{r}}_o+\ddot{\boldsymbol{r}}_{op})-\boldsymbol{F}_C-m_P\boldsymbol{g}] \tag{2-30}$$

然后将式(2-29) 代入式(2-30)，消去 $\ddot{\boldsymbol{r}}_o$，得到：

$$\frac{{}^I\mathrm{d}(\boldsymbol{I}_P\cdot\boldsymbol{\omega}_{P/I})}{\mathrm{d}t}=\boldsymbol{r}_{oc}\times\boldsymbol{F}_C-\boldsymbol{r}_{op}\times[m_P\mu_B(\ddot{\boldsymbol{r}}_{op}-\ddot{\boldsymbol{r}}_{ob})+\mu_P\boldsymbol{F}_a] \tag{2-31}$$

最后，可以得到在弹体坐标系下表示的滑块动力学方程：

$$\begin{aligned}&(\boldsymbol{J}_P+m_P\mu_B\boldsymbol{r}_{op}^{\times}\boldsymbol{r}_{op}^{\times\mathrm{T}})\boldsymbol{\omega}'_{P/B}+(\boldsymbol{J}_P-m_P\mu_B\boldsymbol{r}_{op}^{\times}\boldsymbol{r}_{ob}^{\times\mathrm{T}}+m_P\mu_B\boldsymbol{r}_{op}^{\times}\boldsymbol{r}_{op}^{\times\mathrm{T}})\boldsymbol{\omega}'_{B/I}\\&\quad=\boldsymbol{M}_{p2}+\boldsymbol{M}_{b2}+\boldsymbol{M}_{j2}+\boldsymbol{r}_{oc}\times\boldsymbol{F}_C-\boldsymbol{r}_{op}\times\mu_P\boldsymbol{F}_a-\boldsymbol{\omega}_{B/I}\times\boldsymbol{J}_P\boldsymbol{\omega}_{P/I}\end{aligned} \tag{2-32}$$

其中，

$$\begin{aligned}\boldsymbol{M}_{p2}=&-\boldsymbol{r}_{op}\times m_P\mu_B[\boldsymbol{\omega}_{P/B}\times(\boldsymbol{\omega}_{P/B}\times\boldsymbol{r}_{op})+2\boldsymbol{\omega}_{B/I}\times(\boldsymbol{\omega}_{P/B}\times\boldsymbol{r}_{op})\\&+\boldsymbol{\omega}_{B/I}\times(\boldsymbol{\omega}_{B/I}\times\boldsymbol{r}_{op})]\end{aligned}$$

$$\boldsymbol{M}_{b2}=\boldsymbol{r}_{op}\times m_P\mu_B[\boldsymbol{\omega}_{B/I}\times(\boldsymbol{\omega}_{B/I}\times\boldsymbol{r}_{ob})]$$

$$\boldsymbol{M}_{j2}=-\boldsymbol{J}'_P(\boldsymbol{\omega}_{B/I}+\boldsymbol{\omega}_{P/B})$$

$$\boldsymbol{J}_P=\boldsymbol{C}_{BP}\boldsymbol{I}_P\boldsymbol{C}_{BP}^{\mathrm{T}}$$

$$\boldsymbol{J}'_P=\boldsymbol{\omega}_{P/B}\times\boldsymbol{J}_P-\boldsymbol{J}_P\times\boldsymbol{\omega}_{P/B}$$

至此，式(2-26) 和式(2-32) 构成了完整的变质心飞行器的姿态-伺服动力学模型。

2.2.3　运动学方程

首先，在再入坐标系下建立的高超声速滑翔飞行器质心运动学方程为：

$$\begin{bmatrix}\dot{x}\\ \dot{y}\\ \dot{z}\end{bmatrix}=\begin{bmatrix}c_{\varphi}c_{\psi} & c_{\varphi}s_{\psi}s_{\gamma}-s_{\varphi}c_{\gamma} & c_{\varphi}s_{\psi}c_{\gamma}+s_{\varphi}s_{\gamma}\\ s_{\varphi}c_{\psi} & s_{\varphi}s_{\psi}s_{\gamma}+c_{\varphi}c_{\gamma} & s_{\varphi}s_{\psi}c_{\gamma}-c_{\varphi}s_{\gamma}\\ -s_{\psi} & c_{\psi}s_{\gamma} & c_{\psi}c_{\gamma}\end{bmatrix}\cdot\begin{bmatrix}v_x\\ v_y\\ v_z\end{bmatrix}\tag{2-33}$$

变质心飞行器相对于再入坐标系的转动角速度为 $\omega_{B/G}$，与相对于惯性坐标系的转动角速度 $\omega_{B/I}$ 之间的关系为：

$$\omega_{B/G}=\begin{bmatrix}\omega_{x1}\\ \omega_{y1}\\ \omega_{z1}\end{bmatrix}=\begin{bmatrix}\omega_{x}\\ \omega_{y}\\ \omega_{z}\end{bmatrix}-\boldsymbol{C}_{BG}\boldsymbol{C}_{EG}^{\mathrm{T}}\begin{bmatrix}0\\ 0\\ \omega_{e}\end{bmatrix}\tag{2-34}$$

根据坐标系旋转关系，可得飞行器相对于再入坐标系的姿态角微分方程为：

$$\begin{cases}\dot{\varphi}=\omega_{y1}\dfrac{\sin\gamma}{\cos\psi}+\omega_{z1}\dfrac{\cos\gamma}{\cos\psi}\\ \dot{\psi}=\omega_{y1}\cos\gamma-\omega_{z1}\sin\gamma\\ \dot{\gamma}=\omega_{x1}+\tan\psi(\omega_{y1}\sin\gamma+\omega_{z1}\cos\gamma)\end{cases}\tag{2-35}$$

通过积分式(2-35)即可得到相对再入坐标系的姿态角。

另外，根据飞行器坐标系转换关系及动力学可以确定飞行攻角、侧滑角及倾侧角 σ 的计算公式：

$$\begin{cases}\dot{\alpha}=-\dfrac{Y}{m_sV\cos\beta}+\tan\beta(\omega_y\sin\alpha-\omega_x\cos\alpha)+\omega_z+\dfrac{g}{V\cos\beta}\cos\sigma\ \cos\theta\\ \dot{\beta}=\omega_x\sin\alpha+\omega_y\cos\alpha+\dfrac{g}{V}\sin\sigma\ \cos\theta+\dfrac{Z}{m_sV}\\ \dot{\sigma}=\dfrac{1}{\cos\beta}(\omega_x\cos\alpha-\omega_y\sin\alpha)-\dfrac{\tan\beta}{m_sV}(Y-m_sg\cos\sigma_{\varphi}\cos\theta)\\ \quad+\dfrac{\tan\theta}{m_sV}(\cos\sigma\ \cos\theta+Z\cos\sigma+Y\sin\gamma_v)\end{cases}\tag{2-36}$$

2.2.4　不同构型比较

文献[40]给出了一种质点式的变质心控制方案(见图 2-2)，该方案是将小质量比的滑块安装在飞行器纵向对称平面来控制飞行器的俯仰运动。这种小质量比的布局要在工程实现上有两个难点：①质点式的单滑块在较小的体积下无法满足大质量的要求；②滑块和驱动滑块的执行机构占据飞行器内部的主要空间，导致内部结构的布局设计难度增加。

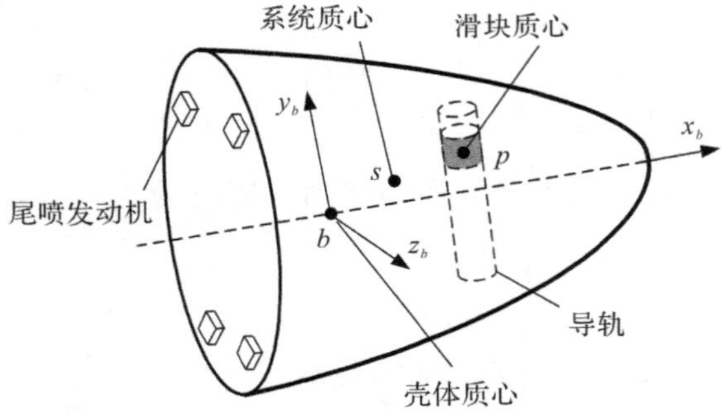

图 2-2　质点式构型

质点式滑块构型的姿态动力学方程[40]为：

$$\boldsymbol{I}_B\dot{\boldsymbol{\omega}}+\boldsymbol{r}_{sp}\times m_p(\ddot{\boldsymbol{r}}_{bp}+2\boldsymbol{\omega}\times\dot{\boldsymbol{r}}_{bp})=\boldsymbol{M}_B+\boldsymbol{M}_{fa}-\boldsymbol{\omega}\times(\boldsymbol{I}_B\boldsymbol{\omega})+\boldsymbol{M}_{fp}+\boldsymbol{M}_{fb} \tag{2-37}$$

将式(2-37)与大质量比构型的动力学方程作对比可知，由于滑块的质量比较大，其转动惯量不可忽略，因此，式(2-26)相较于式(2-37)左边增加了附加转动惯量项，右边增加了附加力矩项 $\boldsymbol{M}_{f1}$。这些附加项会导致式(2-26)描述的飞行器动力学特性更加复杂。因此，本书提出的具有大质量比的俯控式单滑块变质心飞行器有如下特点。

①当滑块的质量较大时，滑块偏转运动产生的附加转动惯量会使飞行器的俯仰姿态运动和滑块运动的耦合更加强烈。

②由于滑块在运动过程中与壳体发生动量交换会产生额外的耦合力矩，因此变质心飞行器除了受到常规的气动力矩和喷气力矩外，还会受到惯性力矩。这种惯性力矩会严重影响飞行器的控制性能。

为了说明本书提出的变质心控制方案具有更高的机动能力，可以对比滑块质心在移动相同距离时，两种变质心飞行器的攻角响应。假设两种方案中的滑块质量比分别为 0.5 和 0.1，攻角初始状态为 0°，滑块质心的等效位移均为 10cm，则攻角的响应如图 2-3 所示。显然，本书提出的变质心方案在相同位移情况下可以得到更大的配平攻角。

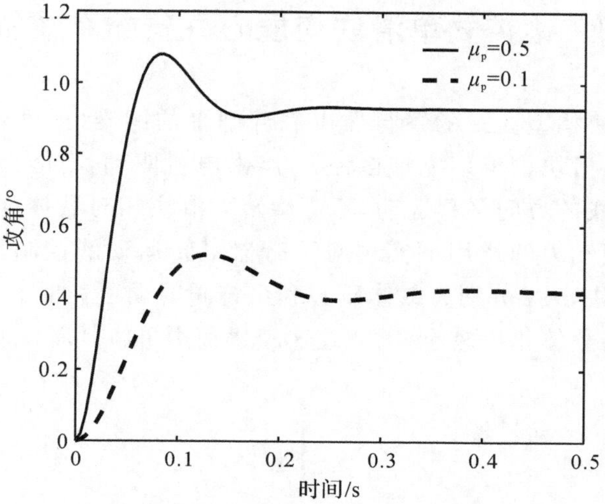

图 2-3　两种方案的攻角响应

滑块运动产生的附加相对惯性力矩势必会影响飞行器的动态特性。图 2-4 给出的是飞行器分别在 40km 和 10km 飞行高度下俯仰通道的动态惯性力矩变化。显然，在滑块运动的过程中，附加相对惯性力矩和附加气动力矩较其他力矩影响大得多。而高空段相对惯性力矩要比气动力矩大很多，低空段则相反。因此，在设计姿态控制律时不能忽略飞行器的附加相对惯性力矩，否则可能引起姿态控制的不稳定。

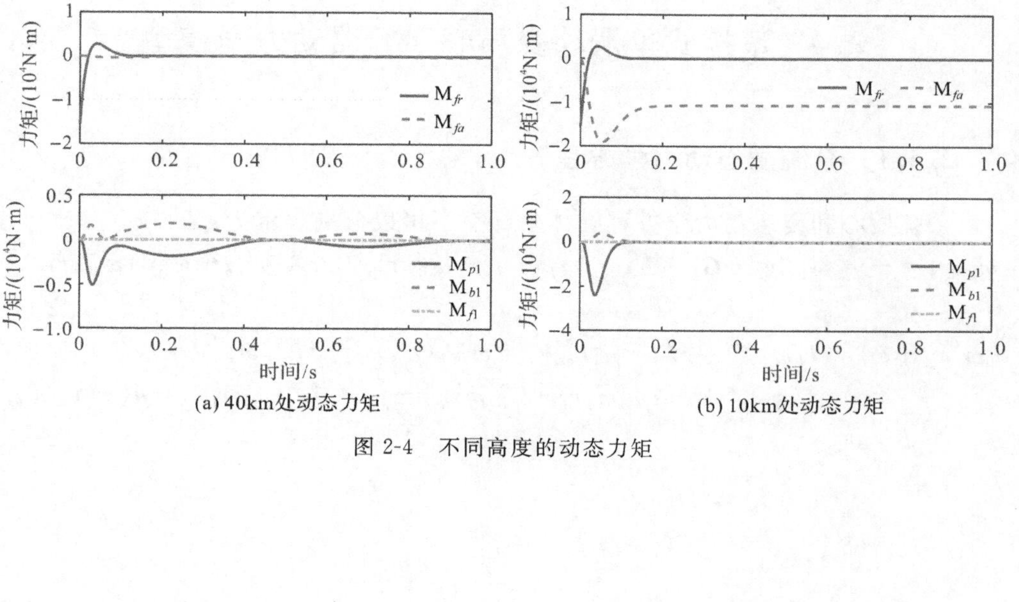

图 2-4　不同高度的动态力矩

2.3 滚控式单滑块变质心飞行器系统描述

滚控式单滑块构型模式的飞行器由底部削平的圆锥(或圆台)状载体和位于尾端的滑块组成,滑块位于系统质心后下方,由电机驱动,只能沿平行于削平面且垂直于载体中心线的方向平移运动,不可旋转。滑块相对载体的运动使得系统质心发生偏移,在气动力的作用下实现对飞行器滚转运动的控制。S、B、P 分别表示系统、载体、滑块,b、s 分别为载体质心和系统瞬时质心,如图 2-5 所示。由于滑块的质量、体积与载体相比较小,因此在建模过程中可将其看作质点。

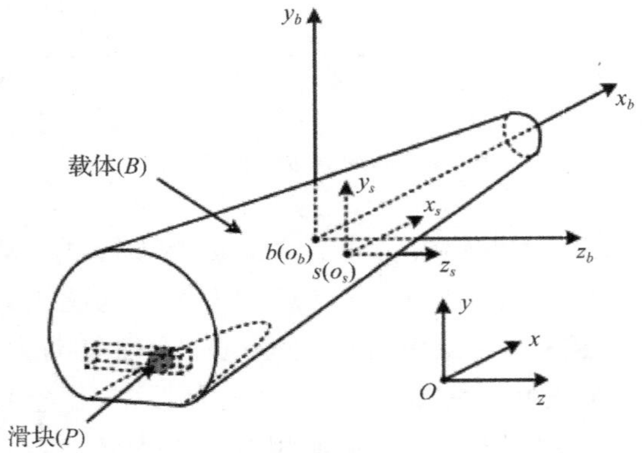

图 2-5 滚控式变质心飞行器

2.4 滚控式单滑块变质心飞行器动力学模型

2.4.1 系统质心动力学方程

系统质心和姿态动力学方程在体坐标系下可以分别表示为:

$$m_S \boldsymbol{v}'_b = -m_S \boldsymbol{\omega}^{\times}_{B/I} \boldsymbol{v}_b + \boldsymbol{G}_S + \boldsymbol{F}_a - m_P [\boldsymbol{r}''_{bp} + \boldsymbol{\omega}^{\times}_{B/I} \boldsymbol{r}_{bp} + 2\boldsymbol{\omega}^{\times}_{B/I} \boldsymbol{r}'_{bp} + \boldsymbol{\omega}^{\times}_{B/I} (\boldsymbol{\omega}^{\times}_{B/I} \boldsymbol{r}_{bp})] \tag{2-38}$$

$$\begin{aligned} \boldsymbol{I}_B \boldsymbol{\omega}'_{B/I} + \boldsymbol{\omega}^{\times}_{B/I} (\boldsymbol{I}_B \boldsymbol{\omega}_{B/I}) = & \boldsymbol{M}_B - \mu_B \boldsymbol{r}^{\times}_{bp} \boldsymbol{F}_a - \boldsymbol{\omega}^{\times}_{B/I} (\mu_B m_P \boldsymbol{r}^{\times}_{bp} \boldsymbol{r}^{\times \mathrm{T}}_{bp}) \boldsymbol{\omega}_{B/I} \\ & - 2\mu_B m_p \boldsymbol{r}^{\times}_{bp} (\boldsymbol{\omega}^{\times}_{B/I} \boldsymbol{r}'_{bp}) - \mu_B m_P \boldsymbol{r}^{\times}_{bp} \boldsymbol{r}^{\times \mathrm{T}}_{bp} \boldsymbol{\omega}'_{B/I} - \mu_B m_p \boldsymbol{r}^{\times}_{bp} \boldsymbol{r}''_{bp} \end{aligned} \tag{2-39}$$

由动力学方程可以看出滚控式变质心飞行器具有以下特点。

①与传统飞行器相比，滚控式变质心飞行器还会受到滑块偏移产生的耦合作用力项影响，这些项将对载体姿态运动产生一定影响，因此该系统是一个典型的非线性、强耦合的快时变复杂系统。

②滑块运动会使系统质心发生偏移，在气动力的作用下，系统质心受到额外的气动力矩 $\boldsymbol{M}_{fa}=-\mu_B\boldsymbol{r}_{bp}^{\times}\boldsymbol{F}_a$，该力矩即为变质心控制中的控制力矩，与滑块的配置结构参数密切相关。

下面针对滚控式变质心飞行器受到的力和力矩进行几点说明。

①$\boldsymbol{M}_{fr}=-\mu_B m_p\boldsymbol{r}_{bp}^{\times}\boldsymbol{r}''_{bp}$ 为滑块运动产生的作用力对系统质心施加的作用力矩，称为附加相对惯性力矩。

②$\boldsymbol{F}_{fq}=-m_P\boldsymbol{\omega}_{B/I}^{\times}\boldsymbol{r}_{bp}$ 是由载体的角加速度运动产生的滑块对载体施加的切向作用力，称为附加切向力；相应地，$\boldsymbol{M}_{fq}=-\mu_B m_P\boldsymbol{r}_{bp}^{\times}\boldsymbol{r}_{bp}^{\times\mathrm{T}}\boldsymbol{\omega}'_{B/I}$ 为 $\boldsymbol{F}_{fq}$ 对系统质心施加的作用力矩，称为附加切向惯性力矩。

③$\boldsymbol{F}_{fg}=-2m_P\boldsymbol{\omega}_{B/I}^{\times}\boldsymbol{r}'_{bp}$ 是由滑块运动在载体旋转角速度下对载体施加的反作用力，称为附加哥氏力；相应地，$\boldsymbol{M}_{fg}=-2\mu_B m_p\boldsymbol{r}_{bp}^{\times}(\boldsymbol{\omega}_{B/I}^{\times}\boldsymbol{r}'_{bp})$ 为 $\boldsymbol{F}_{fg}$ 对系统质心施加的作用力矩，称为附加哥氏惯性力矩。

④$\boldsymbol{F}_{ft}=-m_P\boldsymbol{\omega}_{B/I}^{\times}(\boldsymbol{\omega}_{B/I}^{\times}\boldsymbol{r}_{bp})$ 是由载体的姿态运动使滑块相对于载体产离心运动，从而对载体施加的反作用力，称为附加离心惯性力；相应地，$\boldsymbol{M}_{ft}=-\boldsymbol{\omega}_{B/I}^{\times}(\mu_B m_P\boldsymbol{r}_{bp}^{\times}\boldsymbol{r}_{bp}^{\times\mathrm{T}})\boldsymbol{\omega}_{B/I}$ 为 $\boldsymbol{F}_{ft}$ 对系统质心施加的作用力矩，称为附加陀螺惯性力矩。

⑤$\boldsymbol{M}_{fa}=-\mu_B\boldsymbol{r}_{bp}^{\times}\boldsymbol{F}_a$ 为附加气动力矩。

2.4.2 滑块动力学方程

在惯性系下，系统质心的动力学方程为：

$$m_P\ddot{\boldsymbol{r}}_p=\boldsymbol{R}_{bp}+\boldsymbol{F}_C+\boldsymbol{G}_P \tag{2-40}$$

将 $\ddot{\boldsymbol{r}}_p=\ddot{\boldsymbol{r}}_b+\ddot{\boldsymbol{r}}_{bp}$ 代入上式并在体坐标系下表示，则有：

$$\boldsymbol{v}'_b+\boldsymbol{r}''_{bp}=\frac{\boldsymbol{R}_{bp}+\boldsymbol{F}_C+\boldsymbol{G}_p}{m_P}-\boldsymbol{\omega}_{B/I}^{\times}\boldsymbol{r}_{bp}-\boldsymbol{\omega}_{B/I}^{\times}\boldsymbol{v}_b-2\boldsymbol{\omega}_{B/I}^{\times}\boldsymbol{r}'_{bp}-\boldsymbol{\omega}_{B/I}^{\times}(\boldsymbol{\omega}_{B/I}^{\times}\boldsymbol{r}_{bp}) \tag{2-41}$$

将式(2-38)代入上式，可得体坐标系下滑块动力学方程的矢量形式：

$$\boldsymbol{r}''_{bp}=\frac{\boldsymbol{R}_{bp}+\boldsymbol{F}_C}{\boldsymbol{\mu}_B m_P}-\frac{F_a}{\mu_B m_S}-\boldsymbol{\omega}_{B/I}^{\times}\boldsymbol{r}_{bp}-2\boldsymbol{\omega}_{B/I}^{\times}\boldsymbol{r}'_{bp}-\boldsymbol{\omega}_{B/I}^{\times}(\boldsymbol{\omega}_{B/I}^{\times}\boldsymbol{r}_{bp}) \tag{2-42}$$

其中，方程右边的后三项即为载体姿态运动与滑块运动的耦合作用对滑块运动的影响项。

2.5 三轴稳定变质心航天器系统描述

2.5.1 变质心航天器构型及参数

对于在 200～400km 处运行的低轨道微纳卫星，由于大气密度较大，航天器高速运动引发的气动阻力的长时效应无法忽略，为了维持航天器三轴姿态稳定，需要使用额外的能量对其进行控制。若将气动力矩作为控制力矩的一部分，既可以有效减少航天器能量的消耗、延长在轨时间，又可以降低航天器的结构质量、减少发射成本，具有巨大的经济效益。传统的气动力控制均采用气动帆板，或者进行独特的气动外形设计。对于微纳卫星而言，其本身不能搭载过大的气动帆板，而进行气动外形设计不但延长了设计周期，而且增加了设计成本，这与其经济性南辕北辙。以上这些掣肘均要求提出一种新型的执行机构，以更好地实现气动力控制在微纳卫星上的应用。

本节针对低轨微纳卫星所受气动力不可忽略的特点，设计一种基于气动阻力作用的变质心姿态控制方案，如图 2-6 所示。

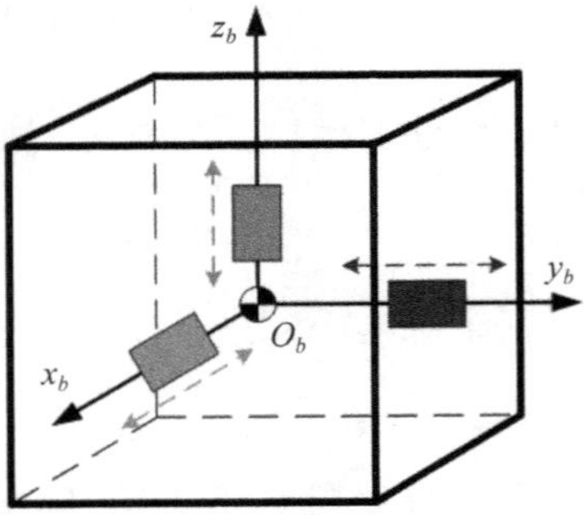

图 2-6　三滑块变质心卫星系统

该变质心控制方案由两个部分组成：①外形为立方体的卫星壳体，其质心在立方体的体心 O_b 处，拥有系统 90%以上的质量；②由壳体内部的可动质量块组成的质点系，三个质量块分别沿本体坐标系的 x、y、z 轴方向运动。各质量块相对于壳体质心的相对位矢为 $\boldsymbol{r}_i$；可动质量块均可视为质点，其质量分别用 m_i 表示；卫星壳体质心相对地心 O_e 位矢为 R，质量块相对地心位矢为 ρ_i；$\boldsymbol{F}_{aero}$ 表示作用于卫星上的气动阻力，与卫星运行速度方向矢量反向。

2.5.2　坐标系统描述

对于变质心航天器而言，常用的质心有可动质点系的质心、航天器壳体质心，以及由两者组成的系统的质心三种。本节将与航天器相关的坐标系原点定义在航天器壳体质心上。航天器姿态动力学建模所需坐标系的详细定义如下。

(1)地心惯性坐标系 $O_e\text{-}X_IY_IZ_I$

地心惯性坐标系的原点为地心，O_eZ_I 轴垂直于赤道平面，与地球自转角速度方向一致；O_eX_I 轴在赤道平面内由地心指向平春分点方向；O_eY_I 轴在赤道平面内，三轴组成右手系。

(2)航天器轨道坐标系 $O_b\text{-}X_sY_sZ_s$

航天器轨道坐标系的原点为航天器壳体质心，O_bZ_s 轴由原点指向地心；O_bX_s 轴在航天器轨道平面内，垂直于 O_bZ_s 轴；O_bY_s 轴与轨道平面负法线方向一致。

(3)航天器本体坐标系 $O_b\text{-}X_bY_bZ_b$

航天器本体坐标系是星体固联坐标系，坐标原点为航天器壳体质心。由于本节研究对象为立方星，因此取壳体质心与面心的连线中构成右手系的三条作为三轴：指向航天器速度方向的称为滚转轴 O_bX_b，指向轨道平面负法线方向的称为偏航轴 O_bY_b，指向地心方向的称为偏航轴 O_bZ_b。

2.5.3　相关符号说明

本节建模过程中用到的符号说明如下。

①航天器壳体部分质量为 M，其质心转动惯量为 I；可动质量块质量为 m_i，$i=y,z$；一般地，可动质量块质量比壳体部分质量小两个数量级，质量比为：

$$\mu_i=\frac{m_i}{M+\sum m_i} \tag{2-43}$$

② 可动质量块相对壳体质心的位置矢量为 $\boldsymbol{r}_i$；航天器壳体部分相对地心位置矢量为 $\boldsymbol{R}$；可动质量块相对地心位置矢量为 $\boldsymbol{\rho}_i$；则有 $\boldsymbol{\rho}_i=\boldsymbol{r}_i+\boldsymbol{R}$。

③ 航天器所受气动阻力及气动力矩分别记为 $\boldsymbol{F}_{aero}$、$\boldsymbol{T}_{aero}$；所受电磁力矩记为 $\boldsymbol{T}_m$；内力矩记为 $\boldsymbol{T}_i$。

④ 假设航天器在圆轨道上运行，壳体质心对地心惯性系转动角速度为 $\boldsymbol{\omega}$。

⑤$\mathrm{d}y/\mathrm{d}x$ 代表在惯性系求导；$\partial y/\partial x$ 和 $\dot{x}$ 代表在航天器本体系下求导。

2.6 变质心航天器姿态动力学模型

2.6.1 作用在航天器上的力与力矩

作用在航天器上的气动阻力和气动阻力矩的计算方法可由空气动力学得出。本节直接使用工程上常用的气动阻力与气动阻力矩模型，如图 2-7 所示。

$$\boldsymbol{F}_{aero} = -\frac{1}{2}C_D\rho V^2 S\boldsymbol{v}$$

$$\boldsymbol{T}_{aero} = \boldsymbol{r}_p \times \boldsymbol{F}_{aero} \tag{2-44}$$

其中，C_D 为气动阻力系数，ρ 为当地大气密度，V 为轨道运行速率，S 为航天器迎风面积，$\boldsymbol{v}$ 为速度方向的单位矢量，$\boldsymbol{r}_p$ 为壳体质心至气动压心的位置矢量。

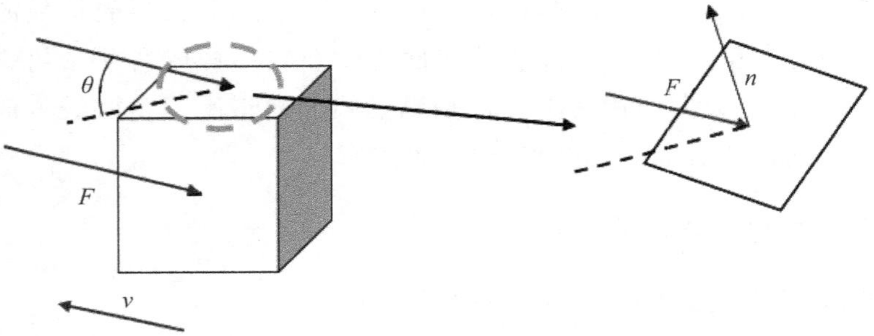

图 2-7　立方星受气动阻力示意

边长为 a 的立方体卫星各个表面的迎风面积可以用下式表示：

$$S_i = a^2\sin(\theta_i) = a^2(\boldsymbol{n}_i v),\ i = 1,2,\cdots,6 \tag{2-45}$$

其中，θ_i 为各面与气动阻力的夹角，$\boldsymbol{n}_i$ 是各个面的外法向量，可用符号函数 sgn 判断各面是否迎风。显而易见，当立方体卫星某一面迎风时，则其背面一定背风。基于常识，可以假设背风面不受气动阻力作用，即

$$\mathrm{sgn}(a) = \begin{cases} 1, & a > 0 \\ 0, & a \leqslant 0 \end{cases}$$

将式(2-45) 代入式(2-44) 可以获得各表面所受气动阻力：

$$\boldsymbol{F}^i_{aero} = -\frac{1}{2}C_D\rho V^2 S_i\,\mathrm{sgn}(\boldsymbol{n}_i\boldsymbol{v})\,\boldsymbol{v} \tag{2-46}$$

将立方体卫星的 1 和 4 面、2 和 5 面、3 和 6 面作为三组对立面，各组对立面外法向量等大、反向：

$$\boldsymbol{n}_1=-\boldsymbol{n}_4;\boldsymbol{n}_2=-\boldsymbol{n}_5;\boldsymbol{n}_3=-\boldsymbol{n}_6$$

立方体卫星受到的总气动阻力是各个迎风面受到的气动阻力之和：

$$\boldsymbol{F}_{aero}=-\frac{1}{2}C_D\rho V^2\sum_{i=1}^{6}S_i\operatorname{sgn}(\boldsymbol{n}_i\boldsymbol{v})\boldsymbol{v}=k_d\boldsymbol{v} \tag{2-47}$$

显然，立方体卫星所受的总气动阻力矩是各个迎风面受到的气动阻力矩之和。对于一个立方体而言，各表面的形心即为各面压心，则气动力臂可表示为：

$$\boldsymbol{r}_{pi}=\frac{1}{2}a\boldsymbol{n}_i \tag{2-48}$$

将上式代入式(2-44) 可得各表面所受气动阻力矩：

$$\begin{aligned}\boldsymbol{T}_{aeroi}&=\boldsymbol{r}_{pi}\times\boldsymbol{F}^{i}_{aero}\\&=\frac{1}{2}\boldsymbol{a}\boldsymbol{n}_i\times\left\{-\frac{1}{2}C_D\rho V^2\left[a^2(\boldsymbol{n}_i\boldsymbol{v})\operatorname{sgn}(\boldsymbol{n}_i\boldsymbol{v})\right]\boldsymbol{v}\right\}\\&=-\frac{1}{4}C_D\rho V^2a^3\left[(\boldsymbol{n}_i\boldsymbol{v})\operatorname{sgn}(\boldsymbol{n}_i\boldsymbol{v})\right](\boldsymbol{n}_i\boldsymbol{v})\end{aligned} \tag{2-49}$$

各面所受气动阻力矩可以视为系数部分 $-1/4C_D\rho V^2a^3$ 和矢量部分 $[(n_iv)\operatorname{sgn}(n_iv)](\boldsymbol{n}_i\times\boldsymbol{v})$ 的乘积。对于各对立面而言，其矢量部分是相同的：

$$\begin{aligned}&(\boldsymbol{n}_1\boldsymbol{v})(\boldsymbol{n}_1\times\boldsymbol{v})=(-\boldsymbol{n}_1\boldsymbol{v})(-\boldsymbol{n}_1\times\boldsymbol{v})=(\boldsymbol{n}_4\boldsymbol{v})(\boldsymbol{n}_4\times\boldsymbol{v})\\&(\boldsymbol{n}_2\boldsymbol{v})(\boldsymbol{n}_2\times\boldsymbol{v})=(-\boldsymbol{n}_2\boldsymbol{v})(-\boldsymbol{n}_2\times\boldsymbol{v})=(\boldsymbol{n}_5\boldsymbol{v})(\boldsymbol{n}_5\times\boldsymbol{v})\\&(\boldsymbol{n}_3\boldsymbol{v})(\boldsymbol{n}_3\times\boldsymbol{v})=(-\boldsymbol{n}_3\boldsymbol{v})(-\boldsymbol{n}_3\times\boldsymbol{v})=(\boldsymbol{n}_6\boldsymbol{v})(\boldsymbol{n}_6\times\boldsymbol{v})\end{aligned} \tag{2-50}$$

这说明无论是对立面中的哪一面受作用，所受气动力矩都是相同的。因此，当计算立方体卫星所受总气动阻力时，可以仅计算各组对立面中的一面，并省略符号函数。不失一般性，仅计算 1、2、3 面，则立方体卫星所受总的气动阻力矩如下：

$$\boldsymbol{T}_{aero}=-\frac{1}{4}C_D\rho V^2a^3\sum_{i=1}^{3}\left[\boldsymbol{n}_i\boldsymbol{v}(\boldsymbol{n}_i\times\boldsymbol{v})\right] \tag{2-51}$$

在立方体卫星本体系中将上式展开：

$$\boldsymbol{T}_{aero}=K\left(\boldsymbol{v}_x\begin{bmatrix}0\\-v_z\\v_y\end{bmatrix}+\boldsymbol{v}_y\begin{bmatrix}v_z\\0\\-v_x\end{bmatrix}+\boldsymbol{v}_z\begin{bmatrix}-v_y\\v_x\\0\end{bmatrix}\right)=0 \tag{2-52}$$

其中，$\boldsymbol{v}_x$、$\boldsymbol{v}_y$、$\boldsymbol{v}_z$ 为速度方向单位矢量在卫星本体系下的三轴分量。

对于受气动阻力作用的立方体卫星而言,在系统质心与立方体体心重合的情况下,卫星不受气动阻力矩作用。这说明,系统在不受控制作用的情况下,系统姿态能在惯性坐标系下保持初始姿态不变。

2.6.2 变质心航天器姿态模型

利用欧拉方程,得立方体卫星在本体系下的姿态动力学方程:

$$\boldsymbol{I}\dot{\boldsymbol{\omega}} + \boldsymbol{\omega}^{\times}\boldsymbol{I}\boldsymbol{\omega} = \boldsymbol{T}_m + \sum \boldsymbol{T}_i \tag{2-53}$$

其中,$\boldsymbol{T}_m$ 为电磁力矩,$\boldsymbol{T}_i$ 为内力矩。对于可动质量块部分,利用质点转动动力学基本方程,可得滑块在地心惯性系下的转动动力学方程:

$$\frac{\mathrm{d}}{\mathrm{d}t}\left(\boldsymbol{r}_i^{\times} m_i \frac{\mathrm{d}\boldsymbol{\rho}_i}{\mathrm{d}t}\right) = -\boldsymbol{T}_i + \boldsymbol{r}_i^{\times} m_i \boldsymbol{g} + m_i \left(\frac{\mathrm{d}\boldsymbol{r}_i}{\mathrm{d}t}\right)^{\times} \frac{\mathrm{d}\boldsymbol{R}}{\mathrm{d}t} \tag{2-54}$$

其中,$\boldsymbol{\rho}_i = \boldsymbol{R} + \boldsymbol{r}_i$ 为滑块相对地心的矢径,由于滑块相对卫星壳体的距离 $\boldsymbol{r}_i$ 相对卫星相对地心的距离 $\boldsymbol{R}$ 为小量,因此忽略转动动力后可简化为:

$$m_i \boldsymbol{r}_i^{\times} \frac{\mathrm{d}^2\boldsymbol{R}}{\mathrm{d}t^2} = -\boldsymbol{T}_i + \boldsymbol{r}_i^{\times} m_i \boldsymbol{g} \tag{2-55}$$

假设卫星仅受大气阻力和引力作用,则整个系统的动力学方程为:

$$M\frac{\mathrm{d}^2\boldsymbol{R}}{\mathrm{d}t^2} + \sum m_i\left(\frac{\mathrm{d}^2\boldsymbol{R}}{\mathrm{d}t^2} + \frac{\mathrm{d}^2\boldsymbol{r}_i}{\mathrm{d}t^2}\right) = \boldsymbol{F}_{aero} + \left(M + \sum m_i\right)\boldsymbol{g} \tag{2-56}$$

同样,忽略 $\boldsymbol{r}_i$ 二阶导数项,代入式(2-55),则滑块的动力学模型最终简化为:

$$\boldsymbol{r}_i^{\times} \boldsymbol{\mu}_i \boldsymbol{F}_{aero} = -\boldsymbol{T}_i \tag{2-57}$$

上式在航天器本体系 $O_b\text{-}X_bY_bZ_b$ 和地心惯性系 $O_e\text{-}X_IY_IZ_I$ 中拥有相同的表达式,故航天器系统姿态动力学方程在航天器本体系下的表达式可由式(2-53)和式(2-57)直接相加得到:

$$\boldsymbol{I}\dot{\boldsymbol{\omega}} = -\boldsymbol{\omega} \times \boldsymbol{I}\boldsymbol{\omega} - \sum \boldsymbol{r}_i \times \boldsymbol{h}_i \boldsymbol{F}_{aero} + \boldsymbol{T}_m \tag{2-58}$$

其中,$\boldsymbol{T}_r = \boldsymbol{F}_{aero}^{\times} \sum \mu_i \boldsymbol{r}_i$ 为滑块运动引起的附加气动力矩,即变质心控制力矩。变质心控制通过控制内部可变动质量块的位置,改变系统所受附加气动力矩的大小和方向,从而控制系统的姿态。

第3章　变质心飞行器控制机理与动力学分析

变质心控制，是指利用滑块运动引起的质心变化产生的附加力矩对飞行器姿态进行控制，因此飞行器的姿态角和滑块的运动关系（参数、位移等）需要进一步明确，这关系到变质心飞行器可以产生多少机动能力。滑块的运动势必会影响飞行器姿态运动的稳定性，因此在假设滑块运动模型是一个二阶系统的情况下，需要研究基于线性模型的滑块控制机理，并对滑块参数如何影响俯仰姿态稳定性进行分析。同时，根据配平关系给出总体参数（质量比、质心距等）对稳定性、控制性以及动态特性的影响关系。

此外，滑块转动引起的耦合使变质心飞行器的动力学呈现出一种具有强耦合、强非线性的多自由度系统，这势必会导致自由度之间的耦合振动。目前的公开文献中，关于变质心飞行器的非线性振动研究还相对较少，因此这是一个值得深入研究的问题。由于系统存在非线性特性，飞行器总体参数和气动参数等变化还可能会引起系统动力学行为的明显变化出现分岔，从而导致飞行失控等故障。而分岔理论主要研究的是参数变化时，系统发生分岔的条件、分岔的类型以及发生分岔后系统产生的特殊运动。因此，应用分岔理论对变质心控制系统进行分岔特性分析具有十分重要的意义。

3.1　俯控式变质心飞行器控制机理分析

分析变质心飞行器的静态和动态特性是研究变质心控制机理的首要任务。对于俯控式单滑块变质心飞行器的姿态控制，滑块的运动特性和总体参数（质量特性、结构特性）是影响变质心飞行器动力学特性的重要因素。因此，对诸如飞行器稳定性条件、滑块偏转角与攻角之间的关系等问题需要深入研究。

为了定量地分析俯控式单滑块变质心飞行器的控制机理，将变质心飞行器的动力学模型进行一些简化处理后，做如下假设。

①滑块运动的目的是产生攻角，因此重点分析俯仰通道的动力学特性，假设飞行器的侧滑角和滚转角稳定且为零。

②飞行过程中将攻角 α 及滑块转动的角度 δ 均视为小量，则有 $\cos\alpha \approx 1$，$\sin\alpha \approx \alpha$，$\cos\delta \approx 1$，$\sin\delta \approx \delta$。

③ 飞行器的角速度及滑块转动角速度均为小量，忽略角速度之间的乘积项。

④ 由于研究的是滑块偏转角与攻角之间的关系，因此将滑块的动力学模型近似认为是一个二阶惯性环节。滑块的运动规律如下：

$$\ddot{\delta} = -2\xi\omega_n\dot{\delta} - \omega_n^2(\delta - \delta_c) \tag{3-1}$$

其中，无阻尼自振角频率 ω_n 和阻尼比 ξ 分别取 20rad/s 和 0.8；δ_c 为滑块的指令转动角度。

3.1.1 稳定性分析

基于上述假设，根据式(2-26) 可以得到简化后的俯仰姿态动力学方程：

$$\begin{aligned}\tilde{I}_z \cdot \dot{\omega}_z + \tilde{I}_\delta\ddot{\delta} &= \left(m_z^\alpha\alpha + \frac{m_z^{\omega_z}\omega_z L}{V}\right)qSL \\ &\quad - \mu_P L_B C_y^\alpha \alpha q S + \mu_P L_P C_y^\alpha \alpha q S + \mu_P L_P C_x q S\delta\end{aligned} \tag{3-2}$$

其中，

$$\tilde{I}_z = I_{B3} + I_{P3} + m_P\mu_B(L_P^2 + L_B^2 - 2L_P L_B)$$

$$\tilde{I}_\delta = I_{P3} + m_P\mu_B(L_P^2 - L_P L_B)$$

飞行器攻角[85] 在假设条件下可以表示为：

$$\dot{\alpha} = -\frac{C_y^\alpha qS}{m_s V}\alpha + \omega_z = -C_\alpha\alpha + \omega_z \tag{3-3}$$

将上式代入式(3-2) 可整理得到关于飞行器攻角 α 的微分方程：

$$\ddot{\alpha} + A_1\dot{\alpha} + A_2\alpha = B_1\ddot{\delta} + B_2\delta \tag{3-4}$$

其中，

$$A_1 = A_{11} + A_{12}, A_2 = A_{21} + A_{22} + A_{23} + A_{24}$$

$$A_{11} = \frac{C_y^\alpha qS}{m_s V}, A_{12} = \frac{-m_z^{\omega_z} qSL^2}{\tilde{I}_z V}, A_{21} = \frac{\mu_P L_B C_y^\alpha qS}{\tilde{I}_z}$$

$$A_{22} = \frac{-\mu_P L_P C_y^\alpha qS}{\tilde{I}_z}, A_{23} = \frac{-m_z^\alpha qSL}{\tilde{I}_z}, A_{24} = \frac{C_y^\alpha m_z^{\omega_z} q^2 S^2 L^2 / m_s V^2}{\tilde{I}_z}$$

$$B_1 = -\frac{\tilde{I}_\delta}{\tilde{I}_z}, B_2 = \frac{\mu_P L_P C_x qS}{\tilde{I}_z}$$

对式(3-4)进行拉普拉斯变换,得到以下传递函数关系:

$$\frac{\alpha(s)}{\delta(s)}=\frac{B_1 s^2+B_2}{s^2+A_1 s+A_2} \tag{3-5}$$

根据线性定常系统稳定的充要条件,可知要想获得稳定的攻角,由于式(3-5)的极点需要全部有负实根,因此依据赫尔维茨(Hurwitz)稳定性判据,得:

$$A_1>0,\begin{vmatrix} A_1 & 0 \\ 1 & A_2 \end{vmatrix}>0 \Rightarrow A_1>0, A_2>0 \tag{3-6}$$

上述关系中,第一个条件取决于气动参数,显然 $C_y^\alpha>0$ 和 $m_z^{\omega_z}<0$ 使得该条件自动满足,而在第二个条件中,由于 $m_z^\alpha=C_y^\alpha(\bar{x}_B-\bar{x}_Q)$,因此有:

$$\mu_P L_B C_y^\alpha-\mu_P L_P C_y^\alpha-C_y^\alpha(\bar{x}_B-\bar{x}_Q)L+C_y^\alpha m_z^{\omega_z} qSL^2/m_s V^2>0 \tag{3-7}$$

不等式左边的 $C_y^\alpha m_z^{\omega_z} qSL^2/m_s V^2$ 相对于其他项为小量可以忽略,令壳体质心与滑块质心的距离差为 $L_B-L_P=\Delta_{BP}$,则可得到关于滑块质量比 μ_P 和 Δ_{BP} 的不等式:

$$\mu_P \Delta_{BP}>x_B-x_Q \tag{3-8}$$

其中,x_B 和 x_Q 表示弹体质心和压心到飞行器头部 O 点的距离。不等式(3-8)即为变质心飞行器的运动稳定条件。若弹体静稳定裕度为 0.01,取质量比 μ_P 和 Δ_{BP} 分别为横、纵坐标轴,则可以得到稳定区域,如图 3-1 所示。

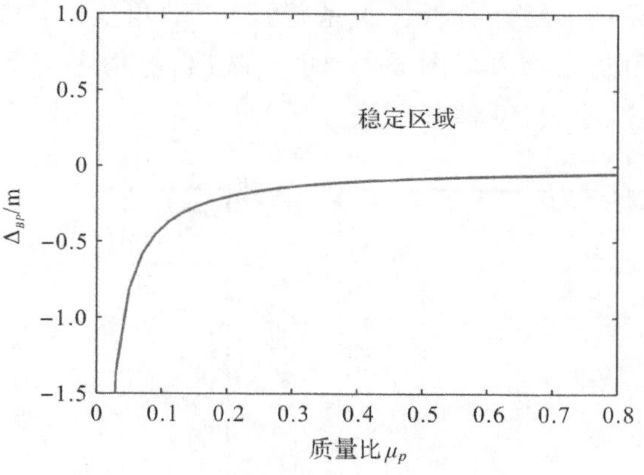

图 3-1　俯仰通道稳定区域

由稳定区域图可知,对于不同质量比的滑块,其质心位置的布局可以根据稳定区域来进行选择。只有合理地选取(μ_P,Δ_{BP}),才可以使变质心飞行器的俯仰运动稳定。

由式(3-2)可以得到稳定状态下的配平攻角：

$$\alpha_{trim}=\frac{\mu_P L_P C_x}{\mu_P(L_B-L_P)C_y^{\alpha}-m_z^{\alpha}L}\delta \tag{3-9}$$

由上式可知，变质心控制的原理非常明确，即通过滑块与弹体的相对位置变化(偏转角δ的变化)改变系统的质心位置，从而在气动力的作用下产生姿态运动，系统静稳定力矩使弹体达到平衡状态，而通过δ的变化可以实现对配平攻角的改变。

3.1.2 控制性能分析

为了分析滑块的控制能力，需要根据配平攻角来确定滑块参数的选取对飞行器机动能力的影响。根据系统质心与压心的关系，定义系统的静稳定裕度为：

$$\bar{\Delta}=\frac{-(x_B-x_Q)+\mu_P(L_B-L_P)}{L} \tag{3-10}$$

将上式代入式(3-9)中可得：

$$\alpha_{trim}=\frac{\mu_P L_P C_x}{\bar{\Delta}\cdot L C_y^{\alpha}}\delta \tag{3-11}$$

因此，通过改变静稳定裕度可以获得不同的配平攻角，如图3-2所示。其中，图3-2(a)反映了配平攻角与静稳定裕度的关系；图3-2(b)反映了滑块转动角度与配平攻角的关系，显然这是一种线性关系，随着转动角度的增加，控制力矩的力臂逐渐增大，配平攻角随之增大。图3-2中也反映出，静稳定裕度的增大会导致相同条件下配平攻角的减小，机动性能下降。

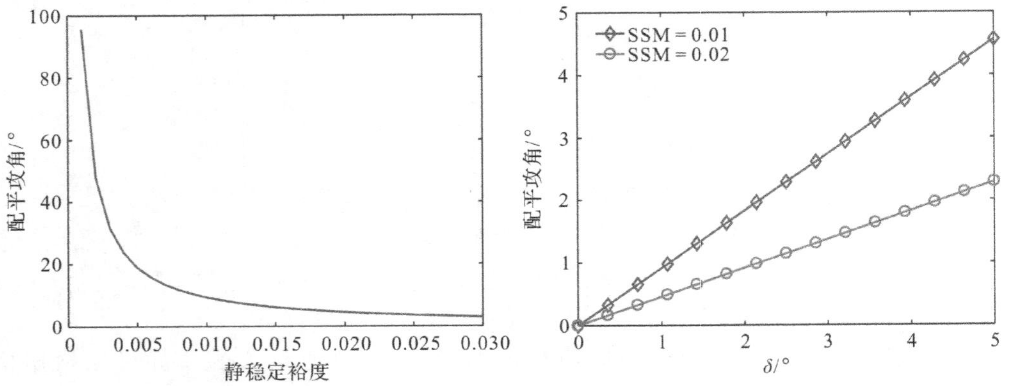

(a)配平攻角随静稳定裕度变化　　(b)配平攻角随偏转角变化

图3-2　静稳定裕度对配平攻角的影响

由式(3-10)可以看出，改变系统静稳定裕度的方法有改变弹体的静稳定性和改变滑块的结构参数两种。因此，在飞行器气动外形确定的情况下，变质心飞行器的控制性能主要由滑块的质量比 μ_P 和 Δ_{BP} 决定，如图 3-3 所示。

图 3-3(a)给出了 Δ_{BP} 变化时配平攻角的变化过程。当壳体的质心与滑块的质心差逐渐减小时，系统的静稳定裕度降低，配平攻角随之增加；图 3-3(b)反映了滑块质量比 μ_P 对配平攻角的影响，由式(3-11)可以看出，当 $L_P = L_B$ 时，配平攻角与质量比呈线性正比关系；当 $L_P < L_B$ 时，随着质量比的增加，配平攻角呈现缓慢增大的趋势；当 $L_P > L_B$ 时，配平攻角呈现加速增大的趋势。这是因为当 $L_P < L_B$ 时，系统的静稳定裕度增加，而 $L_P > L_B$ 时，系统的静稳定裕度减小。

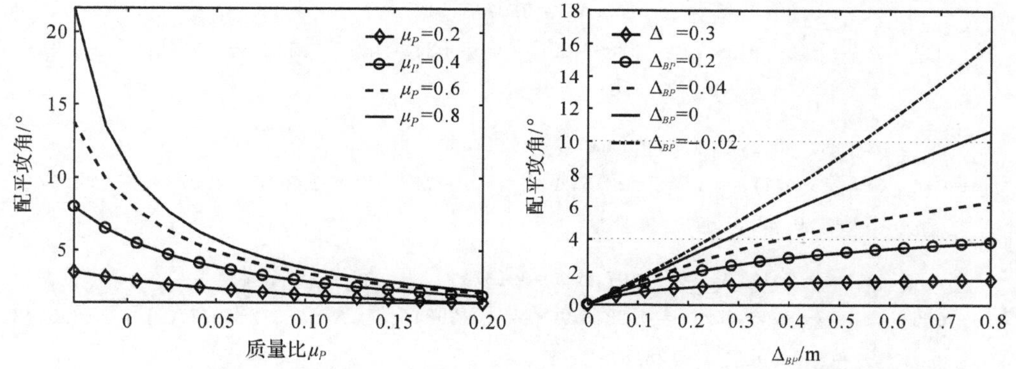

(a) 质心距对攻角影响　　(b) 质量比对攻角影响

图 3-3　不同参数对配平攻角的影响

3.1.3　动态特性分析

飞行器姿态变化的动态过程优劣对控制品质非常重要，因此，需要分析滑块在运动过程中飞行器的动态特性，而受控系统的运动模态取决于传递函数的零极点。根据滑块的伺服控制运动规律，由式(3-5)可求得攻角的控制回路开环传递函数：

$$\frac{\alpha(s)}{\delta_c(s)} = \frac{B_1 s^2 + B_2}{s^2 + A_1 s + A_2} \cdot \frac{\omega_n^2}{s^2 + \xi\omega_n s + \omega_n^2} \tag{3-12}$$

此传递函数的零极点为：

$$s_{1,2} = -\frac{A_1}{2} \pm \mathrm{j}\sqrt{A_2 - 4A_1^2}\, s_{3,4} = -\xi\omega_n \pm \mathrm{j}\omega_n\sqrt{1-\xi^2} \tag{3-13}$$

$$z_{1,2}=\pm\sqrt{-\frac{B_2}{B_1}} \tag{3-14}$$

不同质量比之下，传递函数的系数、零点及极点的计算结果见表3-1。系统的衰减速度取决于特征根的实部绝对值的大小，它反映了飞行器的阻尼特性。由传递函数的极点可知，飞行器攻角的衰减运动是由弹体自身的慢衰减过程和伺服机构的快衰减过程组成的（$A_1/2 \ll \xi\omega_n$）。系统的振荡角频率取决于特征根虚部的绝对值，它反映了系统自身的频率特性。

表3-1 传递函数计算结果

质量比	系数	极点	零点
$\mu_P=0.2$	$A_{11}=0.0012, A_{12}=1.9971, A_{21}=3.0710$ $A_{22}=-2.9035, A_{23}=0.2869, A_{24}=-0.0024$ $B_1=-0.1076, B_2=9.6388$	$-1.1196\pm3.1708j$	±9.4658
$\mu_P=0.4$	$A_{11}=0.0012, A_{12}=1.9874, A_{21}=6.1125$ $A_{22}=-5.7790, A_{23}=0.2855, A_{24}=-0.0024$ $B_1=-0.2383, B_2=19.1847$	$-1.3055\pm4.9288j$	±8.9718
$\mu_P=0.6$	$A_{11}=0.0012, A_{12}=1.9807, A_{21}=9.1374$ $A_{22}=-8.6390, A_{23}=0.2845, A_{24}=-0.0024$ $B_1=-0.3925, B_2=28.6790$	$-1.6312\pm6.7700j$	±8.5478
$\mu_P=0.8$	$A_{11}=0.0012, A_{12}=1.9767, A_{21}=12.1587$ $A_{22}=-11.4955, A_{23}=0.2839, A_{24}=-0.0024$ $B_1=-0.5705, B_2=38.1616$	$-2.3025\pm9.2601j$	±8.1787

不同质量比的零点、极点分布如图3-4所示。由图可知，随着滑块质量比μ_P的增加，特征根的实部和虚部的绝对值都在增大，攻角时域响应（$\delta_c=1°$）的衰减速度变慢，振荡周期变短。滑块的指令偏转角$\delta_c=1°$时，不同质量比的开环攻角响应曲线如图3-5所示。显然，滑块的质量比越大，攻角的响应幅值也会越大，同时振荡也会越剧烈，这与零极点分布所反映的结果是一致的。

通过对系统传递函数的零点、极点进行分析可知，滑块的质量是影响飞行器动态性能的重要因素。在以往文献中，无论是动力学分析还是控制律设计，都假设滑块的质量相比于弹体的质量为小量，忽略了其转动惯量引起的附加相对惯性力矩。而对于本节提出的大质量比滑块构型，在进行动力学分析和控制其设计时，不能忽略滑块运动所产生的附加惯性力矩。

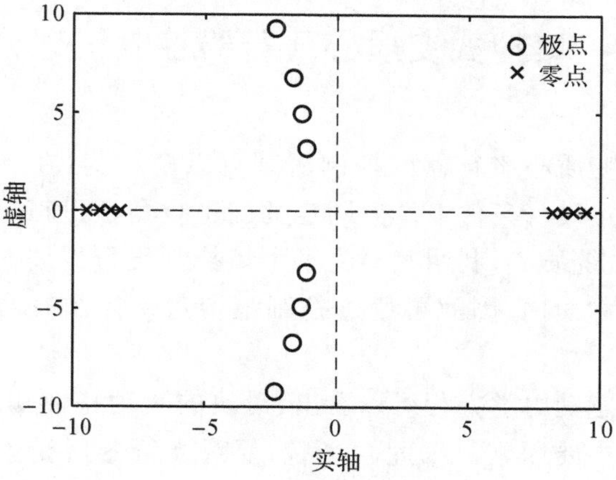

图 3-4　零点、极点分布

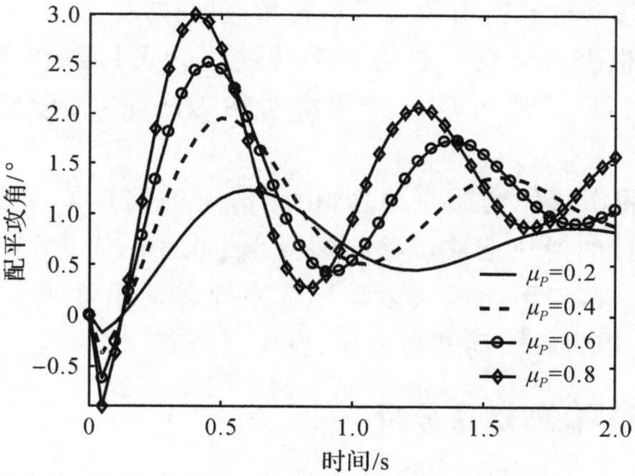

图 3-5　不同质量比下的攻角响应

滑块质心与壳体质心的距离差以及滑块质量比影响着飞行器俯仰通道的稳定性，只有合理取值才能获得稳定的配平攻角。同时，这两个参数也决定着滑块的控制性能，飞行器的配平攻角随滑块质量比的增加而增加，随质心距的增加而减小。此外，滑块质量比还对飞行器的动态特性有着显著影响。质量比的增加虽然能使攻角的响应幅值增加、攻角的响应速度加快，但也能导致攻角响应的衰减速度变慢、振荡频率增大。

3.2 滚控式变质心飞行器控制机理分析

滚控式单滑块变质心飞行器的控制机理可以解释为：在飞行过程中，面对称外形使飞行器在稳定飞行条件下产生固定的配平攻角，可通过伺服电机移动滑块位置，改变飞行器系统质心，利用气动配平力矩控制飞行器姿态；由于升力方向始终位于弹体的纵对称面内，因此可通过控制滚转角来控制升力的指向，以实现机动飞行。

根据弹体的姿态动力学方程可以看出，滑块的运动特性和总体参数是影响飞行器动力学性能的主要因素。因此，我们需要对飞行器所受力矩情况、动态响应特性以及控制能力等方面进行深入研究。

同样，为了定量分析，需做如下条件的假设。

假设条件①：忽略地球引力和地球自转角速度作用。

假设条件②：根据所研究对象的运动特性认为飞行器在飞行过程中所经历的只是小角度摄动，因此飞行攻角和侧滑角均为小量，飞行速度和角运动均为小摄动量。

假设条件③：将滑块作为质点处理；由于滑块的偏移位移受到载体外形的限制，因此本节所设计的滑块偏移位移的幅值为±0.3m；考虑到物理限制滑块位移和速度均为不大的值，基于此滑块运动导致系统转动惯量的变化可忽略，滑块运动给载体施加的作用力和气动外力相比，也可以忽略。

3.2.1 俯仰和偏航运动分析

基于假设，飞行器受到的气动力和气动力矩在体坐标系下表示为：

$$\boldsymbol{F}_a=\begin{bmatrix}X\\Y\\Z\end{bmatrix}=\begin{bmatrix}C_x\\C_y^{\alpha}\alpha\\C_z^{\beta}\beta\end{bmatrix}qS \tag{3-15}$$

$$\boldsymbol{M}_B=\begin{bmatrix}M_x\\M_y\\M_z\end{bmatrix}=\begin{bmatrix}m_x^{\omega_x}\omega_x\\m_y^{\beta}\beta+\dfrac{m_y^{\omega_y}\omega_yL}{v}\\m_z^{\alpha}\alpha+\dfrac{m_z^{\omega_z}\omega_zL}{v}\end{bmatrix}qSL \tag{3-16}$$

系统的变质心方程可以简化成如下的形式：

$$\begin{cases}\dot{v}_x = \dfrac{X}{m_S} \\ \dot{v}_y = \dfrac{Y}{m_S} - \omega_z v_x \\ \dot{v}_z = \dfrac{Z}{m_S} + \omega_y v_x\end{cases} \tag{3-17}$$

$$\begin{cases}\dot{\omega}_x I_x = M_x + \mu_P Y\delta_z - \mu_P Z l_y - m_P \mu_B l_y \ddot{\delta}_z \\ \dot{\omega}_y I_y = M_y - \mu_P X\delta_z + \mu_P Z l_x + m_P \mu_B l_x \ddot{\delta}_z \\ \dot{\omega}_z I_z = M_z + \mu_P X l_y - \mu_P Y l_x\end{cases} \tag{3-18}$$

其中，

$$I_x = I_{Bx} + m_P \mu_B (l_y^2 + \delta_z^2)$$
$$I_y = I_{By} + m_P \mu_B (l_x^2 + \delta_z^2)$$
$$I_z = I_{Bz} + m_P \mu_B (l_x^2 + l_y^2)$$

根据速度系与载体系之间的转换关系，攻角和侧滑角可表示为：

$$\alpha = \arctan\left(-\frac{v_y}{v_x}\right), \beta = \arcsin\left(\frac{v_z}{v}\right) \tag{3-19}$$

利用假设条件②，将其线性化成如下形式：

$$v \cong v_x, \alpha \cong -\frac{v_y}{v}, \beta \cong \frac{v_z}{v} \tag{3-20}$$

通过上述处理，式(3-17)和式(3-18)的俯仰和偏航的动力学方程可写为：

$$\begin{cases}\dfrac{Y}{m_S v} = -\dot{\alpha} - \dfrac{\alpha X}{m_S v} + \omega_z \\ \dfrac{Z}{m_S v} = \dot{\beta} + \dfrac{\beta X}{m_S v} - \omega_y\end{cases} \tag{3-21}$$

$$\begin{cases}\dfrac{M_y}{I_y} = \dot{\omega}_y + \dfrac{\mu_P X}{I_y}\delta_z - \dfrac{\mu_P m_S v l_x}{I_y}\dot{\beta} - \dfrac{\mu_P X l_x}{I_y}\beta + \dfrac{V m_S v l_x}{I_y}\omega_y - \dfrac{\mu_B m_P l_x}{I_y}\ddot{\delta}_z \\ \dfrac{M_z}{I_z} = \dot{\omega}_z - \dfrac{\mu_P X l_y}{I_z} - \dfrac{\mu_P m_S v l_x}{I_z}\dot{\alpha} - \dfrac{\mu_P X l_x}{I_z}\alpha + \dfrac{\mu_P m_S v l_x}{I_z}\omega_z\end{cases} \tag{3-22}$$

将气动力和气动力矩的线性表达式代入，可得：

$$\begin{cases}\dfrac{Y}{m_S v} = \dfrac{qSC_y^\alpha \alpha}{m_S v} \\ \dfrac{Z}{m_S v} = \dfrac{qSC_z^\beta \beta}{m_S v}\end{cases} \tag{3-23}$$

$$\begin{cases}\dfrac{M_y}{I_y}=\dfrac{qSL\left(m_y^{\beta}\beta+\dfrac{m_y^{\omega_y}\omega_y L}{v}\right)}{I_y}\\[2ex]\dfrac{M_z}{I_z}=\dfrac{qSL\left(m_z^{\alpha}\alpha+\dfrac{m_z^{\omega_z}\omega_z L}{v}\right)}{I_z}\end{cases}\tag{3-24}$$

联立式(3-21)和式(3-23),可得:

$$\begin{cases}\omega_z=\dfrac{qSC_y^{\alpha}\alpha}{m_S v}+\dot{\alpha}+\dfrac{\alpha qSC_x}{m_S v}\\[2ex]\omega_y=-\dfrac{qSC_z^{\beta}\beta}{m_S v}+\dot{\beta}+\dfrac{\beta qSC_x}{m_S v}\end{cases}\tag{3-25}$$

对上式求导,并与式(3-24)一同代入式(3-22)中,整理得到:

$$\begin{cases}\ddot{\alpha}+A_1\dot{\alpha}+A_2\alpha=C_0\\ \ddot{\beta}+B_1\dot{\beta}+B_2\beta=C_1\delta_z+C_2\ddot{\delta}_z\end{cases}\tag{3-26}$$

其中,

$$A_1=A_{11}+A_{12},A_2=A_{21}+A_{22}$$

$$B_1=B_{11}+B_{12},B_2=B_{21}+B_{22}$$

$$A_{11}=\frac{qS(C_x+C_y^{\alpha})}{m_S v},A_{21}=\frac{q^2S^2L^2m_z^{\omega_z}(C_x+C_y^{\alpha})}{I_z m_S v^2}$$

$$A_{12}=-\frac{qSL^2m_z^{\omega_z}}{I_z v},A_{22}=\frac{qS(Lm_z^{\alpha}-\mu_P l_x C_y^{\alpha})}{I_z}$$

$$B_{11}=\frac{qS(C_x-C_z^{\beta})}{m_S v},B_{21}=-\frac{qS(\mu_P l_x C_z^{\beta}+Lm_y^{\beta})}{I_y}$$

$$B_{12}=-\frac{qSL^2m_y^{\omega_y}}{I_y v},B_{22}=\frac{q^2S^2L^2m_y^{\omega_y}(C_z^{\beta}-C_x)}{I_y m_S v^2}$$

$$C_0=\frac{qS\mu_P C_x l_y}{I_z},C_1=-\frac{qS\mu_P C_x}{I_y},C_2=\frac{m_P\mu_B l_x}{I_y}$$

由于 A_1、A_2、C_0 只与飞行器的结构布局和外部流场有关,而与滑块的运动无关,因此对于已知结构布局的飞行器,存在一个固定的配平攻角,而滑块的运动并不影响其攻角的响应。对于弹道式再入飞行器,通过计算有 $A_2<0$, $|A_{21}|\ll|A_{22}|$,因此可以认为 $A_2\approx A_{21}$,则稳态时攻角为:

$$\alpha_{trim}=\frac{C_0}{A_2}\approx\frac{\mu_P C_x l_y}{Lm_z^{\alpha}-\mu_P C_y^{\alpha}l_x}\tag{3-27}$$

上式表明，执行机构在飞行器内部的布局位置会影响配平攻角的大小，这是因为执行机构的位置分布决定了滑块的位置，而滑块的位置影响了系统质心的位置，从而使系统质心与压心之间的距离发生变化，导致配平攻角的不同。

通过对攻角分析，可以得到两点重要结论：①在飞行器的外形和结构设计阶段需要充分考虑飞行攻角需求，根据所需飞行攻角的范围合理配置执行机构在载体内部的位置；②飞行攻角不受滑块运动影响，因此在控制器的设计中可以认为飞行器具有俯仰稳定。

下面分析滚控式变质心飞行器侧滑角的运动，由式(3-26)可以看出，由于存在气动阻力，滑块的偏移在使飞行器滚转角发生变化的同时，也会对偏航通道产生影响。侧滑角的运动方程可用传递函数表示为：

$$\frac{\beta(s)}{\delta_z(s)}=\frac{C_2 s^2+C_1}{s^2+B_1 s+B_2} \tag{3-28}$$

假设滑块的伺服控制响应满足：

$$\frac{\delta_z(s)}{\delta_{zc}(s)}=\frac{\omega_n^2}{s^2+2\xi\omega_n s+\omega_n^2} \tag{3-29}$$

其中，δ_{zc} 为滑块的指令输入。

由式(3-28)和式(3-29)，可得：

$$\begin{aligned}\beta(s)&=\frac{C_1}{(s^2+B_1 s+B_2)}\frac{\omega_n^2\delta_{zc}(s)}{(s^2+2\xi\omega_n s+\omega_n^2)}+\frac{C_2 s^2}{(s^2+B_1 s+B_2)}\frac{\omega_n^2\delta_{zc}(s)}{(s^2+2\xi\omega_n s+\omega_n^2)}\\&=\beta_1(s)+\beta_2(s)\end{aligned} \tag{3-30}$$

对于阶跃输入信号，侧滑角的时域响应有：

$$\begin{aligned}\beta_1(t)=&\frac{C_1\delta_{zc}}{B_2}+\frac{2C_1\omega_n^2\delta_{zc}}{a_1}[a_3^2+a_4^2]^{\frac{1}{2}}\mathrm{e}^{-\frac{B_1}{2}t}\sin\left(\sqrt{B_2-\frac{B_1^2}{4}}+\varphi_{11}\right)\\&+\frac{C_1\omega_n^2\delta_{zc}}{a_2}\cdot[a_5^2+a_6^2]^{\frac{1}{2}}\mathrm{e}^{-\xi\omega_n t}\sin(\omega_n\sqrt{1-\xi^2}+\varphi_{12})\end{aligned} \tag{3-31}$$

$$\begin{aligned}\beta_2(t)=&\frac{C_2\omega_n^2\delta_{zc}}{a_1}[b_3^2+b_4^2]^{\frac{1}{2}}\mathrm{e}^{-\frac{B_1}{2}t}\sin\left(\sqrt{B_2-\frac{B_1^2}{4}}+\varphi_{21}\right)\\&+\frac{C_1\omega_n^2\delta_{zc}}{2a_2}\cdot[b_5^2+b_6^2]^{\frac{1}{2}}\mathrm{e}^{-\xi\omega_n t}\sin(\omega_n\sqrt{1-\xi^2}+\varphi_{22})\end{aligned} \tag{3-32}$$

其中，

$$a_1=\left(\frac{B_1^2}{2}-B_2-B_1\xi\omega_n+\omega_n^2\right)^2(4B_2^2-B_1^2B_2)+4B_2(B_1-2\xi\omega_n)^2\left(B_2-\frac{B_1^2}{4}\right)^2$$

$$a_2=\omega_n^4(1-\xi^2)^2(1-\xi^2+\xi^2\omega_n^2)(B_1-2\xi\omega_n)^2+\omega_n^2(1-\xi^2)(1-\xi^2+\xi^2\omega_n^2)\cdot(\xi^2\omega_n^2-\omega_n(1-\xi^2)-\xi\omega_nB_1+B_2)^2$$

$$a_3=-2(B_1^2-B_2-2B_1\xi\omega_n+\omega_n^2)\left(B_2-\frac{B_1^2}{4}\right)$$

$$a_4=-B_1\left(\frac{B_1^2}{2}-B_2-B_1\xi\omega_n+\omega_n^2\right)\sqrt{B_2-\frac{B_1^2}{4}}+2\left(B_2-\frac{B_1^2}{4}\right)^{\frac{3}{2}}(B_1-2\xi\omega_n)$$

$$a_5=-(\xi^2\omega_n^2-\omega_n(1-\xi^2)-\xi\omega_nB_1+B_2)\omega_n(1-\xi^2)+(B_1-2\xi\omega_n)\xi\omega_n^3(1-\xi^2)$$

$$a_6=-(\xi^2\omega_n^2-\omega_n(1-\xi^2)-\xi\omega_nB_1+B_2)\xi\omega_n^2\sqrt{1-\xi^2}-(1-\xi^2)^{\frac{3}{2}}(B_1-2\xi\omega_n)\omega_n^2$$

$$\varphi_{11}=\arctan\left(\frac{a_3}{a_4}\right)$$

$$\varphi_{12}=\arctan\left(\frac{a_5}{a_6}\right)$$

$$b_3=2B_2(B_1^2-2B_2-4B_1\xi\omega_n+2\omega_n^2)\left(B_2-\frac{B_1^2}{4}\right)$$

$$b_4=2B_2(4B_2\xi\omega_n-B_1B_2-B_1\omega_n^2)\sqrt{B_2-\frac{B_1^2}{4}}$$

$$b_5=2(2\omega_n-1)(\xi^2\omega_n^2-\xi\omega_nB_1+B_2)\xi^2\omega_n^3(1-\xi^2)+2(1-\xi^2)^2(\xi^2\omega_n^2-\xi\omega_nB_1+B_2)\omega_n-2(-\xi^2\omega_n^2+1-\xi^2+2\xi^2\omega_n^3)\omega_n^2(1-\xi^2)^2+2(B_1-2\xi\omega_n)(1-\xi^2+\xi^2\omega_n)\xi\omega_n^4(1-\xi^2)$$

$$b_6=2(\xi^2\omega_n-1+\xi^2)(-\xi\omega_nB_1+B_2)\xi\omega_n^3\sqrt{1-\xi^2}+2(\xi^2\omega_n-1+\xi^2)^2\xi\omega_n^4\sqrt{1-\xi^2}+2(-\xi^2\omega_n+1+2\xi^2\omega_n^2)(1-\xi^2)^{\frac{3}{2}}(B_1-2\xi\omega_n)\omega_n^3$$

$$\varphi_{21}=\arctan\left(\frac{b_3}{b_4}\right)$$

$$\varphi_{22}=\arctan\left(\frac{b_5}{b_6}\right)$$

经过计算发现，$B_1>0$，$B_{21}\gg B_{22}$，因此可以认为 $B_2\approx B_{21}$。

式(3-31)和式(3-32)表明，在稳态输入条件下，侧滑角运动由稳态运动、指数运动和正弦运动三部分构成。数值计算表明 $B_1\ll 2\xi\omega_n$，说明弹体衰减运动由弹体自身特性决定的慢衰减过程和滑块执行机构决定的快衰减过程两部分组成，$\sqrt{B_2}$ 和 $\dfrac{B_1}{2\sqrt{B_2}}$ 分别表示弹体自身运动频率特性和阻尼特性，而$\sqrt{B_2}$ 值很大，说明侧滑角的开环运动是一个具有大超调的慢衰减运动。

稳态时的侧滑角为：

$$\beta_{trim}=\frac{C_1\delta_{zc}}{B_{21}}\approx\frac{C_x\mu_P\delta_{zc}}{\mu_P l_x C_z^{\beta}+Lm_y^{\beta}} \tag{3-33}$$

从上式可以看出，由于滚转和偏航通道间存在耦合作用，滑块的偏移在控制飞行器滚转角的同时也对侧滑角产生了相应的扰动，而扰动的大小与飞行条件、飞行器外形和滑块布局模式密切相关。对于给定的飞行器外形和飞行条件，滑块偏移产生的侧滑角稳态值不仅与滑块的质量比、布局位置有关，还受到滑块横向偏移距离的影响，且滑块的质量比越大，滑块越远离壳体质心，侧滑角扰动越大。因此，该耦合作用对于控制器的设计提出了相应的要求：①在控制滚转角达到指令值后，应使滑块恢复到稳定位置，以减弱侧滑角的扰动；②为减弱扰动，滑块的偏移距离越小越好，但考虑到控制能力，减小偏移距离需要增大滑块质量比，因此在飞行器设计过程中应合理选择两者的值。

3.2.2　滚转运动分析

为了分析滑块偏移使飞行器发生滚转姿态变化的作用机理，首先设计系统状态反馈控制器，如图 3-6 所示，控制器的输入为飞行器实际滚转角与指令滚转角的偏差值。

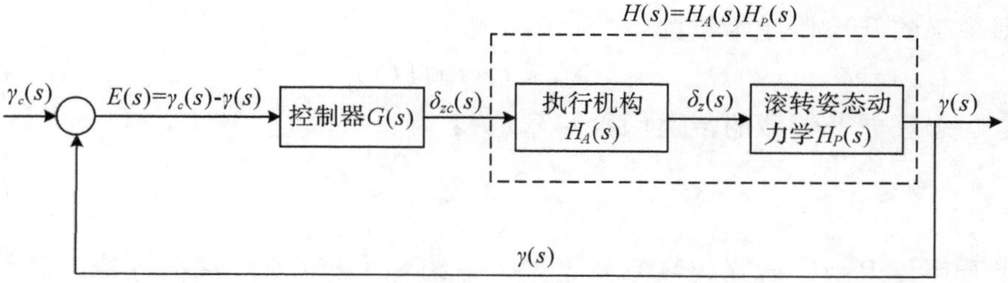

图 3-6　滚转通道控制

在稳态配平条件下，飞行器滚转运动的动力学方程可以简化为：

$$\ddot{\gamma}+\omega_{RR}\dot{\gamma}=K_{\delta_z}\delta_z \tag{3-34}$$

其中，

$$\omega_{RR}=-\frac{qSL^2m_x^{\omega_x}}{vI_x},K_{\delta_z}=\frac{\mu_P qSC_y^{\alpha}\alpha_{trim}}{I_x}$$

假设执行机构的动态特性为二阶振荡环节，则整个系统的传递函数为：

$$H(s)=H_P(s)H_A(s)=\frac{\gamma(s)}{\delta_z(s)}\frac{\delta_z(s)}{\delta_{zc}(s)}=\frac{K_{\delta_z}}{s(s+\omega_{RR})}\frac{\omega_n^2}{(s^2+2\xi\omega_n s+\omega_n^2)} \tag{3-35}$$

其状态空间形式为：

$$\dot{\boldsymbol{x}}=\begin{bmatrix}\dot{\gamma}\\ \ddot{\gamma}\\ \dot{\delta}_z\\ \ddot{\delta}_z\end{bmatrix}=\underbrace{\begin{bmatrix}0 & 1 & 0 & 0\\ 0 & -\omega_{RR} & K_{\delta_z} & 0\\ 0 & 0 & 0 & 1\\ 0 & 0 & -\omega_n^2 & -2\xi\omega_n\end{bmatrix}}_{A}\begin{bmatrix}\gamma\\ \dot{\gamma}\\ \delta_z\\ \dot{\delta}_z\end{bmatrix}+\underbrace{\begin{bmatrix}0\\ 0\\ 0\\ \omega_n^2\end{bmatrix}}_{B}\delta_{zc} \tag{3-36}$$

$$\boldsymbol{y}=\boldsymbol{\gamma}=\underbrace{\begin{bmatrix}1 & 0 & 0 & 0\\ 0 & 0 & 0 & 0\\ 0 & 0 & 0 & 0\\ 0 & 0 & 0 & 0\end{bmatrix}}_{C}\begin{bmatrix}\gamma\\ \dot{\gamma}\\ \delta_z\\ \dot{\delta}_z\end{bmatrix} \tag{3-37}$$

设计状态反馈控制律：

$$\boldsymbol{u}=\frac{K_1-\omega_{RR}}{K_{\delta_z}}[\dot{\boldsymbol{\gamma}}_c(s)-\dot{\boldsymbol{\gamma}}(s)]+\frac{K_2}{K_{\delta_z}}[\boldsymbol{\gamma}_c(s)-\boldsymbol{\gamma}(s)] \tag{3-38}$$

则系统的开环传递函数为：

$$T_{OL}(s)=G(s)H(s) \tag{3-39}$$

全状态反馈补偿器的传递函数 $G(s)$ 为：

$$G(s)=\left(\frac{K_1-\omega_{RR}}{K_{\delta_z}}\right)s+\frac{K_2}{K_{\delta_z}} \tag{3-40}$$

当开环传递函数的穿越频率高于被控系统最大极点时，系统将控制高频动力学，此时，在实际控制过程中，高增益和高穿越频率会导致低于穿越频率的未建模动力学响应，从而使得系统趋于不稳定。因此，下面利用系统的开环传递函数的伯德(Bode)图(见图 3-7)来说明系统的稳定性。

可以看出，系统的穿越频率 $\omega_{cp}=8.34\mathrm{rad/s}$，近似为控制器自然频率($\omega_n=25\mathrm{rad/s}$)的 1/3。同时也可以看出，系统的增益裕度 $G_m=11.3\mathrm{dB}$，相位裕度 $P_m=22.8°$，因此滚转通道的闭环控制系统具有稳定性。

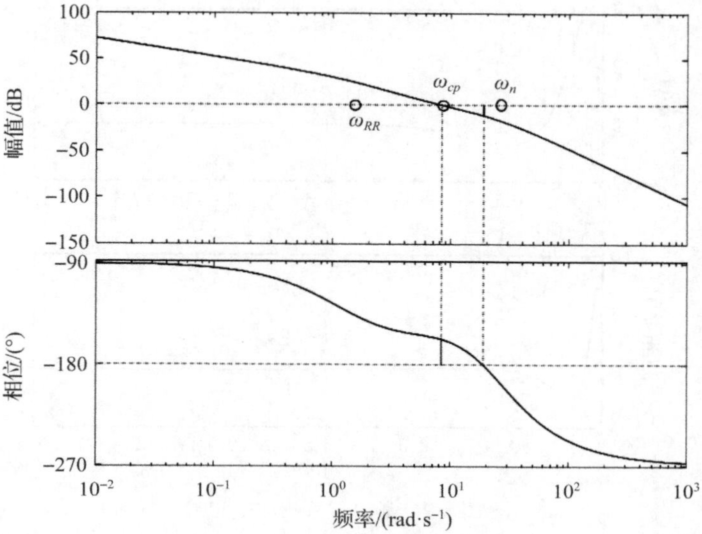

图 3-7　开环系统伯德图

为了验证滑块在实际飞行过程中的控制能力，对包含滑块运动的飞行器自由度动力学模型进行开环仿真，结果如图 3-8 至图 3-11 所示。

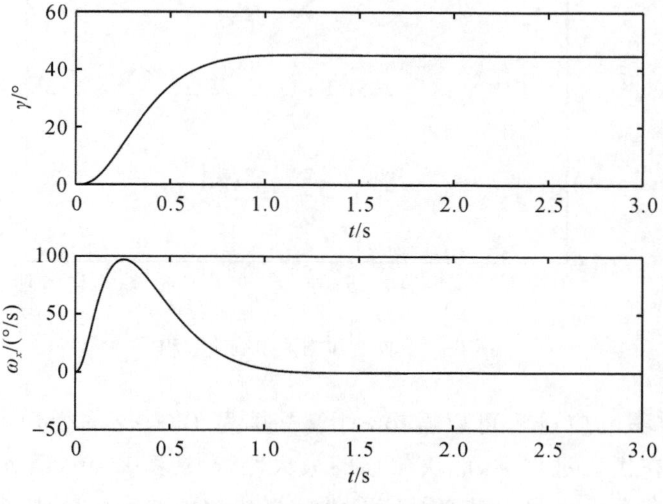

图 3-8　滚转角响应过程

由图 3-8 可知，滚转角响应在经历短暂的振荡后趋于指令值，上升时间为 1.2s，响应超调为 0.39%，而滚转角速度在初始响应振荡后迅速趋于零，最大值为 97°/s。

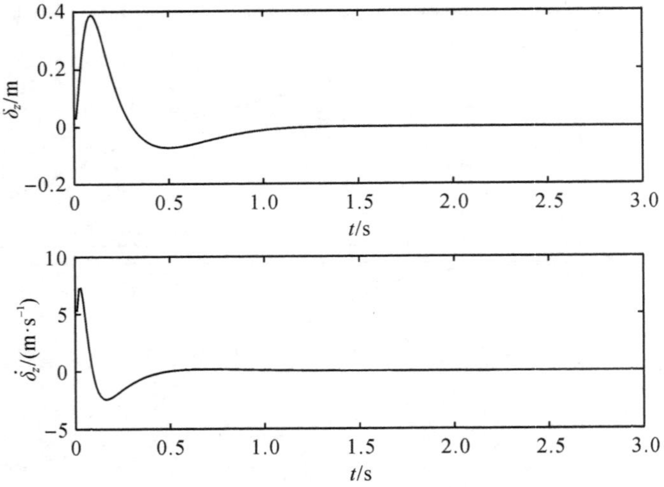

图 3-9　滑块位移响应过程

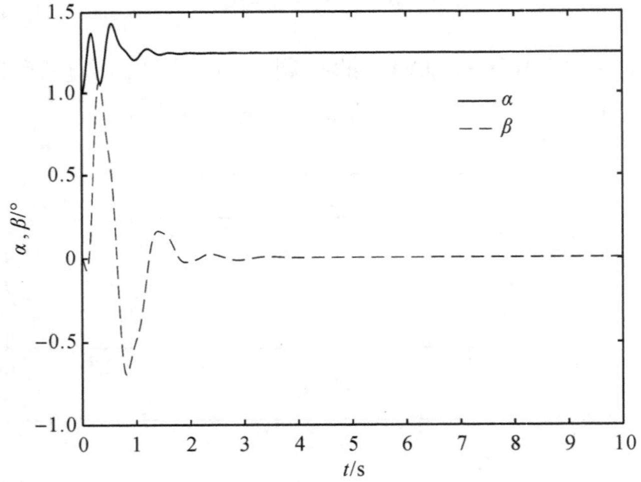

图 3-10　攻角和侧滑角响应过程

从滑块位移响应过程可以看出，对于总重为 1000kg 的变质心飞行器（携带 100kg 滑块），在机动过程中，滑块偏移的最大距离约为 0.4m，最大偏移速度约为 7.4m/s，数据在实际工程中具有可实践性。滑块的偏移距离体现了执行机构的控制能力，与其质量比密切相关，这将在控制力矩分析中进一步分析。

从飞行器攻角和侧滑角的响应过程可以看出，滑块偏离飞行器纵轴会导致侧滑角的产生，但在短暂的振荡后会很快衰减。攻角的偏差幅值很小，且迅速稳定

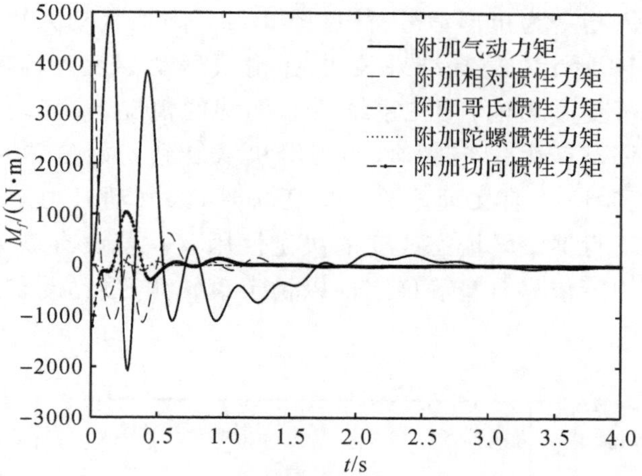

图 3-11　滚转通道附加力矩动态响应过程

到配平攻角。上述现象正是由于滑块的运动导致的飞行器滚转和偏航通道产生的耦合影响。

从滚转通道附加力矩动态响应过程可以看出，附加气动力矩是产生滚转角的主要因素，而附加相对惯性力矩较其他惯性力矩的影响要大得多，在起始阶段的值与附加气动力矩相当。

3.2.3　控制力矩分析

当滑块运动时，飞行器受到气动外力对系统质心作用产生的附加气动力矩是变质心控制力矩。根据附加气动力矩表达式，其可进一步改写为：

$$\begin{aligned}\boldsymbol{M}_{fa}&=-\mu_B\boldsymbol{r}_{bp}\times\boldsymbol{F}_a\\&=-\mu_B(\boldsymbol{r}_{bs_0}-\boldsymbol{r}_{ps_0})\times\boldsymbol{F}_a\\&=-\mu_B\boldsymbol{r}_{bs_0}\times\boldsymbol{F}_a+\mu_B\boldsymbol{r}_{ps_0}\times\boldsymbol{F}_a\\&=-\mu_B\mu_P\begin{bmatrix}-l_yZ\\l_xZ\\l_yX-l_xY\end{bmatrix}+\mu_B\mu_P\begin{bmatrix}\delta_zY\\-\delta_zX\\0\end{bmatrix}\end{aligned}\tag{3-41}$$

其中，下标 s_0 表示滑块未偏移时系统质心的位置，$-\mu_B\boldsymbol{r}_{bs_0}\times\boldsymbol{F}_a$ 为附加气动稳定力矩。

上式表明，影响附加气动力矩的因素有滑块的纵向位置、横向位置、滑块的质量比，以及偏移量。前三者共同决定附加静稳定力矩的大小，后两者决定控制力矩的大小，其中滑块的偏移量为变质心控制的实际控制参量。

当滑块的输入指令为矩形信号时(见图 3-12),附加气动力矩对飞行器姿态的影响曲线如图 3-13 所示。仿真结果表明:①滑块运动会使飞行攻角发生扰动,但飞行稳定攻角并不受其影响;②在系统质心偏移的情况下,气动阻力产生的力矩会对飞行器偏航姿态产生一定扰动,而当滑块恢复到初始位置时,该扰动也会随之消失,上述结论验证了前文理论分析的正确性;③气动升力对系统质心偏移产生的力矩是引起飞行器滚转姿态改变的决定性因素。若没有该力矩的作用,飞行器在气动力的作用下依靠自身静稳定性以稳定滚转角飞行,与传统静稳定飞行器具有相同性质。

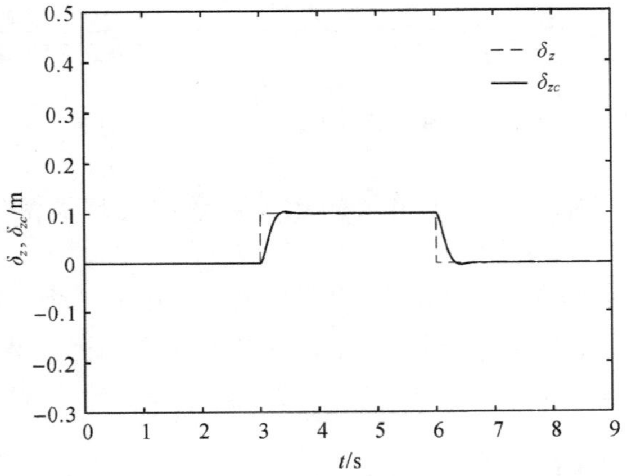

图 3-12 滑块位移

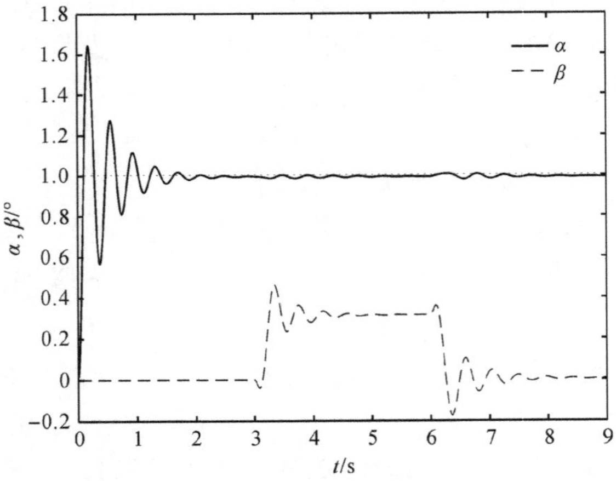

图 3-13 滑块对攻角和侧滑角的影响

为了更直观地表现滑块质量比、导轨位置对附加气动力矩值的影响，在其他参数相同的情况下，给出了只改变滑块质量比、导轨纵向和横向位置时飞行器受到的附加气动力矩情况，如图 3-14 和图 3-15 所示。

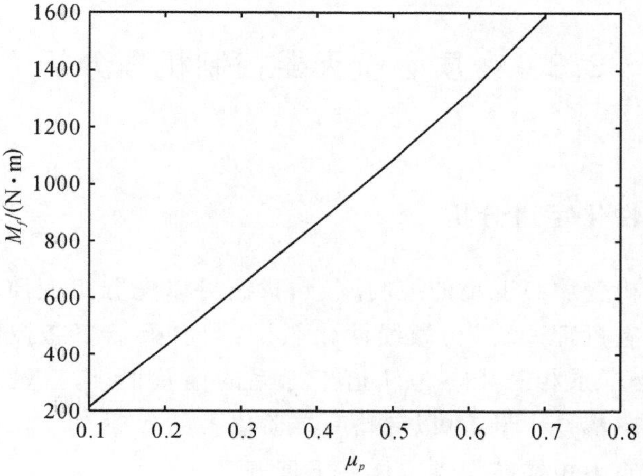

图 3-14　附加气动力矩随质量比的变化曲线

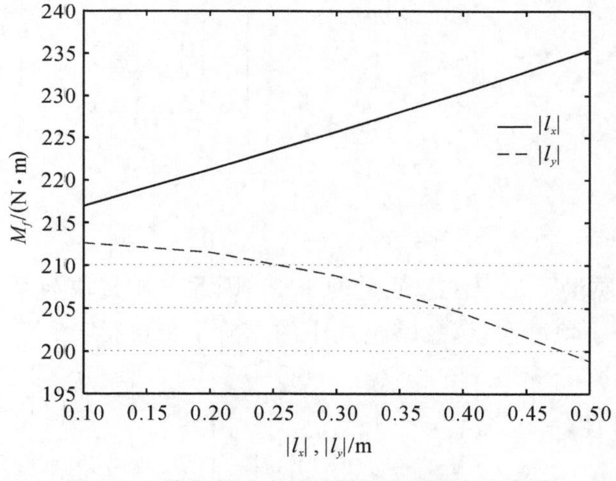

图 3-15　附加气动力矩随导轨位置的变化曲线

可以看出，随着滑块质量比的增大，飞行器受到的附加气动力矩也增大；当导轨纵向位置越远离载体质心时，飞行器受到的附加气动力矩增大；而在载体径向方向，导轨越远离载体质心，附加气动力矩减小，系统稳定性增强。综合考虑影响执行机构控制能力的各因素，导轨位置对附加气动力矩的影响相较于滑块质量比的影响要小。因此，在单滑块滚控式变质心飞行器结构设计过程中，当满足载荷设计和飞行稳定性的前提时，提高其机动能力有增大滑块质量比、增大导轨与载体质心的纵向距离、减小导轨与载体质心间的径向距离三种途径。

3.3 变质心航天器控制机理分析

3.3.1 线性化定量分析

为了定量分析变质心卫星的控制原理，我们可以先分析变质心卫星在小角度机动情况下的控制机理。首先，做线性化假设：当航天器姿态控制系统正常工作时，航天器本体坐标系相对于参考轨道坐标系的偏差很小，三轴稳定航天器姿态角与姿态角变化率都是小量，可以忽略其二阶以上的各项。

将变质心控制力矩在航天器本体系下展开：

$$\begin{aligned}\boldsymbol{T}_r &= \boldsymbol{F}_{aero}^{b\times} \sum \mu_i \boldsymbol{r}_i \\ &= \left(\begin{bmatrix}1 & \lambda & -\theta \\ -\lambda & 1 & \tilde{\omega} \\ \theta & -\tilde{\omega} & 1\end{bmatrix}\begin{bmatrix}k_d \\ 0 \\ 0\end{bmatrix}\right)^{\times}\begin{bmatrix}\mu_x r_x \\ \mu_y r_y \\ \mu_z r_z\end{bmatrix} \\ &= -k_d\begin{bmatrix}0 & \mu_y\theta & \mu_z\lambda \\ -\mu_x\theta & 0 & \mu_z \\ -\mu_x\lambda & -\mu_y & 0\end{bmatrix}\begin{bmatrix}r_x \\ r_y \\ r_z\end{bmatrix}\end{aligned} \tag{3-42}$$

由于滑块总质量不足卫星总质量的10%，因此各质量块与系统总质量的比值 μ_i 为小量。结合小角度假设，忽略上式中的二阶小量可得：

$$\boldsymbol{T}_r = -k_d\begin{bmatrix}0 & 0 & 0 \\ 0 & 0 & \mu_z \\ 0 & -\mu_y & 0\end{bmatrix}\begin{bmatrix}r_x \\ r_y \\ r_z\end{bmatrix} = k_d\begin{bmatrix}0 \\ -\mu_z r_z \\ \mu_y r_y\end{bmatrix} \tag{3-43}$$

将上式代入姿态动力学模型后得到：

$$\begin{cases}I_x\ddot{\varphi} + (I_y - I_z - I_x)\omega_o\dot{\lambda} + (I_y - I_z)\omega_o^2\varphi = 0 \\ I_y\ddot{\theta} = -k_d\mu_z r_z \\ I_z\ddot{\lambda} - (I_y - I_z - I_x)\omega_o\dot{\varphi} + (I_y - I_x)\omega_o^2\lambda = k_d\mu_y r_y\end{cases} \tag{3-44}$$

由线性化结果可知，对于附加气动力矩，俯仰轴质量块的偏移会引起偏航轴力矩的变化，从而控制偏航轴姿态角的变化；而偏航轴质量块的偏移则会引起俯仰轴力矩的变化，从而控制俯仰轴姿态角的变化，这就是变质心控制的基本原理。卫星最终稳定时，偏航轴与俯仰轴姿态角为 0°，两轴质量块位于坐标原点。

由式(3-44)可知，卫星的滚转轴处于无控状况，这是因为对于采用变质心控制的气动力矩，其只存在垂直于卫星运行速度方向平面内的分量，当系统姿态角过小时，速度方向和滚转轴方向基本重合，故无法产生沿滚转轴方向的控制力矩。所以在通常情况下，仅靠滑块作为执行机构无法实现卫星三轴稳定，需要额外采用其他执行机构来配合滑块进行卫星的三轴姿态稳定。

3.3.2　大角度机动定量分析

当航天器进行大角度姿态机动时，航天器的三个姿态角耦合程度加剧，导致动力学呈现非线性特点。对于变质心航天器而言，由于内部可动质量块的偏移，系统耦合程度更加严重，线性化假设不但无法保证系统的性能，还有可能导致系统不稳定。针对稳定姿态角度较大的情况，需要进一步对其稳定控制原理进行阐述。

卫星在进行大角度机动时，若航天器本体坐标系相对于参考轨道坐标系的姿态参数无法视为小量，变质心航天器姿态动力学方程在航天器本体坐标系下展开为：

$$\begin{cases} I_x\dot{\omega}_x=(I_z-I_x-I_y)c_{32}\omega_o\omega_y+(I_x-I_y+I_z)c_{22}\omega_o\omega_z \\ \qquad +(I_y-I_z)(\omega_y\omega_z+c_{22}c_{32}\omega_o^2)-k_dc_{31}\mu_yr_y+k_dc_{21}\mu_zr_z \\ I_y\dot{\omega}_y=(I_x-I_y-I_z)c_{12}\omega_o\omega_z+(I_y-I_z+I_x)c_{32}\omega_o\omega_x \\ \qquad +(I_z-I_x)(\omega_z\omega_x+c_{32}c_{12}\omega_o^2)+k_dc_{31}\mu_xr_x-k_dc_{11}\mu_zr_z \\ I_z\dot{\omega}_z=(I_y-I_x-I_z)c_{22}\omega_o\omega_x+(I_z-I_x+I_y)c_{12}\omega_o\omega_y \\ \qquad +(I_x-I_y)(\omega_x\omega_y+c_{12}c_{22}\omega_o^2)-k_dc_{21}\mu_xr_x+k_dc_{11}\mu_yr_y \end{cases} \tag{3-45}$$

其中，c_{ij} 为转换矩阵 $\boldsymbol{C}_{bs}$ 第 i 行第 j 列元素。

假设航天器已经稳定在某一确定姿态，此时三轴姿态角速度和姿态角加速度均为零。上式化简为：

$$\begin{cases} 0=(I_y-I_z)(c_{22}c_{32}\omega_o^2)-k_dc_{13}\mu_yr_y+k_dc_{12}\mu_zr_z \\ 0=(I_z-I_x)(c_{32}c_{12}\omega_o^2)+k_dc_{31}\mu_xr_x-k_dc_{11}\mu_zr_z \\ 0=(I_x-I_y)(c_{12}c_{22}\omega_o^2)-k_dc_{21}\mu_xr_x+k_dc_{11}\mu_yr_y \end{cases} \tag{3-46}$$

由前面分析可知，当系统质心与立方体体心重合时，系统姿态在惯性空间内保持不变。在航天器本体坐标系下，系统会受到惯性力矩$(I_y - I_z)(c_{22}c_{32}\omega_o^2)$、$(I_z - I_x)(c_{32}c_{12}\omega_o^2)$和$(I_x - I_y)(c_{12}c_{22}\omega_o^2)$的作用，从而使航天器姿态发生变化。

为了使卫星的姿态实现长期的稳定，必须消除惯性力矩的影响，这就要求合理布置滑块的位置以保证式(3-46)成立。将式(3-46)重写为：

$$-k_d \underbrace{\begin{bmatrix} 0 & -c_{31} & c_{21} \\ c_{31} & 0 & -c_{11} \\ -c_{21} & c_{11} & 0 \end{bmatrix}}_{\boldsymbol{A}} \begin{bmatrix} \mu_x r_x \\ \mu_y r_y \\ \mu_z r_z \end{bmatrix} = \omega_o^2 \underbrace{\begin{bmatrix} (I_y - I_z)(c_{22}c_{32}) \\ (I_z - I_x)(c_{32}c_{12}) \\ (I_x - I_y)(c_{12}c_{22}) \end{bmatrix}}_{\boldsymbol{B}} \tag{3-47}$$

计算$\boldsymbol{A}$矩阵的秩为2，增广矩阵$(\boldsymbol{A} \mid \boldsymbol{B})$的秩为3，因此上述等式无解。这说明当仅有滑块控制卫星姿态时，卫星的三轴惯量中至少有两个相等，卫星的姿态才可以稳定下来。这也从另一个角度说明仅靠改变质心执行机构是无法实现卫星在任意姿态的稳定的。

前面的分析说到，变质心执行机构负责俯仰轴和偏航轴控制：

$$\begin{aligned} (I_z - I_x)(c_{32}c_{12}\omega_o^2) &= k_d c_{11}\mu_z r_z \\ (I_x - I_y)(c_{12}c_{22}\omega_o^2) &= -k_d c_{11}\mu_y r_y \end{aligned} \tag{3-48}$$

由式(3-48)可知，当稳定状态的姿态参数相同时，即c_{ij}不变时，航天器惯性主轴惯量差$I_z - I_x$和$I_x - I_y$越大，则滑块的位移r_y、r_z越大。为了进一步分析滑块位移随稳定状态的姿态参数变化，我们利用式(3-48)计算得到平衡惯性力矩所需的滑块位移r_y与r_z：

$$\begin{aligned} r_y &= \frac{\omega_o^2}{k_d\mu_y}(I_y - I_x)(\cos\varphi\ \cos\lambda + \sin\varphi\ \sin\theta\ \sin\lambda)\tan\lambda \\ r_z &= \frac{\omega_o^2}{k_d\mu_z}(I_z - I_x)(-\sin\varphi\ \cos\lambda + \cos\varphi\ \sin\theta\sin\lambda)\tan\lambda \end{aligned} \tag{3-49}$$

$$\theta = \arcsin\left[\frac{k_d\mu_z r_z^{\max}}{\omega_o^2(I_z - I_x)}\frac{\cos\lambda}{\cos\varphi\ \sin^2\lambda} + \frac{\sin\varphi\ \cos\lambda}{\cos\varphi\ \sin\lambda}\right] \tag{3-50}$$

由于内部质量块最大位移距离$r_y^{\max}$和$r_z^{\max}$的限制，并不是所有的姿态角都可以实现稳定。从式(3-49)和式(3-50)可以看出，由于$\tan\lambda$项的存在，偏航角λ可能会对可稳定的姿态角范围产生显著影响。当偏航角为0°时，无论稳定状态俯仰角和滚转角如何变化，航天器姿态稳定时两轴质量块位置均为0，这是因为$c_{12} = \cos\theta\sin\lambda = 0$，系统仅有滚转轴受到惯性力矩作用；而当偏航角逐渐增大接近±90°时，系统仅在俯仰角θ为0°时，才有可能保持稳定，否则r_z或r_y会趋于无穷大，而这是无法实现的。

为定量分析偏航角对姿态角稳定范围的影响，利用多元函数极值理论分别计算不同偏航角下双轴质量块位移的理论最大值。

(1)z 轴滑块位移最大值与偏航角的关系

假设偏航角 λ 固定不变，将 r_z 视为滚转角 φ 和俯仰角 θ 的二元函数，求出 r_z 的最大值关于偏航角的函数关系：

$$r_{z\varphi}=\frac{\partial r_z}{\partial \varphi}=\frac{\omega_o^2}{k_d\mu_z}(I_z-I_x)(-\cos\varphi\ \sin\lambda-\sin\varphi\ \sin\theta\ \sin\lambda\ \tan\lambda) \tag{3-51}$$

$$r_{z\theta}=\frac{\partial r_z}{\partial \theta}=\frac{\omega_o^2}{k_d\mu_z}(I_z-I_x)(\cos\varphi\ \cos\theta\ \sin\lambda\ \tan\lambda) \tag{3-52}$$

联立上两式并根据极值原理，可求得：

$$\begin{cases} r_z^{\max}=\mp\dfrac{\omega_o^2}{k_d\mu_z}(I_z-I_x)\sin(\lambda), & \varphi=\pm\dfrac{\pi}{2},\theta=0 \\ r_z^{\max}=\dfrac{\omega_o^2}{k_d\mu_z}(I_z-I_x)\tan(\lambda), & \varphi=-\dfrac{\pi}{2}+\lambda,\theta=\dfrac{\pi}{2} \\ r_z^{\max}=-\dfrac{\omega_o^2}{k_d\mu_z}(I_z-I_x)\tan(\lambda), & \varphi=\dfrac{\pi}{2}-\lambda,\theta=-\dfrac{\pi}{2} \end{cases} \tag{3-53}$$

因此，z 轴滑块最大位移可表示为：

$$r_z=\frac{\omega_o^2}{k_d\mu_z}\left|(I_z-I_x)\tan(\lambda)\right| \tag{3-54}$$

(2)y 轴滑块位移最大值与偏航角的关系

同样地，求式(3-49) 关于滚转角和俯仰角的偏导数：

$$r_{y\varphi}=\frac{\partial r_y}{\partial \varphi}=\frac{\omega_o^2}{k_d\mu_z}(I_z-I_x)(-\sin\varphi\ \sin\lambda+\sin\varphi\ \sin\theta\ \sin\lambda\ \tan\lambda) \tag{3-55}$$

$$r_{y\theta}=\frac{\partial r_y}{\partial \varphi}=\frac{\omega_o^2}{k_d\mu_z}(I_z-I_x)(\sin\varphi\ \cos\theta\ \sin\lambda\ \tan\lambda) \tag{3-56}$$

同样对上两式利用极值原理，可求得 y 轴滑块的最大位移为：

$$r_y^{\max}=\frac{\omega_o^2}{k_d\mu_y}\left|(I_y-I_x)\tan(\lambda)\right| \tag{3-57}$$

由式(3-54) 和式(3-57) 可以看出，当卫星的轨道参数 ω_o、k_d 及质量参数 μ_i、I_x、I_y、I_z 确定之后，卫星能否稳定在某一姿态主要由偏航角 λ 决定。

假设当 y 轴和 z 轴的滑块均位于其能到达的最大位移时，可以求得：

$$\lambda_z=\arctan\left(\left|\frac{\mu_z r_z^{\max}}{(I_z-I_x)}\frac{k_d}{\omega_o^2}\right|\right) \tag{3-58}$$

$$\lambda_y=\arctan\left(\left|\frac{\mu_y r_y^{\max}}{(I_y-I_x)}\frac{k_d}{\omega_o^2}\right|\right) \tag{3-59}$$

以上两式给出了在 z 轴滑块最大位移距离与 y 轴滑块最大位移距离限制下，一定能实现姿态稳定的最大偏航角。

通过上面的一系列分析可知，对于变质心控制的卫星，若要求其稳定在非零姿态角，需要合理配置滑块位置以平衡惯性力矩。而系统能否平衡惯性力矩，又受到稳定姿态角和双轴滑块最大位移的双重约束。当 $|\lambda| \leqslant \min\{\lambda_y, \lambda_z\}$ 时，可以通过式(3-49)和式(3-50)合理地配置滑块位置实现卫星姿态稳定；当 $|\lambda| > \min\{\lambda_y, \lambda_z\}$ 时，无论如何调整滑块的位置，某些姿态角是无法实现稳定的，同时随着偏航角 λ 的增大，不可稳定的姿态角范围也会逐渐扩大。

3.4 非线性振动分析

3.4.1 非线性系统共振分析方法

n 个自由度的非线性系统具有 n 个线性固有频率和 n 个相应的模态，当两个或更多个频率的比值为整数或近似为整数时(如 $\omega_i \approx k\omega_{i+1}$，$\omega_i \approx k\omega_{i+1} + \omega_{i+2}$)，相应模态之间会引起强烈的耦合，这种现象被称为内共振[86]。如果在多自由度系统上作用一个频率为 Ω 的简谐伺服力，且激励频率与系统固有频率的比值为整数或近似为整数，则称这种现象为主共振。无论是内共振还是主共振，都反映了系统内在模态之间的耦合关系或伺服力对系统响应，且系统的一些参数会对振动特性有影响。

基于线性模型，可研究滑块参数对于变质心飞行器的俯仰姿态稳定性以及控制性的影响。但是对于大质量比的单滑块变质心飞行器，滑块与弹体频繁的相对运动和内动量交换会导致通道间的耦合，这种耦合在伺服力情况下会造成系统姿态多种可能的稳态振动。因此，研究不同伺服力频率条件下的内共振定常解，通过计算不同系统参数下的幅频特性曲线及其变化规律，研究系统参数对动力学特性的影响。多尺度方法作为一种定量的非线性摄动分析方法，因其计算精度高，分析处理方便，已经在桥梁、机器人及电力系统等领域得到了广泛应用。多尺度方法不但适用于严格的周期运动，还适用于耗散系统的衰减振动和其他许多场合。

自治系统如下：

$$\ddot{x} + \omega_0^2 x = \varepsilon f(x, \dot{x}) \tag{3-60}$$

其中，ε 为满足条件 $|\varepsilon| \ll 1$ 的任意小参数，$f(x)$ 为非线性函数。传统的奇异摄动

方法将解直接展开时往往会出现永年项(即含有 $t,\varepsilon t,\varepsilon^2 t,\cdots$)。为了避免永年项的出现,美国学者 Sturrock 等[87] 根据自治系统周期振动的频率,将其展开为 ε 的幂级数,其相位形如:

$$\omega t=\omega_0 t+\omega_1 t\varepsilon+\omega_1 t\varepsilon^2+\cdots=\omega_0 t+\omega_1(\varepsilon t)+\omega_2(\varepsilon^2 t)+\cdots \tag{3-61}$$

因此,可以把解不只看作单一变量 t 的函数,还要把 $t,\varepsilon t,\varepsilon^2 t,\cdots$ 都看作是独立的变量或时间的尺度,基于这一思路,引入新的独立自变量:

$$T_r=\varepsilon^r t,r=0,1,2,\cdots \tag{3-62}$$

视这些时间尺度为独立变量,则式(3-60) 的解可以表示为:

$$u(t)=u_0(T_0,T_1,\cdots)+\varepsilon u_1(T_0,T_1,\cdots)+\varepsilon^2 u_2(T_0,T_1,\cdots)+\cdots \tag{3-63}$$

从而形成了采用不同时间尺度寻求不同阶近似解的思想。

3.4.2　共振条件分析

本节的研究必须考虑俯仰通道完整的动力学模型,但仍然将攻角和滑块偏转角视为小量,从而由式(2-26) 和式(2-32) 得到包含滑块运动模型的非线性俯仰通道动力学模型为:

$$\begin{cases}\tilde{I}_{z1}\dot{\omega}_z+\tilde{I}_{\delta1}\ddot{\delta}=\left(m_z^\alpha\alpha+\dfrac{m_z^{\omega_z}\omega_z L}{V}\right)qSL+(L_P-L_B)\mu_P C_y^\alpha\alpha qS \\ \qquad +\mu_P L_P C_x qS\delta-m_P\mu_B L_B L_P\delta(\dot{\delta}^2+2\dot{\delta}\omega_z) \\ \tilde{I}_{z2}\dot{\omega}_z+\tilde{I}_{\delta2}\ddot{\delta}=F_c L_{oc}+\mu_P L_P C_x qS\delta+\mu_P L_P C_y^\alpha\alpha qS+m_P\mu_B L_P^2\omega_z^2\delta\end{cases} \tag{3-64}$$

其中,F_c 为驱动滑块的伺服力,L_{oc} 为滑块长度,且

$$\tilde{I}_{z1}=I_{B3}+I_{P3}+m_P\mu_B(L_P^2+L_B^2-2L_P L_B)$$
$$\tilde{I}_{\delta1}=I_{P3}+m_P\mu_B(L_P^2-L_P L_B)$$
$$\tilde{I}_{z2}=I_{P3}+m_P\mu_B(L_P^2-L_P L_B)$$
$$\tilde{I}_{\delta2}=I_{P3}+m_P\mu_B L_P^2$$

依旧将式(3-3) 代入式(3-64) 中,并令 $C_{\omega_z}=m_z^{\omega_z}qSL^2/V$,可得到:

$$\begin{cases}\tilde{I}_{z1}\ddot{\alpha}+\tilde{I}_{\delta1}\ddot{\delta}=(C_{\omega_z}-\tilde{I}_{z1}C_\alpha)\dot{\alpha}+\mu_P L_P C_x qS\delta \\ \qquad -m_P\mu_B L_B L_P(\dot{\delta}^2\delta+2\dot{\delta}\delta\dot{\alpha}+2C_\alpha\dot{\delta}\delta\alpha) \\ \qquad +[m_z^\alpha qSL+(L_P-L_B)\mu_P C_y^\alpha qS+C_{\omega_z}C_\alpha]\alpha \\ \tilde{I}_{z2}\ddot{\alpha}+\tilde{I}_{\delta2}\ddot{\delta}=-I_{z2}C_\alpha\dot{\alpha}+\mu_P L_P C_y^\alpha\alpha qS+\mu_P L_P C_x qS\delta+F_c L_{oc} \\ \qquad +m_P\mu_B L_P^2(\dot{\alpha}^2+2C_\alpha\dot{\alpha}\alpha+C_\alpha^2\alpha^2)\delta\end{cases} \tag{3-65}$$

由上述方程可知，变质心飞行器的俯仰通道在简谐激励的作用下可能会发生主共振和 1∶3 的内共振。为了分析俯仰通道的非线性特性，首先需要对飞行器的攻角 α 和滑块的转角 δ 进行解耦，同时由于 C_α 相对于其他系数较小，因此忽略包含 C_α 的非线性项，最终得到：

$$\begin{cases}\ddot{\alpha}+\rho_1\delta+k_1\alpha=\mu_1\dot{\alpha}+c_1\dot{\delta}^2\delta+c_2\dot{\delta}\delta\dot{\alpha}+c_4\dot{\alpha}^2\delta+b_1F_cL_{oc}\\ \ddot{\delta}+\rho_2\alpha+k_2\delta=\mu_2\dot{\alpha}+d_1\dot{\delta}^2\delta+d_2\dot{\delta}\delta\dot{\alpha}+d_4\dot{\alpha}^2\delta+b_2F_cL_{oc}\end{cases} \tag{3-66}$$

其中，

$$k_1=\frac{1}{\tilde{I}_{\delta1}\tilde{I}_{z2}-\tilde{I}_{\delta2}\tilde{I}_{z1}}[\tilde{I}_{\delta2}(m_z^\alpha qSL+(L_P-L_B)\mu_PC_y^\alpha qS+C_{\omega_z}C_\alpha)-\tilde{I}_{\delta1}\mu_PL_PC_y^\alpha qS]$$

$$k_2=\frac{\tilde{I}_{z2}-\tilde{I}_{z1}}{\tilde{I}_{\delta2}\tilde{I}_{z1}-\tilde{I}_{\delta1}\tilde{I}_{z2}}\mu_PL_PC_xqS$$

$$\mu_1=\frac{1}{\tilde{I}_{\delta2}\tilde{I}_{z1}-\tilde{I}_{\delta1}\tilde{I}_{z2}}[\tilde{I}_{\delta2}(C_{\omega_z}-\tilde{I}_{z1}C_\alpha)+\tilde{I}_{\delta1}\tilde{I}_{z2}C_\alpha]$$

$$\mu_2=\frac{1}{\tilde{I}_{\delta1}\tilde{I}_{z2}-\tilde{I}_{\delta2}\tilde{I}_{z1}}[\tilde{I}_{z2}(C_{\omega_z}-\tilde{I}_{z1}C_\alpha)+\tilde{I}_{z1}\tilde{I}_{z2}C_\alpha]$$

$$\rho_1=\frac{\tilde{I}_{\delta2}-\tilde{I}_{\delta1}}{\tilde{I}_{\delta1}\tilde{I}_{z2}-\tilde{I}_{\delta2}\tilde{I}_{z1}}\mu_PL_PC_xqS$$

$$\rho_2=\frac{1}{\tilde{I}_{\delta2}\tilde{I}_{z1}-\tilde{I}_{\delta1}\tilde{I}_{z2}}[\tilde{I}_{z2}(m_z^\alpha qSL+(L_P-L_B)\mu_PC_y^\alpha qS+C_{\omega_z}C_\alpha)-\tilde{I}_{z1}\mu_PL_PC_y^\alpha qS]$$

$$c_1=\frac{\mu_Bm_PL_BL_PI_{\delta2}}{\tilde{I}_{\delta1}\tilde{I}_{z2}-\tilde{I}_{\delta2}\tilde{I}_{z1}},c_2=\frac{2\mu_Bm_PL_BL_PI_{\delta2}}{\tilde{I}_{\delta1}\tilde{I}_{z2}-\tilde{I}_{\delta2}\tilde{I}_{z1}},c_4=\frac{\mu_Bm_PL_P^2I_{\delta1}}{\tilde{I}_{\delta1}\tilde{I}_{z2}-\tilde{I}_{\delta2}\tilde{I}_{z1}}$$

$$b_1=\frac{\tilde{I}_{\delta1}}{\tilde{I}_{\delta1}\tilde{I}_{z2}-\tilde{I}_{\delta2}\tilde{I}_{z1}},b_2=\frac{\tilde{I}_{z1}}{\tilde{I}_{\delta2}\tilde{I}_{z1}-\tilde{I}_{\delta1}\tilde{I}_{z2}}$$

显然，式(3-66)是一个含有立方非线性的系统，并且两个自由度之间存在静力耦合。根据第 2 章中的分析参数可知，由微分方程中的系数 k_i 和 ρ_i 构成的刚度矩阵是正定的，因此会出现共振情形。为了分析变质心系统的这种非线性动力学响应，本章采用多尺度方法对其进行摄动分析。

文献[48]指出，气动参数的变化会导致内共振，从而使飞行器的控制力矩出现高频抖动，这种现象会导致姿态角出现微小的振荡。本书提出的变质心控制仿真中，控制参数的选取不当，也会使控制律的输出伺服力产生高频抖动，从而导致姿态角的超调甚至失稳。因此，在传统地分析受迫振动问题时，多尺度方法一般将

外激励写为简谐激励的形式。首先,将驱动滑块的伺服力表示为简谐函数,即:

$$F_c = F(\cos\Omega t + \varphi) \tag{3-67}$$

其中,F 和 Ω 分别为伺服力的振幅和频率。在采用摄动分析时,为了使阻尼项、非线性项和激励出现在同一摄动方程中[88],引入小参数 ε,则对式(3-66)进行重构后得到:

$$\begin{cases}\ddot{\alpha} + \rho_1\delta + k_1\alpha = \varepsilon^2\mu_1\dot{\alpha} + c_1\dot{\delta}^2\delta + c_2\dot{\delta}\delta\dot{\alpha} + c_4\dot{\alpha}^2\delta + \varepsilon^3 M_1\cos(\Omega t + \varphi)\\ \ddot{\delta} + \rho_2\alpha + k_2\delta = \varepsilon^2\mu_2\dot{\alpha} + d_1\dot{\delta}^2\delta + d_2\dot{\delta}\delta\dot{\alpha} + d_4\dot{\alpha}^2\delta + \varepsilon^3 M_2\cos(\Omega t + \varphi)\end{cases} \tag{3-68}$$

其中,$M_1 = b_1 F L_{oc}$,$M_2 = b_2 F L_{oc}$。

多尺度方法的基本思想是把微分方程的解视为很多快慢不同的时间尺度的函数,由于式(3-68)中只有立方非线性项,因此可以设解为:

$$\begin{aligned}\alpha(t) &= \varepsilon\alpha_1(T_0, T_2) + \varepsilon^3\alpha_3(T_0, T_2) + \cdots\\ \delta(t) &= \varepsilon\delta_1(T_0, T_2) + \varepsilon^3\delta_3(T_0, T_2) + \cdots\end{aligned} \tag{3-69}$$

其中,$T_0 = t$ 为快时间尺度,$T_2 = \varepsilon^2 t$ 为慢时间尺度。将上式代入式(3-68)并引入导算子 $\partial/\partial T_r = D_r$,比较 ε 同次幂的系数可以得到:

$$\varepsilon: \begin{cases}D_0^2\alpha_1 + k_1\alpha_1 + \rho_1\delta_1 = 0\\ D_0^2\delta_1 + k_2\delta_1 + \rho_2\alpha_1 = 0\end{cases} \tag{3-70}$$

$$\varepsilon^3: \begin{cases}D_0^2\alpha_3 + \rho_1\delta_3 + k_1\alpha_3 = -2D_0D_2\alpha_1 + \mu_1 D_0\alpha_1 + c_1\delta_1 D_0^2\delta_1^2\\ \qquad + c_2\delta_1 D_0\delta_1 D_0\alpha_1 + c_4\delta_1 D_0^2\alpha_1^2 + M_1\cos(\Omega T_0 + \varphi_1)\\ D_0^2\delta_3 + \rho_2\alpha_3 + k_2\delta_3 = -2D_0D_2\delta_1 + \mu_2 D_0\alpha_1 + d_1\delta_1 D_0^2\delta_1^2\\ \qquad + d_2\delta_1 D_0\delta_1 D_0\alpha_1 + d_4\delta_1 D_0^2\alpha_1^2 + M_2\cos(\Omega T_0 + \varphi_1)\end{cases} \tag{3-71}$$

由于式(3-70)左端含有静力耦合项,因此其解表示为[89]:

$$\begin{cases}\alpha_1 = A_1(T_2)e^{i\omega_1 T_0} + A_2(T_2)e^{i\omega_2 T_0} + cc\\ \delta_1 = \eta_1 A_1(T_2)e^{i\omega_1 T_0} + \eta_2 A_2(T_2)e^{i\omega_2 T_0} + cc\end{cases} \tag{3-72}$$

其中,cc 代表其前面各项的共轭,ω_1 和 ω_2 为对应状态变量的自然频率。η_1 和 η_2 为:

$$\eta_r = \frac{\rho_2}{\omega_r^2 - k_2}, r = 1, 2 \tag{3-73}$$

式(3-72)中,$i\omega_1$ 和 $i\omega_2$ 是关于 λ 的特征方程的两个互异纯虚根:

$$\begin{vmatrix}\lambda^2 + k_1 & \rho_1\\ \rho_2 & \lambda^2 + k_2\end{vmatrix} = (\lambda^2 + k_1)(\lambda^2 + k_2) - \rho_1\rho_2 = 0 \tag{3-74}$$

上述多项式的解为系统的自然频率，解为：

$$\lambda_{1,2}=\omega_{1,2}^2=\frac{-k_1-k_2\pm\sqrt{(k_1+k_2)^2-4(k_1k_2-\rho_1\rho_2)}}{2} \tag{3-75}$$

将式(3-22)代入式(3-71)中有

$$\begin{cases}D_0^2\alpha_3+\rho_1\delta_3+k_1\alpha_3=(-2\mathrm{i}\omega_1A'_1+\mathrm{i}\mu_1\omega_1A_1+P_1A_1^2\overline{A}_1+P_2A_1A_2\overline{A}_2)\mathrm{e}^{\mathrm{i}\omega_1T_0}\\ \qquad+(-2\mathrm{i}\omega_2A'_2+\mathrm{i}\mu_2\omega_2A_2+P_3A_1\overline{A}_1A_2+P_4A_2^2\overline{A}_2)\mathrm{e}^{\mathrm{i}\omega_2T_0}\\ \qquad+P_5A_2^3\mathrm{e}^{3\mathrm{i}\omega_2T_0}+P_6A_1\overline{A}_2^2\mathrm{e}^{\mathrm{i}(\omega_1-2\omega_2)T_0}+M_1\mathrm{e}^{\mathrm{i}(\Omega T_0+\varphi)}/2\\ \qquad+NST+cc\\ D_0^2\delta_3+\rho_2\alpha_3+k_2\delta_3=(-2\mathrm{i}\omega_1\eta_1A'_1+\mathrm{i}\mu_2\omega_1A_1+Q_1A_1^2\overline{A}_1+Q_2A_1A_2\overline{A}_2)\mathrm{e}^{\mathrm{i}\omega_1T_0}\\ \qquad+(-2\mathrm{i}\omega_2\eta_2A'_2+\mathrm{i}\mu_2\omega_2A_2+Q_3A_1\overline{A}_1A_2+Q_4A_2^2\overline{A}_2)\mathrm{e}^{\mathrm{i}\omega_2T_0}\\ \qquad+Q_5A_2^3\mathrm{e}^{3\mathrm{i}\omega_2T_0}+Q_6A_1\overline{A}_2^2\mathrm{e}^{\mathrm{i}(\omega_1-2\omega_2)T_0}+M_2\mathrm{e}^{\mathrm{i}(\Omega T_0+\varphi)}/2\\ \qquad+NST+cc\end{cases} \tag{3-76}$$

其中，NST 表示不会产生永年项的项，$\overline{A}$ 代表 A 的共轭，其他符号的含义如下：

$$P_1=c_1\eta_1^3\omega_1^2+c_2\eta_1\omega_1^2$$
$$P_2=2\omega_2^2(c_1\eta_1\eta_2^2+c_2\eta_2)$$
$$P_3=2\omega_1^2(c_1\eta_1^2\eta_2+c_2\eta_1)$$
$$P_4=\omega_2^2(c_1\eta_2^3+c_2\eta_2)$$
$$P_5=(-c_1\eta_2^3-c_2\eta_2)\omega_2^2$$
$$P_6=c_1\eta_1\eta_2^2(2\omega_1\omega_2-\omega_2^2)+c_2(\eta_1\omega_1\omega_2+\eta_2\omega_1\omega_2-\eta_2\omega_2^2)$$
$$Q_1=d_1\eta_1^3\omega_1^2+d_2\eta_1\omega_1^2$$
$$Q_2=2\omega_2^2(d_1\eta_1\eta_2^2+d_2\eta_2)$$
$$Q_3=2\omega_1^2(d_1\eta_1^2\eta_2+d_2\eta_1)$$
$$Q_4=\omega_2^2(d_1\eta_2^3+d_2\eta_2)$$
$$Q_5=(-d_1\eta_2^3-d_2\eta_2)\omega_2^2$$
$$Q_6=d_1\eta_1\eta_2^2(2\omega_1\omega_2-\omega_2^2)+d_2(\eta_1\omega_1\omega_2+\eta_2\omega_1\omega_2-\eta_2\omega_2^2)$$

从式(3-75)可以看出，求得的两个自然频率分别对应两个耦合状态，假设 $\omega_1>\omega_2$，则由方程的右端可知，除了含 $\mathrm{e}^{\mathrm{i}\omega_1T_0}$ 和 $\mathrm{e}^{\mathrm{i}\omega_2T_0}$ 的项会产生永年项外，含有 $\mathrm{e}^{3\mathrm{i}\omega_2T_0}$ 和 $\mathrm{e}^{\mathrm{i}(\omega_1-2\omega_2)T_0}$ 的项也会使方程的解产生永年项。耦合的自然频率和飞行器的转动惯量、飞行速度及气动参数有着密切关系，因此，当滑块总体参数和飞行条件参数使得 $\omega_1:\omega_2$ 满足 1∶3 的关系时，变质心系统将会出现内共振情况。

当 $\omega_1 \approx 3\omega_2$ 时，系统的一阶近似解会出现内共振情况，引入解谐参数 σ_1 有：

$$\omega_1 = 3\omega_2 + \varepsilon^2\sigma_1 \tag{3-77}$$

而当驱动滑块的伺服力频率接近系统自然频率时又会出现主共振情形，因此根据上述内共振情况，接下来需要讨论 $\Omega \approx \omega_1$ 和 $\Omega \approx \omega_2$ 的主共振问题。

3.4.3　内共振情况下的定常解

(1)$\Omega \approx \omega_2$ 的主共振

假设当驱动滑块的伺服力频率 $\Omega \approx \omega_2$ 时，引入第二个解谐参数 σ_2 得到 $\Omega = \omega_2 + \varepsilon^2\sigma_2$，从而有：

$$\Omega T_0 = \omega_2 T_0 + \sigma_2 T_2 \tag{3-78}$$

为了消除永年项，设式(3-76)的一个特解形为：

$$\begin{cases} \alpha_3 = U_{11} e^{i\omega_1 T_0} + U_{12} e^{i\omega_2 T_0} \\ \delta_3 = U_{21} e^{i\omega_1 T_0} + U_{22} e^{i\omega_2 T_0} \end{cases} \tag{3-79}$$

将式(3-79)连同式(3-72)和式(3-78)代入式(3-76)中，并比较两端频率为 ω_1 和 ω_2 的谐波系数，可以得到：

$$\begin{cases} (k_1 - \omega_r^2)U_{1r} + \rho_1 U_{2r} = L_{1r} \\ \rho_2 U_{1r} + (k_2 - \omega_r^2)U_{2r} = L_{2r} \end{cases}, \quad r = 1,2 \tag{3-80}$$

其中，

$$\begin{aligned} L_{11} &= -2i\omega_1 A'_1 + i\mu_1\omega_1 A_1 + P_1 A_1^2\overline{A}_1 + P_2 A_1 A_2 \overline{A}_2 + P_5 A_2^3 e^{-i\sigma_1 T_2} \\ L_{12} &= -2i\omega_2 A'_2 + i\mu_1\omega_2 A_2 + P_3 A_1 A_2 \overline{A}_1 + P_4 A_2^2 \overline{A}_2 \\ &\quad + P_6 A_1 \overline{A}_2^2 e^{i\sigma_1 T_2} + M_1 e^{i(\sigma_2 T_2 + \varphi)}/2 \\ L_{21} &= -2i\omega_1 \eta_1 A'_1 + i\mu_2\omega_1 A_1 + Q_1 A_1^2\overline{A}_1 + Q_2 A_1 A_2 \overline{A}_2 + Q_5 A_2^3 e^{-i\sigma_1 T_2} \\ L_{22} &= -2i\omega_2 \eta_2 A'_2 + i\mu_2\omega_2 A_2 + Q_3 A_1 A_2 \overline{A}_1 + Q_4 A_2^2 \overline{A}_2 \\ &\quad + Q_6 A_1 \overline{A}_2^2 e^{i\sigma_1 T_2} + M_2 e^{i(\sigma_2 T_2 + \varphi)}/2 \end{aligned} \tag{3-81}$$

显然，式(3-80)左端频率为 ω_1 和 ω_2 的谐波项无法自相平衡，只有依靠式中左右端相互平衡。因此，根据方程组的可解性条件有：

$$L_{1r} + \frac{\rho_1}{\rho_2}\eta_r L_{2r} = 0 \tag{3-82}$$

将式(3-81)代入上式并进行整理后，得到消除永年项的条件为：

$$\begin{cases} 2iN_1 A'_1 + iN_2 A_1 + N_3 A_1^2 \overline{A}_1 + N_4 A_1 A_2 \overline{A}_2 + N_5 A_2^3 e^{-i\sigma_1 T_2} = 0 \\ 2iR_1 A'_2 + iR_2 A_2 + R_3 A_1 A_2 \overline{A}_1 + R_4 A_2^2 \overline{A}_2 + R_5 A_1 \overline{A}_2^2 e^{i\sigma_1 T_2} + \widetilde{M} e^{i(\sigma_2 T_2 + \varphi)}/2 = 0 \end{cases} \tag{3-83}$$

其中，

$$N_1=-\omega_1-\frac{\rho_1}{\rho_2}\eta_1^2\omega_1,N_2=\mu_1\omega_1+\frac{\rho_1}{\rho_2}\mu_2\eta_1\omega_1,N_3=P_1+\frac{\rho_1}{\rho_2}\eta_1 Q_1$$

$$N_4=P_2+\frac{\rho_1}{\rho_2}\eta_1 Q_2,N_5=P_3+\frac{\rho_1}{\rho_2}\eta_1 Q_3,\widetilde{M}=M_1+\frac{\rho_1}{\rho_2}\eta_1 M_2$$

$$R_1=-\omega_2-\frac{\rho_1}{\rho_2}\eta_2^2\omega_2,R_2=\mu_1\omega_2+\frac{\rho_1}{\rho_2}\mu_2\eta_2\omega_2,R_3=P_3+\frac{\rho_1}{\rho_2}\eta_2 Q_3$$

$$R_4=P_4+\frac{\rho_1}{\rho_2}\eta_2 Q_4,R_5=P_6+\frac{\rho_1}{\rho_2}\eta_2 Q_6$$

将 A_1 和 A_2 写为极坐标形式：

$$A_m=\frac{1}{2}a_m e^{i\theta_m},m=1,2 \tag{3-84}$$

将其代入式(3-83)并分离实部与虚部后，得到一阶近似解振幅和相位应满足的微分方程组：

$$\begin{cases}8N_1 a'_1+4N_2 a_1+N_5 a_2^3\sin\gamma_1=0\\8N_1 a_1\theta'_1+N_3 a_1^3+N_4 a_1 a_2^2+N_5 a_2^3\cos\gamma_1=0\\8R_1 a'_2+4R_2 a_2-R_5 a_1 a_2^2\sin\gamma_1+4\widetilde{M}\sin\gamma_2=0\\8R_1 a_2\theta'_2+R_3 a_1^2 a_2+R_4 a_2^3+R_5 a_1 a_2^2\cos\gamma_1+4\widetilde{M}\cos\gamma_2=0\end{cases} \tag{3-85}$$

其中，$\gamma_1=3\theta_2-\theta_1-\sigma_1 T_2$，$\gamma_2=\sigma_2 T_2-\theta_2+\varphi$。当 $a_1{}'=a_2{}'=0$，$\gamma_1{}'=\gamma_2{}'=0$ 时，系统存在稳态运动，稳态响应下，振幅和相位满足：

$$\begin{cases}4N_2 a_1+N_5 a_2^3\sin\gamma_1=0\\8N_1 a_1(3\sigma_2-\sigma_1)+N_3 a_1^3+N_4 a_1 a_2^2+N_5 a_2^3\cos\gamma_1=0\\4R_2 a_2-R_5 a_1 a_2^2\sin\gamma_1+4\widetilde{M}\sin\gamma_2=0\\8R_1 a_2\sigma_2+R_3 a_1^2 a_2+R_4 a_2^3+R_5 a_1 a_2^2\cos\gamma_1+4\widetilde{M}\cos\gamma_2=0\end{cases} \tag{3-86}$$

对于不同幅值的驱动滑块伺服力 F 和解谐参数 σ_2，由上式可以作出相应的幅频响应曲线。而滑块的总体参数(滑块质量比、质心位置)也会影响幅频响应曲线，因此这些参数的选取对于变质心飞行器的设计而言至关重要。

(2)$\Omega\approx\omega_1$ 的主共振

当驱动滑块的伺服力频率 $\Omega\approx\omega_1$ 时，同样引入解谐参数 σ_2 后有：

$$\Omega T_0=\omega_1 T_0+\sigma_2 T_2 \tag{3-87}$$

依照同样的求解步骤可以得到消除永年项的条件为：

$$\begin{cases}2\mathrm{i}N_1A'_1+\mathrm{i}N_2A_1+N_3A_1^2\overline{A}_1+N_4A_1A_2\overline{A}_2+N_5A_2^3\mathrm{e}^{-\mathrm{i}\sigma_1T_2}+\widetilde{M}\mathrm{e}^{\mathrm{i}(\sigma_2T_2+\varphi)}/2=0\\2\mathrm{i}R_1A'_2+\mathrm{i}R_2A_2+R_3A_1A_2\overline{A}_1+R_4A_2^2\overline{A}_2+R_5A_1\overline{A}_2^2\mathrm{e}^{\mathrm{i}\sigma_1T_2}=0\end{cases}\tag{3-88}$$

引入式(3-84)的极式记号，然后分离实部和虚部后得到：

$$\begin{cases}8N_1a'_1+4N_2a_1+N_5a_2^3\sin\gamma_1+4\widetilde{M}\sin\gamma_2=0\\8N_1a_1\theta'_1+N_3a_1^3+N_4a_1a_2^2+N_5a_2^3\cos\gamma_1+4\widetilde{M}\cos\gamma_2=0\\8R_1a'_2+4R_2a_2-R_5a_1a_2^2\sin\gamma_1=0\\8R_1a_2\theta'_2+R_3a_1^2a_2+R_4a_2^3+R_5a_1a_2^2\cos\gamma_1=0\end{cases}\tag{3-89}$$

其中，$\gamma_1=3\theta_2-\theta_1-\sigma_1T_2$，$\gamma_2=\sigma_2T_2-\theta_1+\varphi$。当 $a_1'=a_2'=0$，$\gamma_1'=\gamma_2'=0$ 时，稳态响应下振幅和相位满足：

$$\begin{cases}4N_2a_1+N_5a_2^3\sin\gamma_1+4\widetilde{M}\sin\gamma_2=0\\8N_1a_1\sigma_2+N_3a_1^3+N_4a_1a_2^2+N_5a_2^3\cos\gamma_1+4\widetilde{M}\cos\gamma_2=0\\4R_2a_2-R_5a_1a_2^2\sin\gamma_1=0\\8R_1a_2(\sigma_2+\sigma_1)/3+R_3a_1^2a_2+R_4a_2^3+R_5a_1a_2^2\cos\gamma_1=0\end{cases}\tag{3-90}$$

从上述方程组的第三式可知，a_2 有零和非零两种情况，当 $a_2=0$ 时，稳态响应下的振幅和相位满足：

$$\begin{cases}4N_2a_1+4\widetilde{M}\sin\gamma_2=0\\8N_1a_1\sigma_2+N_3a_1^3+4\widetilde{M}\cos\gamma_2=0\end{cases}\tag{3-91}$$

此时，仅系统的第一模态受到激励，解谐参数 σ_1 对幅值没有影响。系统犹如单个振子，其幅频响应类似于解耦情况下的主共振杜芬(Duffing)方程。

3.4.4 数值仿真

本节将对前面得到的稳态响应下振幅和相位满足的式(3-86)、式(3-90)和式(3-91)进行数值仿真。首先对式(3-64)的相关参数值进行仿真，变质心飞行器飞行高度 $H=10\text{km}$，飞行速度 $V=5Ma$，气动参数 $C_x=0.22$，$C_y^\alpha=2.46$，$m_z^\alpha=-0.23$，$m_z^{\omega_z}=-0.53$。飞行器的总体参数见表3-2。

根据飞行器的总体参数以及式(3-75)可以计算得到自然频率 ω_1 和 ω_2 分别为46.25rad/s和15.40rad/s。首先为了验证解析解的精确性，采用MATLAB对变质心飞行器俯仰动力学方程进行数值积分，然后与前面给出的解析解进行对比。不同主共振情况下解析解与数值解的时域响应对比，如图3-16所示。

表 3-2　飞行器相关参数

变量	定义	数值
m_S	飞行器总质量/kg	1000
μ_P	滑块质量比	0.6
S	参考面积/m^2	3.8
L	参考长度/m	4.11
Δ_{BP}	L_B 与 L_P 之间距离/m	0.15
I_{P3}	滑块绕飞行器 z 轴转动惯量/(kg · m^2)	380
I_{B3}	壳体绕飞行器 z 轴转动惯量/(kg · m^2)	440

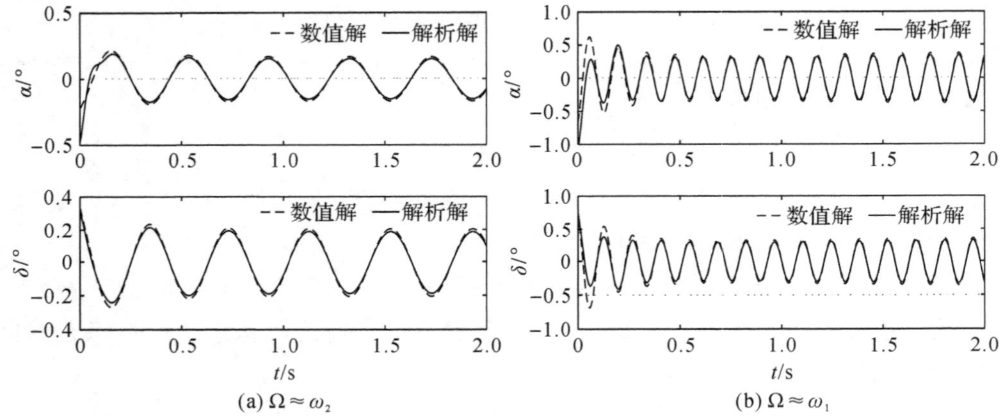

图 3-16　数值解和解析解的响应对比

从仿真的结果可以看出，数值解和解析解在初始阶段有较为明显的差异，但随着时间的增加，这两种解保持一致且误差保持在 5%以内。此外，还可以看出能量在两种模态之间互相传递。可见，采用多尺度方法求得的变质心飞行器俯仰姿态的解析解和数值解吻合较好、精度较高。

在保证解析解的精度后，就可以分析变质心飞行器的参数在主共振情况下对系统的响应会产生怎样的影响。下面将对两种不同的主共振情况进行仿真分析。

(1)$\Omega \approx \omega_2$ 的主共振

首先，研究驱动滑块的伺服力频率接近第二自然频率的内共振条件。伺服力幅值是影响主共振幅频响应的一个重要参数，图 3-17 给出了不同激励下主共振稳态幅值与激励频率的关系，反映了主共振幅频响应曲线的形状。图 3-17 中，实线对应的是稳态响应，虚线对应的是不稳定响应。由于非线性项呈渐硬特性(hardening type)，幅频响应曲线的共振峰偏向右侧，非线性特性明显且最大振幅远离 $\Omega = \omega_2$。

可以看出，系统的非线性特性使得频率响应发生了弯曲现象，形成多值性，从而产生跳跃现象。共振响应的稳态幅值随着激励幅值的增大而增大，可见通过降低伺服力的幅值可以降低系统的共振幅值，同时也可以避免多值区域的产生。

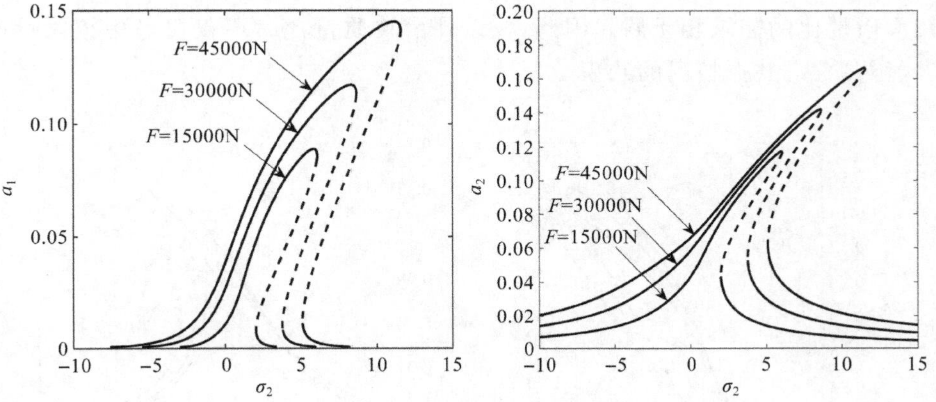

图 3-17　不同激励幅值下的幅频响应曲线

图 3-18 给出了固定频率下稳态幅值与激励的关系曲线。外部激励频率虽然仅作用在第一模态上，但由于发生了 3∶1 的内共振，第一模态和第二模态之间会发生能量的互相传递。当发生一阶主共振时（$\sigma_2=0$），伺服力幅值没有出现跳跃区间。而当解谐参数不等于 0 时，幅值曲线会出现跳跃现象，也称之为滞后现象。随着解谐参数增加，第一和第二模态的幅值以及滞后区域都会增加，但是稳态幅值是激励幅值的单调递增函数。

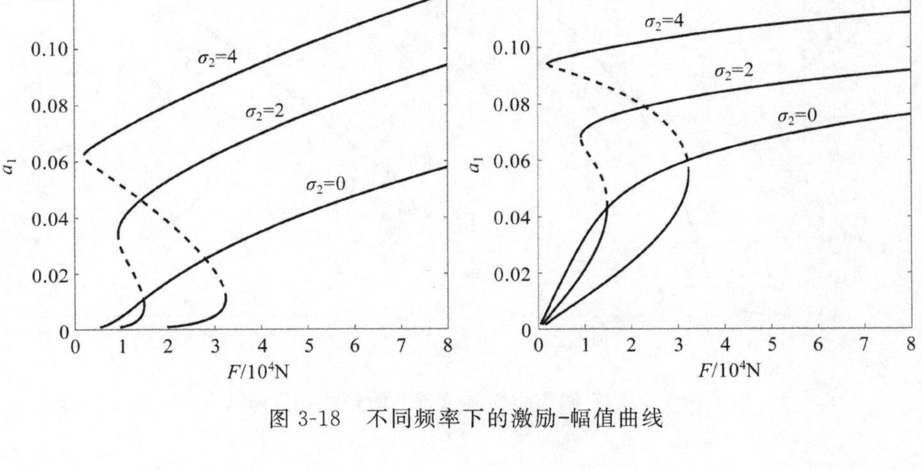

图 3-18　不同频率下的激励-幅值曲线

滑块的质量比同样是影响主共振的一个重要参数,图 3-19 给出的是滑块质量比取不同值时系统的幅频响应,幅频响应曲线随着质量比的增加而逐渐向右弯曲。值得注意的是,当 $\mu_P \leqslant 0.5$ 时,第二模态并不会出现不稳定解。可见为了避免出现跳跃现象,滑块的质量比不宜过大。但这与为了追求更高的控制性能而需要较大质量比的需求相矛盾。因此,在设计滑块质量比时不仅要考虑控制性能的需求,还要考虑共振情况的约束。

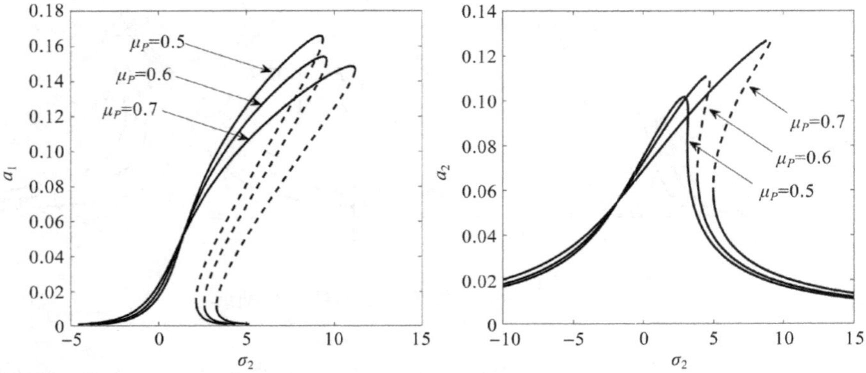

图 3-19　不同质量比下的幅频响应曲线

此外,滑块质心与弹体质心之间的相对距离($\Delta_{BP} = L_B - L_P$)也是影响稳态解的关键参数。图 3-20 给出了不同 Δ_{BP} 条件下的幅频响应曲线。从图中可以看出,当滑块质心位置越靠后时,模态的振幅越大,曲线越向右倾斜。质心相对位置对振幅的影响要明显弱于激励和质量比的影响。

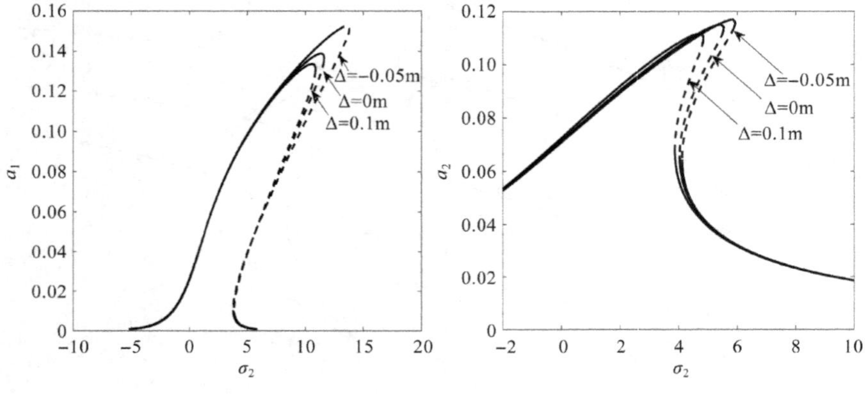

图 3-20　不同质心相对位置下的幅频响应曲线

显然，通过对激励、质量比和质心距三个参数所对应的幅频响应曲线进行比较可以发现，增加伺服力的幅值会造成更加明显的跳跃现象。

(2)$\Omega\approx\omega_1$ 的主共振

当 $\Omega\approx\omega_1$ 时，根据前面的分析可知，内共振情况下的定常解存在 a_1 等于零、a_2 不为零和 a_1 和 a_2 均不为零两种情况。

首先，分析 a_1 和 a_2 都不为零时的幅频响应曲线。同样，在相同的初始条件下，根据式(3-90)可以得到不同参数情况下的稳态解，如图 3-21 所示。

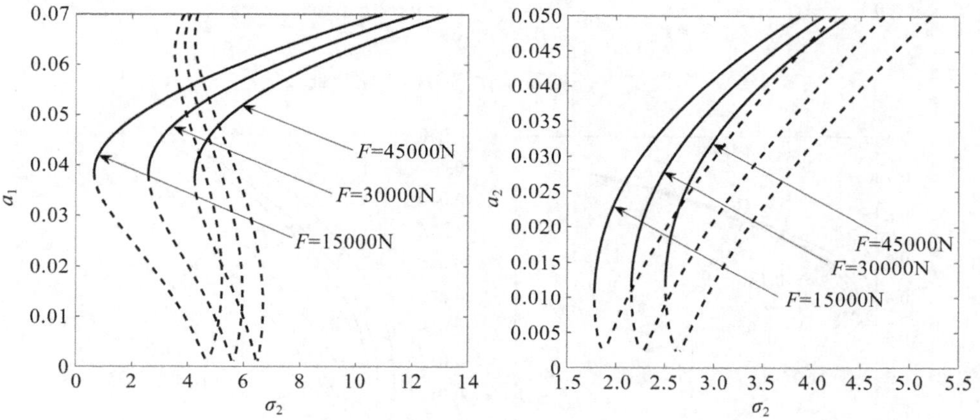

图 3-21　不同激励下的幅频响应曲线

由图 3-21 可知，当 $\Omega\approx\omega_1$ 时，幅频响应曲线随着振幅的增加向右偏移，多值跳跃区域逐渐减小。曲线中较多段对应着不稳定解，使得稳态解变得相对复杂。

图 3-22 给出了不同质量比所对应的幅频响应曲线，可以看出，幅频响应曲线也会出现稳态解和不稳定解，并且随着质量比的增加曲线逐渐右移，呈现出渐硬弹簧性质。

图 3-23 给出的是不同质心距对应的幅频响应曲线。显然，质心距的减小会造成幅频曲线的右移，但右移的幅度要明显小于质量比引起的幅度变化。

当 $a_2=0$ 时，可以根据式(3-91)求解内共振的稳态解。第一模态的幅频响应曲线如图 3-24 所示。可以看出，稳态解没有出现多值区域和跳跃现象。显然，在伺服力作用下，系统的幅频曲线将会出现典型的由耦合非线性引起的跳跃现象。这一特殊的动力学特性仅用适合小质量比滑块的线性系统是无法揭示的。因此，在设计具有大质量比滑块的飞行器总体参数时，需要充分考虑系统的非线性特性。

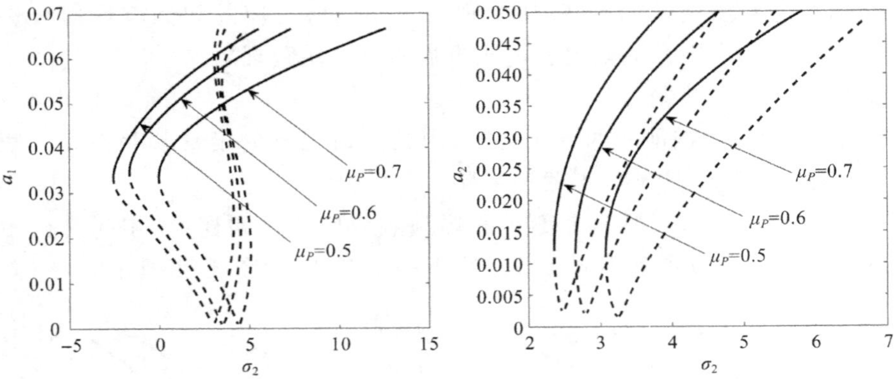

图 3-22　不同质量比下的幅频响应曲线

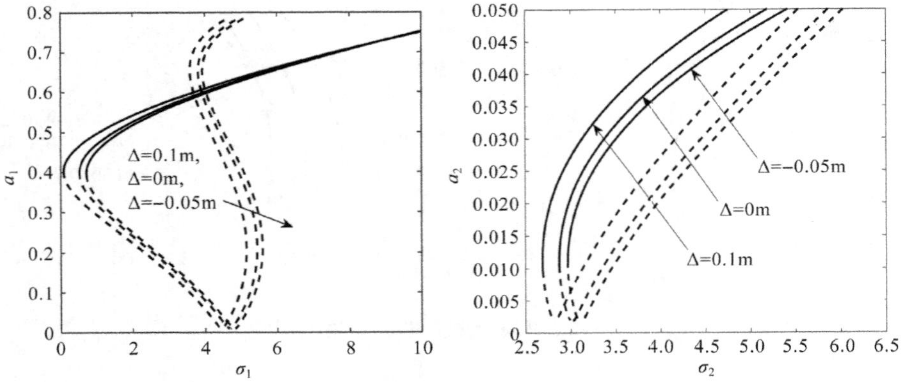

图 3-23　不同质心相对位置下的幅频响应曲线

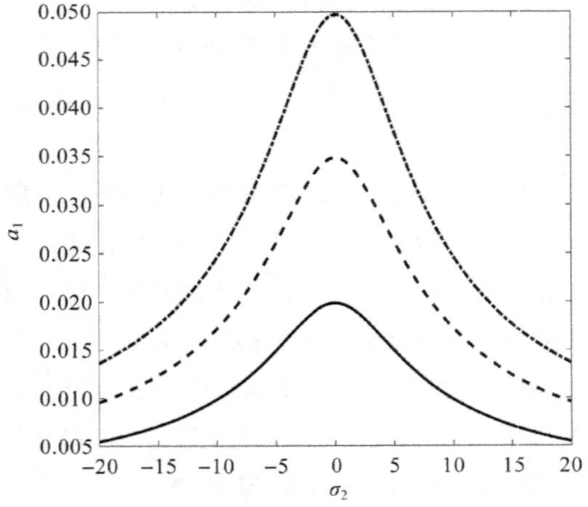

图 3-24　$a_2=0$ 时的幅频响应曲线

3.5　俯仰姿态平衡状态及系统稳定性

因为滑块在飞行器内部做弧线运动，所以滑块偏转角实质上是以正余弦形式出现的。那么重新考虑式(3-65)后可写为：

$$\begin{cases}\tilde{I}_{z1}\ddot{\alpha}+\tilde{I}_{\delta1}\ddot{\delta}=(C_{\omega_z}-\tilde{I}_{z1}C_\alpha)\dot{\alpha}+\mu_P L_P C_x qS\sin\delta \\ \qquad -m_P\mu_B L_B L_P(\dot{\delta}^2\sin\delta+2\dot{\delta}\dot{\alpha}\sin\delta+2C_\alpha\dot{\delta}\alpha\sin\delta) \\ \qquad +[m_z^\alpha qSL+(L_P-L_B)\mu_P C_y^\alpha qS+C_{\omega_z}C_\alpha]\alpha \\ \tilde{I}_{z2}\ddot{\alpha}+\tilde{I}_{\delta2}\ddot{\delta}=-I_{z2}C_\alpha\dot{\alpha}+\mu_P L_P C_y^\alpha \alpha qS+\mu_P L_P C_x qS\sin\delta+F_c L_{oc} \\ \qquad +m_P\mu_B L_P^2(\dot{\alpha}^2+2C_\alpha\dot{\alpha}\alpha+C_\alpha^2\alpha^2)\sin\delta\end{cases} \tag{3-92}$$

可见，俯控式单滑块变质心飞行器的强非线性主要体现在滑块偏转角 δ 的正余弦项，攻角 α、滑块偏转角 δ 以及其一阶导数的高次项和它们耦合而得的非线性项。同样，C_α 相对于其他系数为小量，为了分析方便，可以忽略包含 C_α 的非线性项。最终得到：

$$\begin{cases}\ddot{\alpha}+\rho_1\sin\delta+k_1\alpha=\mu_1\dot{\alpha}+c_1\dot{\delta}^2\sin\delta+c_2\dot{\delta}\sin\delta\dot{\alpha}+c_4\dot{\alpha}^2\sin\delta+M_1 \\ \ddot{\delta}+\rho_2\alpha+k_2\sin\delta=\mu_2\dot{\alpha}+d_1\dot{\delta}^2\sin\delta+d_2\dot{\delta}\sin\delta\dot{\alpha}+d_4\dot{\alpha}^2\sin\delta+M_2\end{cases} \tag{3-93}$$

其中，各系数与式(3-66)中系数一致，式(3-93)将作为后续整个分岔分析的动力学基础，所有的平衡点求解、分岔类型求解都是基于此式。

3.5.1　分岔理论

分岔的物理含义，即系统结构稳定性的突变。当系统具有结构稳定性时，其相轨线在常点附近不会发生变化，即在参数微小变化时，相轨线仍维持在原轨线的邻域内，且变化趋势也相同。然而，在分岔点的附近，分岔参数的微小变化会引起相轨线拓扑性质的变化(如稳定性改变、产生极限环等)，此时的系统结构不稳定。因此，分岔现象的出现表示系统在分岔点处由结构稳定突变成结构不稳定。

对于包含参数的非线性自治动力系统，有：

$$\dot{x}=f(x,p) \tag{3-94}$$

其中，f 为 n 阶非线性微分方程；$x\in\mathbf{R}^n$ 称为系统的 n 维状态变量；$p\in\mathbf{R}^m$ 称为系统的 m 维分岔参数。随着分岔参数 p 在 $\mathbf{R}^m$ 内的变化，若系统的拓扑结构在 $p=p_0$ 处突然发生了明显的变化，则称式(3-94)在 $p=p_0$ 处出现分岔，并称 p_0 为一个分岔值或临界参数值，(x, p_0) 为一个分岔点，而不引起分岔的其他点都称为常点。在参数 p 的空间 $\mathbf{R}^m$ 中，由全体分岔值所构成的集合称为分岔集。在 (x, p_0) 的空间 $\mathbf{R}^n \times \mathbf{R}^m$ 中，系统的平衡点和极限环随分岔参数 p 变化的图形称为分岔图。

从分岔和平衡点的数学定义可以看出，平衡点不一定是分岔点，但分岔点一定是平衡点。为了便于后面的分析和理解，有必要给出分岔点的分类。

(1) 极限点分岔(limit circle,LC)。当一个稳定的平衡点和一个不稳定的平衡点相遇时，系统的平衡点雅可比矩阵的实特征根此时跨过虚轴，两个平衡点相互融合，非线性系统产生极限点分岔，在分岔点的一侧，系统没有平衡点，而在分岔点的另一侧，系统有两个平衡点。

(2) Hopf 分岔。Hopf 分岔对应着极限环运动，当平衡点的雅可比矩阵的一对共轭复根越过虚轴时，则会产生 Hopf 分岔，平衡点的稳定性会发生变化，同时产生一个周期的轨道。

3.5.2 平衡点求解

分析分岔现象的基础是求解平衡点，因此需要得到状态变量及其导数为零情况下的配平攻角。对于本书所研究的变质心飞行器，选取攻角 α、滑块偏转角 δ、攻角角速度 $\dot{\alpha}$ 和滑块偏转角速度 $\dot{\delta}$ 为状态变量，改写式(3-93) 可以得到系统的状态方程为：

$$\begin{cases}\ddot{\alpha} = -k_1\alpha - \rho_1\sin\delta + \mu_1\dot{\alpha} + c_1\dot{\delta}^2\sin\delta + c_2\dot{\delta}\dot{\alpha}\sin\delta + c_4\dot{\alpha}^2\sin\delta + M_1 \\ \ddot{\delta} = -\rho_2\alpha - k_2\sin\delta + \mu_2\dot{\alpha} + d_1\dot{\delta}^2\sin\delta + d_2\dot{\delta}\dot{\alpha}\sin\delta + d_4\dot{\alpha}^2\sin\delta + M_2\end{cases} \tag{3-95}$$

方程中隐含了 α 与 $\dot{\alpha}$、δ 与 $\dot{\delta}$ 的耦合微分关系。式(3-95) 即为俯控式单滑块变质心飞行器在俯仰通道的四维($\boldsymbol{x} = [\alpha, \delta, \dot{\alpha}, \dot{\delta}]^{\mathrm{T}}$) 非线性平衡状态方程组，本章关于平衡特性以及分岔特性的分析均基于此方程。同时可以看到，在系统平衡点处，状态变量 $\dot{\alpha}$ 和 $\dot{\delta}$ 的数值恒为零，平衡状态方程组共包含两个未知数及两个独立方程，方便了平衡点及特征根的求解，可以采用数值计算的方法求得系统平衡点的数值。

下面以飞行器结构参数取 $\mu_P = 0.6$，$\Delta_{BP} = 0.1\text{m}$，在飞行高度和飞行速度分别为 $H = 20\text{km}$、$V = 3400\text{m/s}$ 的气动条件下为例进行仿真，说明平衡点的数值求解过程。令式(3-95) 的等号左边等于零，求解平衡方程组在偏转角 $\delta \in (-10°, 10°)$ 的解，攻角和滑块偏转角平衡状态的值如表 3-3 所示。

表 3-3　平衡点

α_{trim}	δ_{trim}	α_{trim}	δ_{trim}	α_{trim}	δ_{trim}	α_{trim}	δ_{trim}
−13.1263	−9.7403	−7.7735	−5.1566	1.8066	1.1459	8.5448	5.7296
−12.5659	−9.1673	−6.9773	−4.5837	2.7018	1.7189	9.2893	6.3025
−11.9731	−8.5944	−6.1582	−4.0107	3.5876	2.2918	10.0056	6.8755
−11.3490	−8.0219	−5.3185	−3.4377	4.4607	2.8648	10.6923	7.4485
−10.6923	−7.4485	−4.4607	−2.8648	5.3185	3.4377	11.3484	8.0214
−10.0056	−6.8755	−3.5876	−2.2918	6.1582	4.0107	11.9731	8.5944
−9.2893	−6.3025	−2.7018	−1.7189	6.9773	4.5837	12.5659	9.1673
−8.5448	−5.7296	−1.8066	−1.1459	7.7735	5.1566	13.1263	9.7403

由非线性俯仰动力学方程(3-93)可以得到配平攻角和滑块偏转角的非线性解析关系式为：

$$\alpha_{trim}=\frac{\mu_P L_P C_x \sin\delta_{trim}}{(L_B-L_P\cos\delta_{trim})\mu_P C_y^{\alpha}-m_z^{\alpha}L-m_z^{\omega_z}C_{\alpha}L^2/V} \tag{3-96}$$

将上述配平攻角的非线性关系式与式(3-9)所描述的线性配平关系及表 3-3 给出的数值解做比较，可以得到如图 3-25 所示的配平关系曲线。由图可知，平衡点的数值解和由非线性解析式绘制出的曲线完全吻合。而当偏转角较小时[$\delta\in(-5°,5°)$]，线性配平关系和非线性配平曲线吻合得较好，但是当偏转角继续增大时，两者的差异将逐渐增大。因此，采用非线性模型更能准确地反映俯控式单滑块控制的配平关系。

在表 3-3 中选取特征平衡点作为初始点，采用延拓算法可以得到平衡点随系统参数(滑块质量比 μ_P 和质心距 Δ_{BP})变化的平衡曲线，从而可以总结出一些经验规律。选取两个特征点：

$$x_{01}=[4.4607°,2.8648°,0,0]$$

$$x_{02}=[-4.4607°,-2.8648°,0,0]$$

首先，分析系统平衡状态随质量比变化曲线，以上述平衡点为初始状态可得到如图 3-26 所示的攻角和滑块偏转角变化曲线。需要说明的是，滑块偏转角受外壳的限制影响。为了能够在总体设计时可以给出更灵活的设计参考，同时充分体现分岔特性，本节在仿真中不考虑偏转角的限幅。

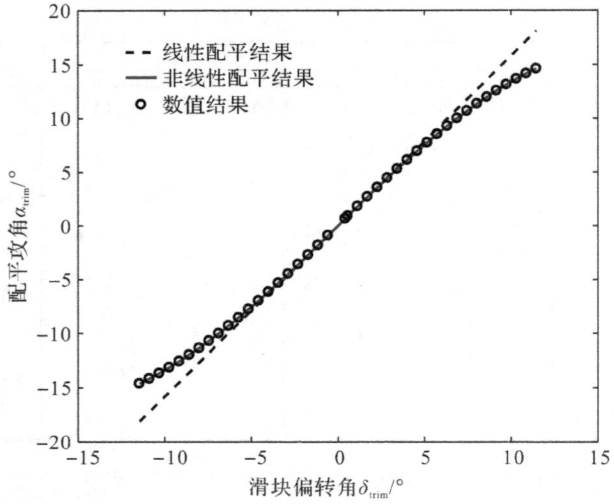

图 3-25　配平攻角与滑块偏转角的配平关系

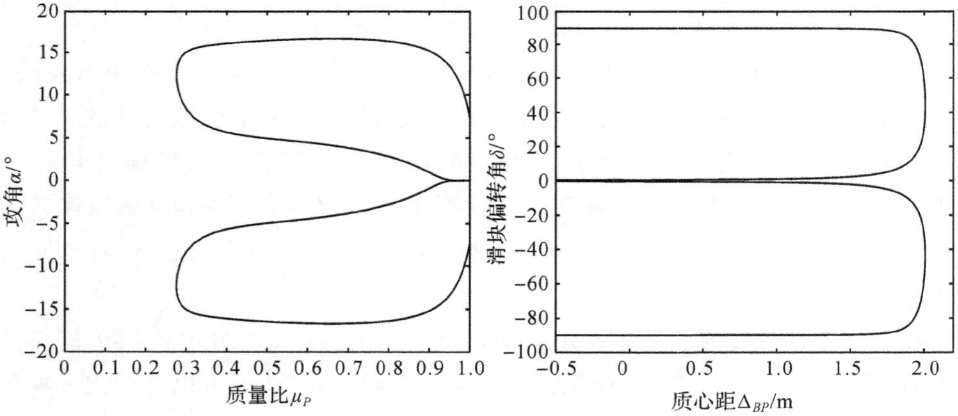

图 3-26　平衡点随质量比变化

由图 3-26 可知，俯控式单滑块变质心飞行器具有多组平衡状态且其数目随着质量比 μ_P 的变化而改变。在滑块质量比较大的情况下，系统存在多组平衡点且呈现对称性，此时系统同时存在大攻角、大偏转角平衡点与小攻角、小偏转角平衡点，其对应的运动稳定性判断将在下一节研究。

同样，滑块质心与飞行器质心的相对距离 Δ_{BP} 也会影响变质心飞行器动力学特性的总体参数。以 Δ_{BP} 为连续参数，在 $\mu_P=0.6$ 的情况下，保持飞行条件不变，平衡状态随参数的变化曲线如图 3-27 所示。

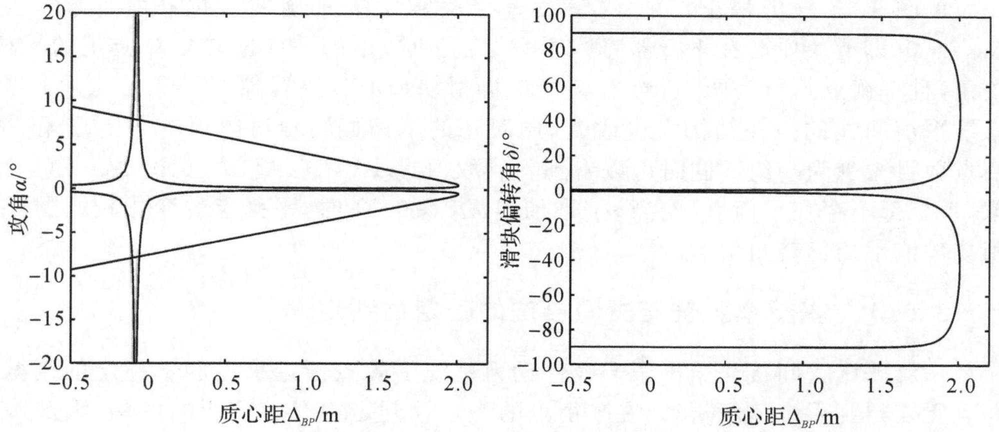

图 3-27　平衡点随滑块与壳体质心距变化规律

由图 3-27 可以看出，Δ_{BP} 的取值同样影响系统平衡点的数目及位置。过大的 Δ_{BP} 将导致系统不存在平衡点；在 $\mu_P=0.6$ 的情况下，Δ_{BP} 在(−0.2m，0.1m)内变化将使系统的平衡攻角发生复杂变化，Δ_{BP} 的微小变化(如变质心飞行器滑块安装误差等)将导致平衡点数目发生改变和平衡攻角急剧变化。

为了直观地展示 μ_P 和 Δ_{BP} 对系统平衡点的影响，绘制以 μ_P 和 Δ_{BP} 为双连续参数、μ_P 为横轴仿真系统的平衡曲线，如图 3-28 所示。由于曲线图具有对称性，为使图中线更为清晰，故仅给出曲线的一半分支而将另一半分支隐去。

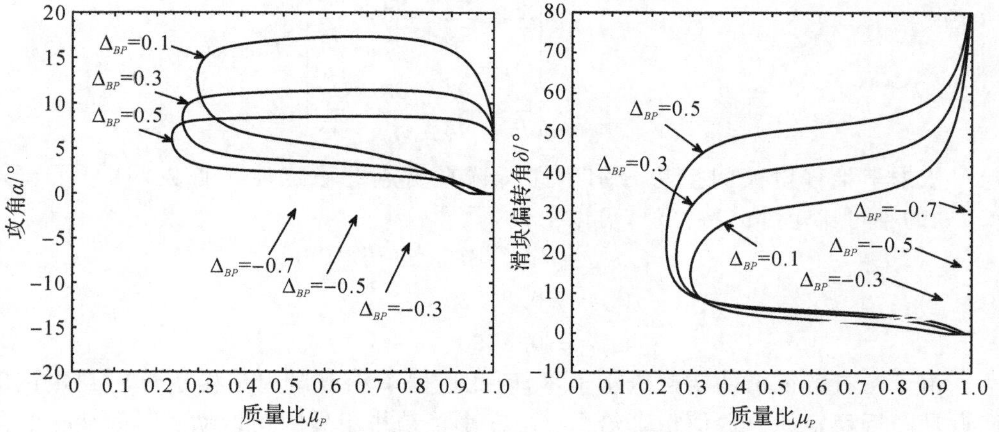

图 3-28　平衡点随质量比 μ_P 和质心距 Δ_{BP} 的变化规律

由图 3-28 分析得出，Δ_{BP} 的正负直接决定系统平衡曲线的拓扑结构。当 $\Delta_{BP}>0$（即滑块质心在飞行器壳体质心之前）时，正的平衡偏转角对应正的平衡攻角，且平衡点数目为两组；当 $\Delta_{BP}<0$（即滑块质心在飞行器壳体质心之后）时，系统平衡曲线的拓扑结构发生改变，此时正的平衡偏转角对应负的平衡攻角，平衡点数目减少为一组。同时可以看到，μ_P 取值过小（<0.1）时，无论 Δ_{BP} 如何选取，系统都不存在平衡点；而当 μ_P 取值过大（>0.9）时，平衡点的变化较剧烈，平衡攻角或平衡偏转角偏大。

3.5.3 基于李雅普诺夫间接法的稳定性判定

李雅普诺夫间接法给出了非线性动力系统平衡点渐近稳定和不稳定的判据，并且无需得到系统的解析解，在平衡点的稳定性判定中具有广泛的应用，因此，本小节基于李雅普诺夫间接法来对变质心飞行器的稳定性进行判定。

选取两个特征平衡点：

$$\boldsymbol{x}_{e1}=[0.0779, 0.0500, 0, 0]^{\mathrm{T}}$$

$$\boldsymbol{x}_{e2}=[-0.4011, 0.200, 0, 0]^{\mathrm{T}}$$

非线性动力学方程(3-93) 在平衡点 $\boldsymbol{x}_e$ 处的雅可比矩阵为：

$$\mathbf{A}=\left.\frac{\partial \boldsymbol{f}}{\partial \boldsymbol{x}}\right|_{x=x_e}=\begin{bmatrix} \frac{\partial\dot{\alpha}}{\partial\alpha} & \frac{\partial\dot{\alpha}}{\partial\delta} & \frac{\partial\dot{\alpha}}{\partial\dot{\alpha}} & \frac{\partial\dot{\alpha}}{\partial\dot{\delta}} \\ \frac{\partial\dot{\delta}}{\partial\alpha} & \frac{\partial\dot{\delta}}{\partial\delta} & \frac{\partial\dot{\delta}}{\partial\dot{\alpha}} & \frac{\partial\dot{\delta}}{\partial\dot{\delta}} \\ \frac{\partial\ddot{\alpha}}{\partial\alpha} & \frac{\partial\ddot{\alpha}}{\partial\delta} & \frac{\partial\ddot{\alpha}}{\partial\dot{\alpha}} & \frac{\partial\ddot{\alpha}}{\partial\dot{\delta}} \\ \frac{\partial\ddot{\delta}}{\partial\alpha} & \frac{\partial\ddot{\delta}}{\partial\delta} & \frac{\partial\ddot{\delta}}{\partial\dot{\alpha}} & \frac{\partial\ddot{\delta}}{\partial\dot{\delta}} \end{bmatrix}_{x=x_e} \tag{3-97}$$

依据李雅普诺夫间接法分别研究所选平衡点的稳定性。首先，计算平衡点 $\boldsymbol{x}_{e1}$ 处的雅可比矩阵的特征值，可以得到：

$$\lambda_{1,2}=-17.8733\pm 25.196\mathrm{i}$$

$$\lambda_3=-0.2653$$

$$\lambda_4=-0.1123$$

由于所有特征值的实部全小于零，因此根据李雅普诺夫间接法可以判定该平衡点是渐近稳定的。数值仿真给出 x_{e1} 在小扰动作用后的角运动随时间变化的角运动曲线和相轨线，分别如图 3-29 和图 3-30 所示。从图中可以看出，在小扰动作用后，系统状态将稳定在平衡点处，而相轨迹最终也收敛至平衡点。

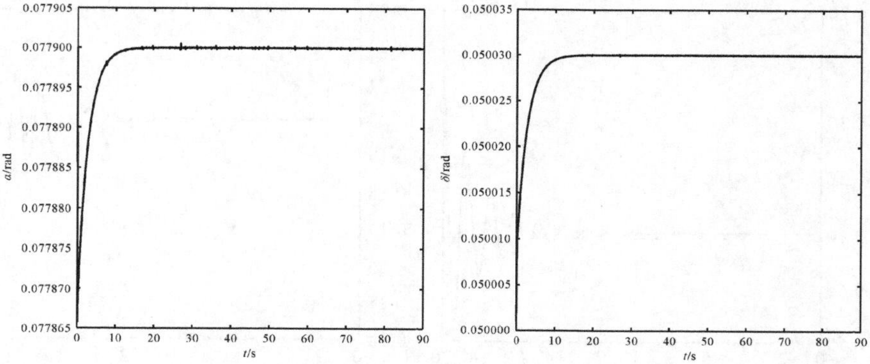

图 3-29　$\boldsymbol{x}_{e1}$ 附近的角运动

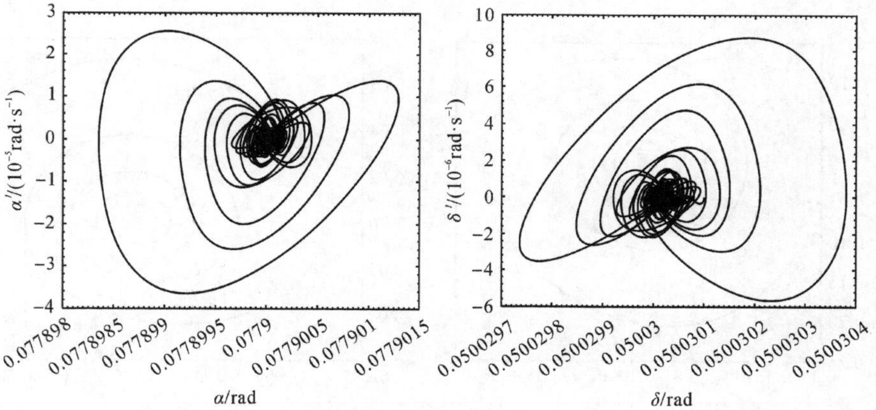

图 3-30　$\boldsymbol{x}_{e1}$ 附近的相轨迹

同样，在平衡点 $\boldsymbol{x}_{e2}$ 处的雅可比矩阵的特征值为：

$$\lambda_{1,2}=0.4177\pm 4.8927\mathrm{i}$$

$$\lambda_3=-38.8364$$

$$\lambda_4=0.0595$$

由于出现了正实部，因此该平衡点是一个不稳定平衡点。图 3-31 和图 3-32 分别给出了该平衡点受扰后的状态响应曲线和相轨迹曲线。可以看出，系统的状态和相轨迹随时间逐渐发散，无法收敛至平衡点。

综上所述，李雅普诺夫间接法能有效判定变质心飞行器平衡点的渐近稳定性和不稳定性。根据由李雅普诺夫间接法得到的平衡曲线图，可对变参数条件下的系统平衡曲线进行稳定性判定，进而开展分岔分析。不加说明时，后面所提到的稳定均表示渐近稳定性。

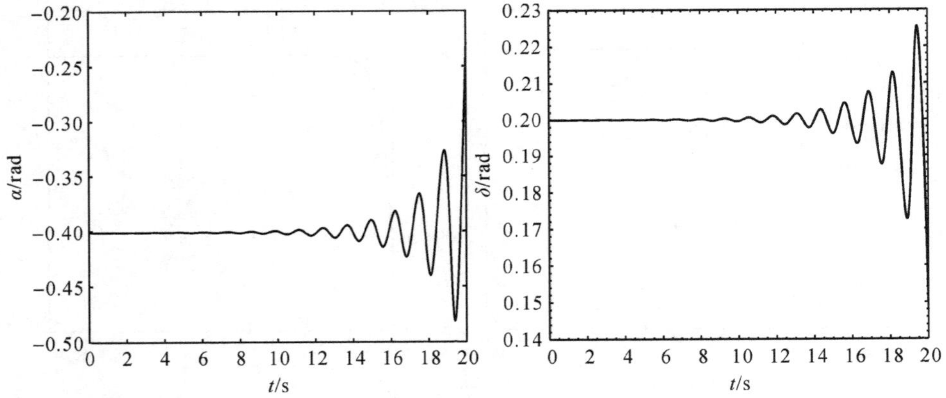

图 3-31　$\boldsymbol{x}_{e2}$ 的扰动响应

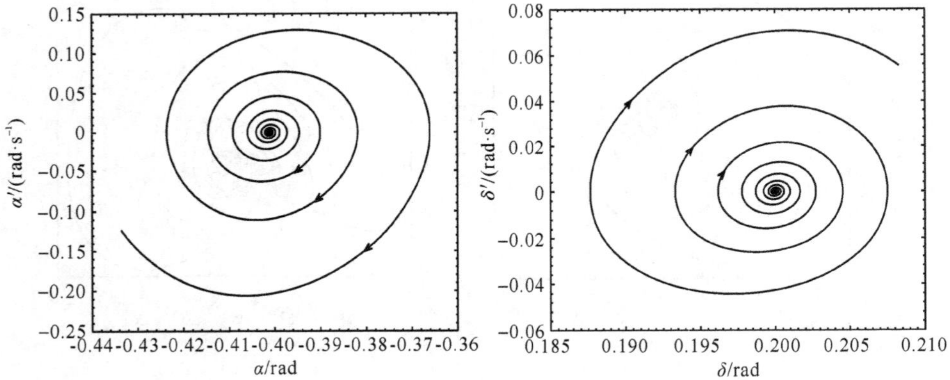

图 3-32　$\boldsymbol{x}_{e2}$ 的相轨迹

3.6　平衡分岔分析

分岔按照研究对象可分为动态分岔和静态分岔。静态分岔研究的是静态方程 $f(x,p)=0$ 的解的数目和稳定性随参数 p 变化而发生的突然变化,即平衡点分岔。本节将从静态分岔角度对俯控式单滑块变质心飞行器进行平衡分支分岔特性分析。运用分岔理论对 3.5.1 节所求得的平衡分支上的平衡点依次进行函数分岔点分析,给出对应的分岔类型,得到系统完整的平衡分支分岔图,并探讨滑块设计参数对系统动力学特性的影响,从而为变质心飞行器的总体参数设计提供可靠的参考和依据。

3.6.1 单参数平衡分支分岔分析

首先，给出文中相关线型和标识点的含义，如图 3-33 所示。

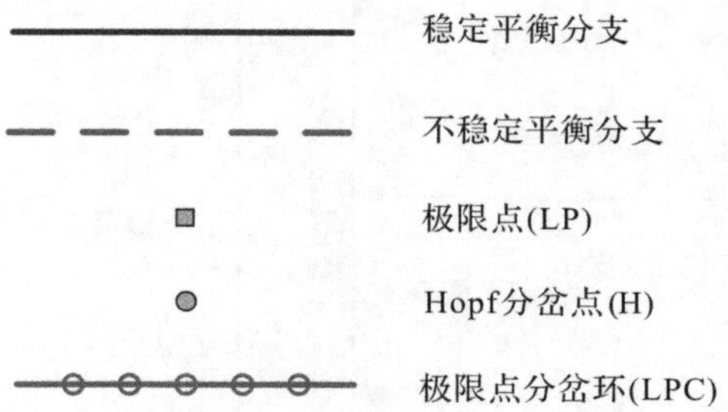

图 3-33　线型和标识点

(1) 以质量比为分岔参数

首先，分析以 μ_P 作为单分岔参数的平衡分支变化规律。在 $\Delta_{BP}=0.1$ 的情况下，平衡点随 μ_P 在[0,1]范围内的分岔图如图 3-34 所示，图中实线表示稳定平衡曲线，虚线表示不稳定平衡曲线。系统在 $\mu_P=0.2762$ 处发生极限点(LP)分岔，产生一个稳定平衡分支(下半支)和一个不稳定平衡分支(上半支)，显然在分岔点右侧存在一个稳定平衡点和一个不稳定平衡点。稳定分支所对应的攻角和滑块偏转角范围分别为[0°,12.0092°]和[0°,14.5875°]，随着 μ_P 在[0.2762,1]内增大，稳定平衡攻角和稳定平衡偏转角均逐渐减小。

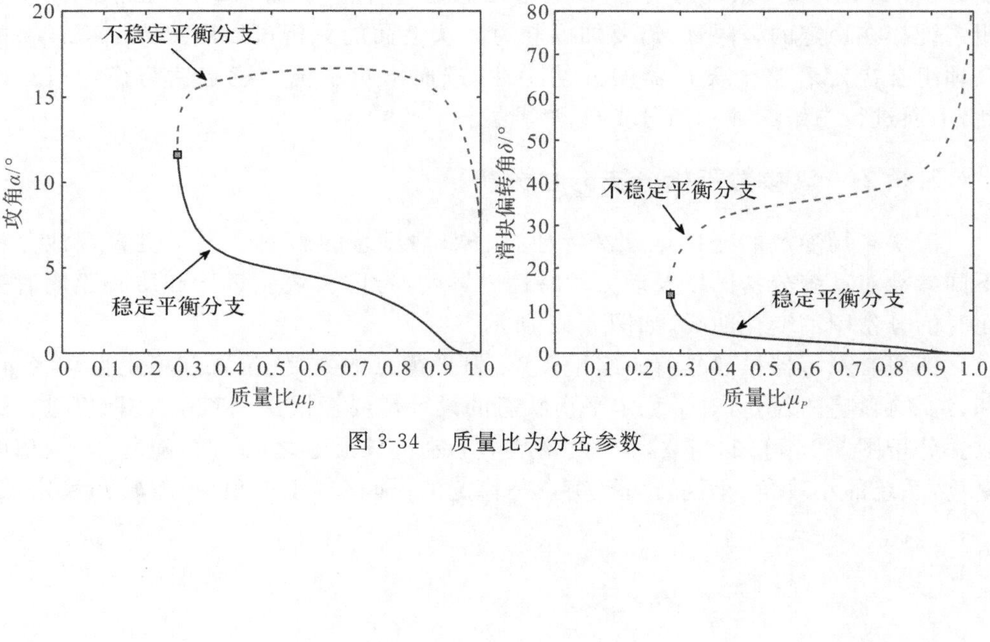

图 3-34　质量比为分岔参数

(2) 以质心距为分岔参数

假设 $\mu_P=0.6$,质心距 Δ_{BP} 变化条件下的分岔如图 3-35 所示。

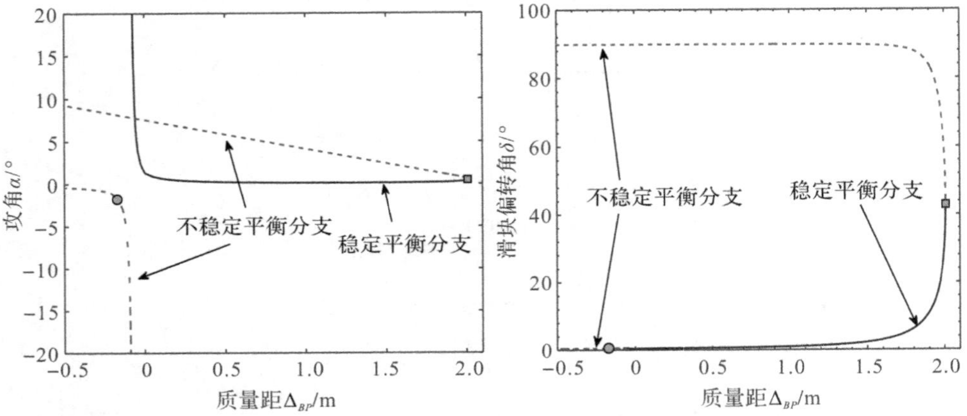

图 3-35 质心距 Δ_{BP} 为分岔参数

从图中可以看出,在 $\mu_P=0.6$ 的情况下,随着 Δ_{BP} 的变化,系统除了发生极限点分岔以外,还在 $\Delta_{BP}=-0.1682$m 处出现 Hopf 分岔。当 $\Delta_{BP}>-0.08$m 时,系统存在一个稳定平衡分支和一个不稳定平衡分支,并在 $\Delta_{BP}=2.0080$m 处发生极限点分岔,在极限分岔点右侧不存在平衡点。当 Δ_{BP} 在[−0.08m,0m]内增大时,稳定平衡攻角急剧减小,稳定平衡偏转角缓慢增大;当 Δ_{BP} 在[0m,2.0080m]内增大时,稳定平衡攻角缓慢减小,稳定平衡偏转角先缓慢增大再迅速增大。当 $\Delta_{BP}\leqslant-0.08$m 时,系统将失稳,即不存在稳定平衡点,并且 Hopf 分岔点的出现说明系统存在稳定的极限环,需要加以避免。从上面的分析可以看出,(μ_P,Δ_{BP})的合理组合决定着整个飞行器的分岔特性,进而影响系统的稳定性与稳定值。为此,下面进行二维参数平衡分支分岔特性分析。

3.6.2 双参数平衡分支分岔分析

滑块布局参数的变化对分岔特性有着非常显著的影响。为了更直观地分析不同参数对系统分岔图以及动力学特性的影响,考虑滑块质量比和质心距同时变化时的分岔图的变化曲线,如图 3-36 所示。

变质心飞行器虽然具有多组平衡点,但平衡点的数目、位置和稳定性均受 μ_P 和 Δ_{BP} 的影响。因此,对于稳定平衡状态的设计需要根据 μ_P 和 Δ_{BP} 的取值进行选取。分析图 3-36 可知,当 $\Delta_{BP}>0$(滑块质心在壳体质心之前)时,随着 μ_P 取值的变化,系统的小攻角、小偏转角平衡点是稳定的,即存在小攻角、小偏转角稳定域,而大攻角、大偏转角平衡点是不稳定的，即存在大攻角、大偏转角失稳域；此外，在稳定域中，平衡攻角随着 μ_P 的增大而减小（这种趋势在质心距较大时尤为明显），随着 Δ_{BP} 的增大而增大，但平衡偏转角在大质量比的情况下受 μ_P 和 Δ_{BP} 的影响相对较小；对 $\Delta_{BP}<0$ 进行分析可知，当 $\Delta_{BP}<-0.08\text{m}$ 时，系统将全局失稳，极限分岔点消失，产生多个 Hopf 分岔点，此时 μ_P 无论取何值，系统的平衡点都是不稳定的。

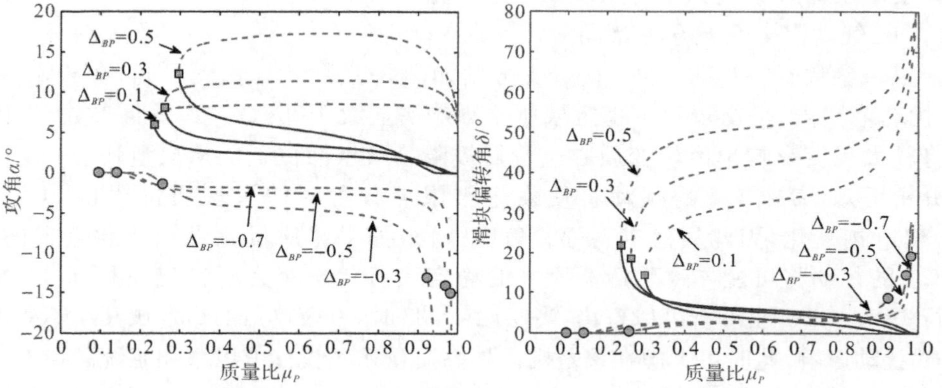

图 3-36　质量比 μ_P 和质心距 Δ_{BP} 为双分岔参数

3.6.3　气动及质量参数扰动下的分岔特性

单滑块变质心飞行器的惯量参数及气动参数具有强不确定性，参数的扰动将对系统的相空间造成很大影响。因此，对此类非线性模型进行参数扰动分析，给出在参数扰动情况下的平衡分支分岔图，可以得到系统参数扰动对单滑块变质心飞行器动力学特性的影响，进而为总体参数（滑块质量比 μ_P 和质心距 Δ_{BP}）的设计提供了进一步优化的参考依据，具有非常重要的工程意义。

对前文算例进行仿真分析，通过固定其他参数改变某一扰动参数的方法，可在单参数扰动情况下求解非线性系统的平衡分支得到分岔图，即可基于分岔图进行参数扰动非线性动力学特性分析。研究的扰动参数及其范围情况见表 3-4。

表 3-4　扰动参数及其范围

扰动参数	q	$m_z^{\omega_z}$	I_{B3}	C_x	C_x^{α}	m_z^{α}	I_{P3}
扰动范围	±30%	±30%	±30%	±30%	±30%	±30%	±30%

通过初步分析可知，参数 q，$m_z^{\omega_z}$ 和 I_{B3} 对系统的平衡分支影响很小，可忽略不计。而参数 C_x，C_y^{α}，m_z^{α} 和 I_{P3} 对系统平衡分支的影响很大，说明单滑块变质心飞

行器非线性模型的动力学特性对参数 C_x，C_y^α，m_z^α 和 I_{P3} 的扰动十分敏感，因此下面着重针对 C_x，C_y^α，m_z^α 和 I_{P3} 的单参数扰动情况进行分析。

仿真中以扰动 10% 为间隔，即扰动参数依次取原值的 70%，80%，90%，1 倍，1.1 倍，1.2 倍和 1.3 倍。由于攻角和偏转角满足配平关系且具有相同的平衡态特性变化情况，因此下面仅展示攻角为纵轴，质量比和质心距分别为横轴的平衡分支分岔图以体现参数扰动对系统动力学特性的影响。

(1) 气动阻力系数存在扰动

阻力参数 C_x 扰动下的平衡分支分岔如图 3-37 所示。由图可知，在 ±30% 的 C_x 扰动范围内，平衡攻角不稳定域所受影响明显大于其稳定域，并且参数 C_x 的扰动将较大程度影响单滑块变质心飞行器极限分岔点的位置。从质量比 μ_P 设计角度分析可知，参数 C_x 的扰动将使发生极限点分岔时的滑块质量比在[0.2550, 0.3226]内变化，因此从稳定飞行的角度考虑，如果将质量比设计在此范围内，参数 C_x 的扰动将可能导致飞行器原来的稳定飞行状态变为不稳定飞行状态，发生飞行失稳。进一步分析可以看出，当 $\mu_P > 0.37$ 时，平衡攻角的稳定域几乎不受参数 C_x 的扰动影响，此时可考虑在该范围内提高质量比的设计值以增加系统的稳态飞行抗干扰性；同理，发生极限点分岔时的质心距在[1.4346m, 1.7130m]内变化，但这一范围对于质心距的设计是不合理的，因此这种分岔情况可以不予考虑。

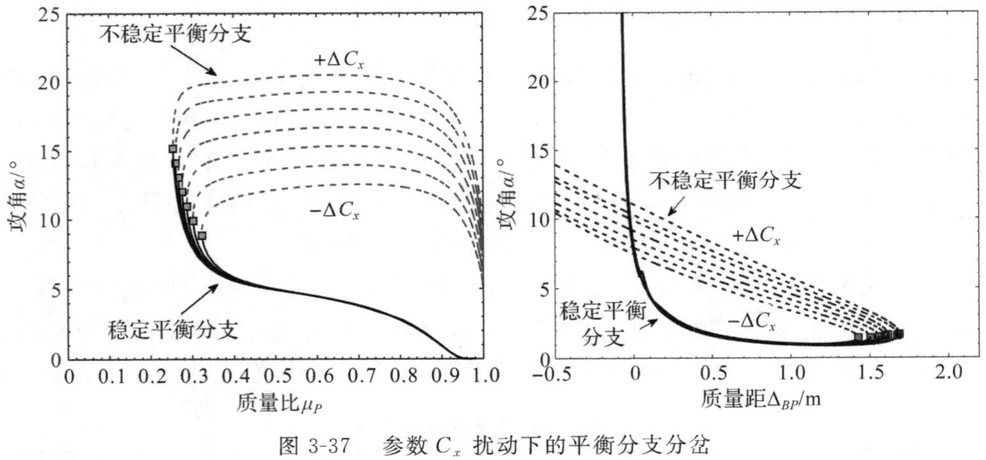

图 3-37　参数 C_x 扰动下的平衡分支分岔

(2) 俯仰力矩系数对攻角的偏导数存在扰动

俯仰力矩系数 m_z^α 扰动下的平衡分支分岔如图 3-38 所示。由图可以看出，参数 m_z^α 的扰动对平衡攻角稳定域和不稳定域的影响均相对较小，发生极限点分岔时的质量比和质心距变化范围分别为[0.2561m, 0.2939m]和[1.5899m, 1.6500m]。

同理，质心距的分岔情况可以不予考虑。

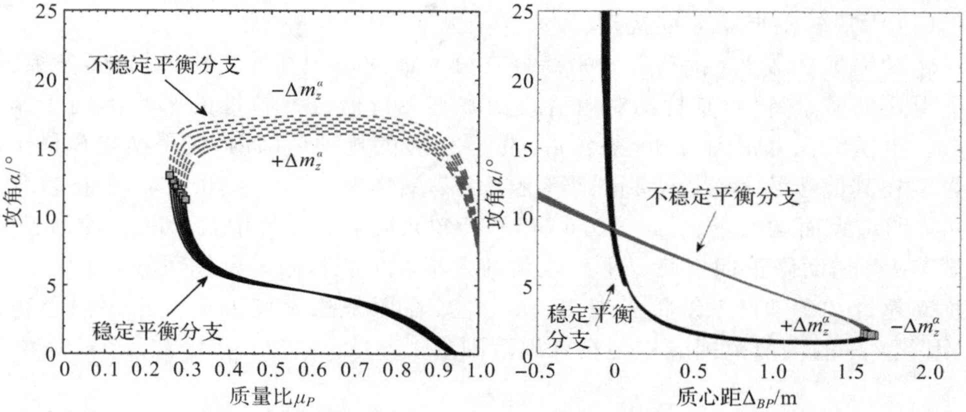

图 3-38　参数 m_z^α 扰动下的平衡分支分岔

(3) 升力系数对攻角偏导数为扰动参数

参数 C_y^α 扰动下的平衡分支分岔如图 3-39 所示。

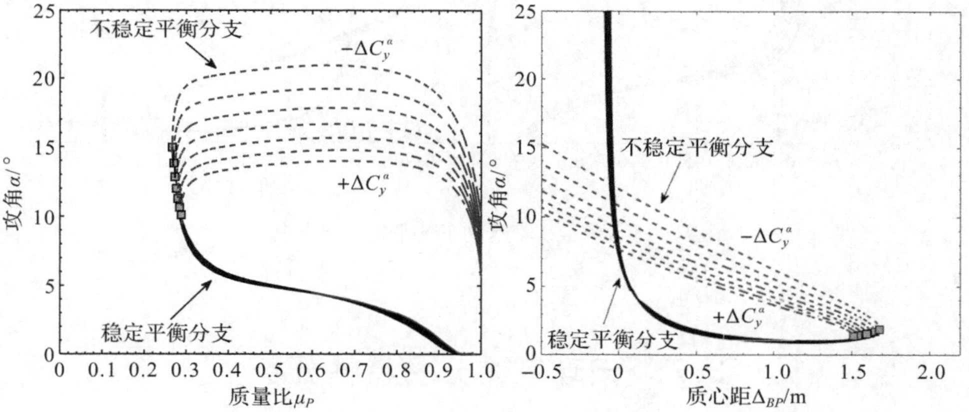

图 3-39　参数 C_y^α 扰动下的平衡分支分岔

由图 3-39 可知，参数 C_y^α 的扰动对平衡攻角不稳定域的影响明显大于稳定域，发生极限点分岔时的质量比和质心距变化范围分别为[0.2668m，0.2880m]和[1.5280m，1.7122m]。由质量比分岔图可知，参数 C_y^α 的扰动影响主要集中在极限分岔点处，微小的参数扰动将导致发生极限点分岔的平衡攻角大幅变化，且随参数 C_y^α 的负向变化而增大，而对于 $\mu_P > 0.3$ 的稳定区域则几乎不受影响。由质量距分岔图可知，从稳定飞行的角度来看，参数 C_y^α 的扰动对质心距 Δ_{BP} 的设计无过大影响。

(4) 滑块转动惯量存在扰动

转动惯量参数 I_{P3} 扰动下的平衡分支分岔如图 3-40 所示。由图可知，参数 I_{P3} 表征滑块的质量特性，其扰动对单滑块变质心飞行器分岔特性的影响不同于其他参数。由质量比分岔图可知，参数 I_{P3} 在 ±30% 的扰动范围内，对平衡攻角稳定域的影响较其他参数大，且小质量比情况下更易受影响，当 $\mu_P < 0.6$ 时，平衡攻角随着 I_{P3} 的增大而增大，当 $\mu_P > 0.6$ 时，平衡攻角随着 I_{P3} 的增大而减小，因此可通过调节 I_{P3} 辅助修正期望稳定平衡攻角的大小。由质量距分岔图可知，当 I_{P3} 的负向扰动超过 20% 时，系统将出现 Hopf 分岔，在原来稳定域上突变出一段不稳定域，因此 I_{P3} 的调节范围应控制在合理范围内。

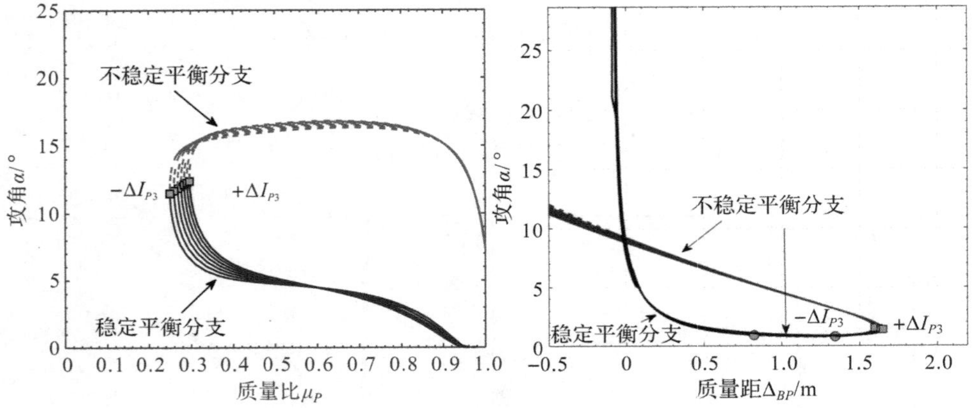

图 3-40 参数 I_{P3} 扰动下的平衡分支分岔

3.7 闭环系统分岔特性分析

前面章节对变质心飞行器的俯仰通道分岔特性进行了详细的研究，研究表明，滑块的一些关键参数会影响系统的平衡点分布，且会出现不稳定分支。本节将研究控制器作用下的闭环系统分岔特性，通过数值方法得到闭环分岔图，给出指令攻角及滑块参数与闭环稳定性之间的关系。

3.7.1　以质量比为分岔参数

首先以质量比 μ_P 为分岔参数，分析闭环系统平衡分支分岔。在 $\Delta_{BP}=0.1$，$\alpha_c=1°$，控制律为鲁棒编队控制，飞行器结构和气动条件与开环相同的情况下，平衡点随 μ_P 在[0,1]内的分岔如图 3-41 所示。

对比开环部分平衡分支分岔（见图 3-34）和闭环系统平衡分支分岔（见图 3-41）可知，闭环系统通过设计的姿态伺服一体化控制器，消除了由质量比变化产生的系统平衡点不稳定区域，且闭环系统在质量比为分岔参数的情况下仅存在一组稳定的平衡点，而开环无控系统则存在多组稳定性不同的平衡点。

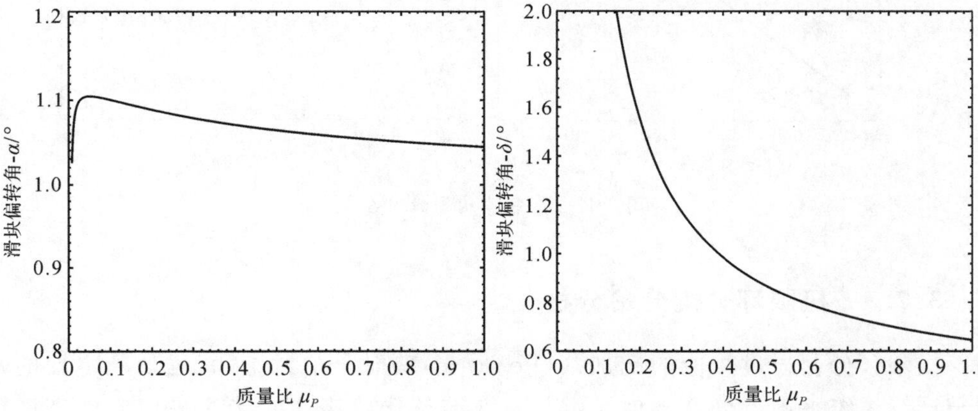

图 3-41　质量比为分岔参数

3.7.2　以指令攻角为分岔参数

变质心飞行器在机动飞行过程中面临全攻角范围内指令信号跟踪问题，不合理的指令攻角范围将使闭环系统出现不同程度的振荡和失稳。因此，为分析其动力学过程，以指令攻角为分岔参数，从动态分岔的角度对单滑块变质心飞行器进行分岔特性分析。

指令攻角在[0°,50°]内的仿真结果如图 3-42 所示，仿真条件与上一节相同。攻角稳定平衡分支和不稳定平衡分支的范围分别为[0°,26.9422°]和[26.9422°,50°]，并以 Hopf 分岔点为分界点。该点处系统雅可比矩阵的特征值为：

$$d_{1,2}=\pm 14.1992\mathrm{i}$$
$$d_3=-81.2980$$
$$d_4=-51.0094$$

特征值中的一对纯虚根满足 Hopf 分岔的必要条件。Hopf 分岔点的出现意味着极限环分支的产生与运动性质的突变，将对闭环系统的运动产生非常重要的影响。记此处的 Hopf 分岔点为点 H，下一小节将进一步针对指令攻角变化到 H 点附近时，极限环的复杂运动进行极限环分支分岔分析。

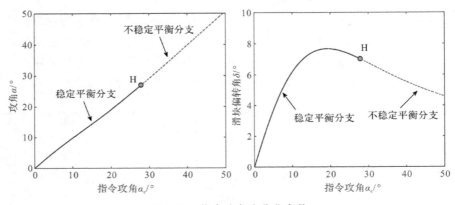

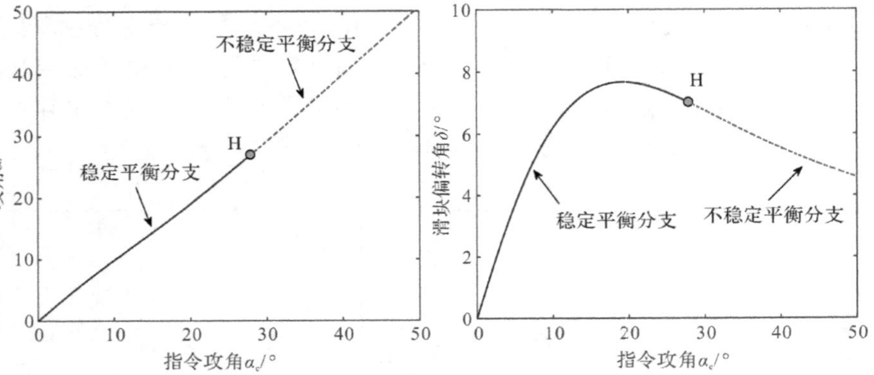

图 3-42　指令攻角为分岔参数

3.7.3　极限环分支分岔分析

极限环分岔通过相应的庞加莱(Poincare)映射分岔讨论，其运动稳定性的判定与连续系统平衡点分岔类似。由 3.5.3 节李雅普诺夫间接法的稳定性理论可知，连续系统平衡点分岔通过分岔点处的雅可比矩阵特征值实部与 0 的关系进行各分岔点稳定性判定。而庞加莱映射中极限环分岔的运动稳定性则根据其庞加莱映射乘子的模(Mod)与 1 的关系来讨论，如果存在一个模>1，则运动不稳定；反之则运动稳定。

选取上一小节中的 Hopf 分岔点 H 作为起始点，继续以指令攻角为分岔参数进行二次分岔解算。得到的由 Hopf 分岔点 H 延伸出的极限环分支在(α,δ)平面投影和(α,α_c)平面投影分别如图 3-43 和图 3-44 所示。

在图 3-43 中，右图为左图在 Hopf 分岔点 H 附近的放大图。可以看出，该极限环的运动开始于点 H，运动过程中相继发生两次极限环极点分岔(当一个稳定极限环和不稳定极限环相遇时)，由于在两个 LPC 分岔点处都满足：其中两个庞加莱映射乘子的模均满足 Mod=1，另外两个满足 0<Mod<1 的情况，因此这两个 LPC 分岔是稳定的。

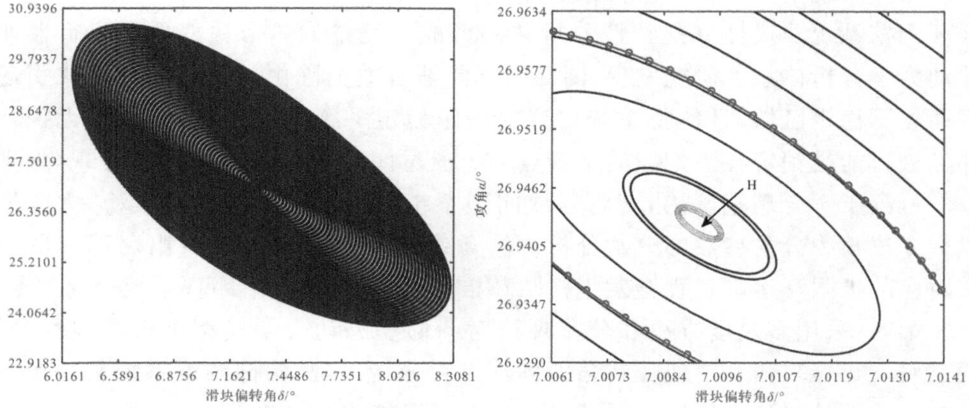

图 3-43　极限环分支在(α, δ)的平面投影

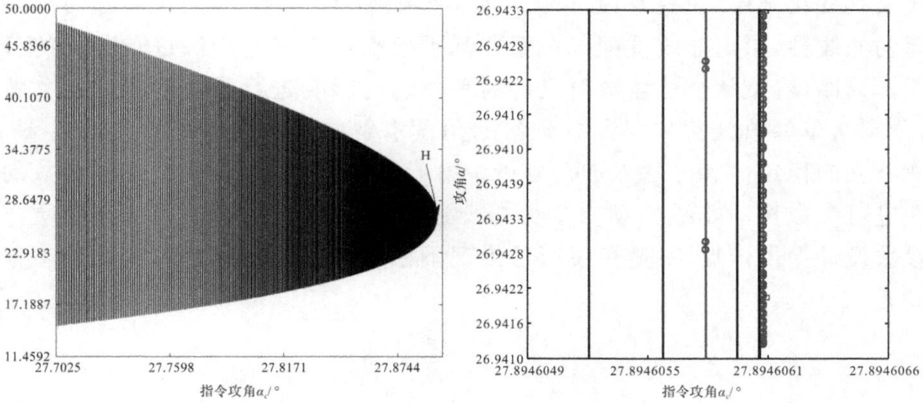

图 3-44　极限环分支在(α, α_c)的平面投影

在图 3-44 中,右图为左图在 Hopf 分岔点 H 附近的放大图。结合图 3-42,可以进一步分析出单滑块变质心飞行器闭环系统在指令攻角为[0°,50°]内的动力学过程:随着指令攻角由 0°开始逐步增大,闭环系统能够实现较好的指令信号跟踪,当指令攻角变化至 26.9422°时,闭环系统发生 Hopf 分岔,随即产生一个稳定的极限环;当很快遇到第一个极限环极限点 LPC 时,极限环开始折回并突变为不稳定极限环,此后遇到第二个极限环极限点 LPC 并保持不稳定状态向后发散,导致闭环系统全局失稳。因此,在变质心飞行器机动控制过程中,应该尽量避免指令攻角信号变化到此类不合理范围,或者在飞行器疑似或意外进入不期望的复杂极限环运动时,采取相应的分岔控制,以脱离不稳定状态。

闭环系统平衡分支分岔特性的分析、闭环系统极限环分支分岔特性的分析与开环无控系统非线性分岔特性分析共同形成了完整的单滑块变质心飞行器非线性动力学分析体系。研究发现，闭环系统能够有效消除由质量比参数变化引起的平衡点不稳定区域，且使得系统仅存在一组稳定平衡点，将不再如开环无控系统那样极可能被锁定在不期望的平衡点处。通过闭环仿真的跟踪结果发现，如果指令信号处于不合理范围内，则将导致闭环系统出现大幅振荡甚至失稳，为此展开以指令攻角为分岔参数的分岔分析。仿真结果表明，闭环系统将出现 Hopf 分岔，其对应的极限环运动过程会发生极限环极点分岔，从而导致闭环系统全局失稳。

第一，采用多尺度方法和分岔理论对俯仰姿态动力学模型进行非线性分析。通过对飞行器攻角和滑块偏转角的耦合方程分析发现，俯仰姿态系统是一个具有立方非线性的二自由度受迫系统；第二，对其可能出现的共振情形进行分析，研究不同伺服力频率条件下的内共振定常解。通过计算不同系统参数下的幅频特性曲线及其变化规律，研究系统参数对动力学特性的影响。第三，考虑到滑块偏转引起的非线性，给出非线性配平关系并基于李雅普诺夫间接法进行分岔的分类与判断。第四，着重从总体参数对飞行器平衡态的影响进行开环非线性分岔特性分析，分别从单参数分岔和双参数分岔的角度求解并分析多特征点的分岔图，并对平衡分支的稳定性和分岔点进行分析。第五，针对变质心飞行器系统参数的不确定性进行参数扰动非线性动力学分析。这些分析得到的结果可以为变质心系统的参数设计提供依据，对避免飞行器出现不稳定飞行的情况具有实际的工程指导意义。

第4章　变质心飞行器姿态/滑块耦合控制及协同控制方法

通过前面对变质心飞行器的动力学分析可知，滑块在运动过程中所产生的惯性主轴偏移及惯性力矩会引起飞行器姿态与滑块位移之间强烈的运动耦合。当考虑到滑块的动态特性时，如何处理滑块运动带来的动态耦合影响，以及如何处理参数不确定性等都是需要解决的问题。以往的文献往往将小质量比的滑块产生的耦合非线性项视为扰动来处理，而且在设计姿态控制律时，是将姿态和滑块伺服回路分开设计的。但对于滑块的质量比较大的情况，上述处理方法无法解决好这种耦合效应，而且对扰动估计的不准确程度也会影响控制系统的稳定性。如何处理好这种耦合带来的影响，从而提高控制系统的动态品质是一个值得深入研究的问题。

本章主要针对大质量比的滑块控制的变质心飞行器建立耦合控制模型，提出了双回路控制、自适应俯仰姿态/伺服一体化控制以及多通道耦合控制方法，其中一体化设计思路可以充分利用姿态和伺服之间的耦合关系，提高系统的稳定性和响应能力。另外，本章针对三轴稳定的变质心卫星开展了研究，同时提出了一种针对变质心飞行器编队姿态协同控制的算法。

4.1　滑块参数设计及控制问题描述

4.1.1　滑块参数设计

第2章和第3章已经研究了滑块的质量比和质心位置对动力学行为的影响，通过分析参数对动力学行为的影响可以为变质心滑块参数的设计提供设计依据。因此，本小节首先需要确定这两个重要参数的取值。

(1)首先需要确定的参数是滑块质量比,由对变质心飞行器的控制机理及非线性动力学分析可知,配平攻角随着滑块质量比的增加而增加,然而质量比的增加会导致平衡状态的跳跃现象。因此,考虑到滑块的质量比对飞行器控制性能以及稳定性的影响,质量比不能取值过大。此外,通过对参数扰动的分岔分析发现,当质量比取值在 0.5～0.7 时,气动参数和质量参数的扰动对平衡状态的影响较小。因此,综合考虑上述因素,为了获得稳定的配平攻角,本书取滑块质量比(μ_P)为 0.6。

(2)第二个需要确定的参数是滑块质心位置,由于在第 2 章中已经确定了飞行器壳体的质心位置,因此以质心距($\Delta_{BP}=L_B-L_P$)为参数进行设计。为了避免不稳定的平衡攻角和极限环的出现,质心距应满足 $\Delta_{BP}>-0.08$m。而且随着质心距逐渐向正值增大,配平攻角呈指数级减小。当 $\Delta_{BP}>0.3$m 时,配平攻角的变化幅度明显变小。同时,气动参数和质量参数的扰动对平衡状态的影响较小,因此综合考虑滑块控制性能和参数扰动特性,取壳体质心与滑块质心之间的距离(ΔBP)为 0.12m。

上述参数情况下,单滑块变质心飞行器的质量特性参数见表 4-1。后续的仿真过程都将以表 2-1 和表 4-1 中的参数为仿真条件。

表 4-1　变质心飞行器质量特性参数

变量	定义	数值
μ_P	滑块质量比	0.6
Δ_{BP}	L_B 与 L_P 之间距离/m	0.12
L_{oc}	滑块长度/m	3.7
I_{P1}	滑块转动惯量在 x 轴分量/(kg·m^2)	35
I_{P2}, I_{P3}	滑块转动惯量在 y 轴和 z 轴分量/(kg·m^2)	380
I_{B1}	壳体转动惯量在 x 轴分量/(kg·m^2)	200
I_{B2}, I_{B3}	壳体转动惯量在 y 轴和 z 轴分量/(kg·m^2)	440

4.1.2　控制模型及耦合分析

假设飞行器的攻角和滑块偏转角仍然是小量,且忽略角速度之间的耦合非线性项。则变质心飞行器包含姿态动力学和滑块动力学的完整俯仰动力学模型为:

$$\begin{cases}\tilde{I}_z\dot{\omega}_z+\tilde{I}_{z\delta}\ddot{\delta}=\left(m_z^\alpha\alpha+\dfrac{m_z^{\omega_z}\omega_z L}{V}\right)qSL+(L_P-L_B)\mu_P C_y^\alpha\alpha qS+\mu_P L_P C_x qS\delta \\ \tilde{I}_{\delta z}\dot{\omega}_z+\tilde{I}_\delta\ddot{\delta}=F_c L_{oc}+\mu_P L_P C_x qS\delta+\mu_P L_P C_y^\alpha\alpha qS\end{cases} \tag{4-1}$$

其中，

$$\tilde{I}_z = I_{B3} + I_{P3} + m_P\mu_B(L_P^2 + L_B^2 - 2L_PL_B\cos\delta)$$

$$\tilde{I}_{z\delta} = I_{P3} + m_P\mu_B(L_P^2 - L_PL_B\cos\delta)$$

$$\tilde{I}_{\delta z} = I_{P3} + m_P\mu_B(L_P^2 - L_PL_B\cos\delta)$$

$$\tilde{I}_\delta = I_{P3} + m_P\mu_BL_P^2$$

同样，引入式(3-31)可以得到：

$$\begin{cases}\tilde{I}_z\ddot{\alpha} + \tilde{I}_{z\delta}\ddot{\delta} = (C_z - \tilde{I}_{z1}C_\alpha)\dot{\alpha} + \mu_PL_PC_xqS\delta \\ \qquad\qquad + [m_z^\alpha qSL + (L_P - L_B)\mu_PC_y^\alpha qS + C_zC_\alpha]\alpha \\ \tilde{I}_{\delta z}\ddot{\alpha} + \tilde{I}_\delta\ddot{\delta} = -I_{z2}C_\alpha\dot{\alpha} + \mu_PL_PC_y^\alpha\alpha qS + \mu_PL_PC_xqS\delta + M\end{cases} \tag{4-2}$$

其中，$C_z = m_z^{\omega_z}qSL^2/V$，$M = F_cL_{oc}$。上式即为单滑块变质心飞行器完整的俯仰姿态/伺服动力学模型，后面的控制器设计都将基于此模型进行研究。

从式(4-2)可以看出，变质心飞行器的攻角和滑块偏转角的运动是通过惯量矩阵耦合起来的，这种耦合关系可以通过数学方法给出一种定量的关系来度量。由于惯性矩阵总是正定的，则式(4-1)的第一式可写为：

$$\dot{\bar{\omega}}_z = -\tilde{I}_z^{-1}\tilde{I}_{z\delta}\ddot{\delta} = G_{z\delta}\ddot{\delta} \tag{4-3}$$

其中，

$$\dot{\bar{\omega}}_z = \dot{\omega}_z - \tilde{I}_z^{-1}T$$

$$T = \left(m_z^\alpha\alpha + \frac{m_z^{\omega_z}\omega_zL}{V}\right)qSL + (L_P - L_B)\mu_PC_y^\alpha\alpha qS + \mu_PL_PC_xqS\delta$$

$\dot{\bar{\omega}}_z$ 可以视为虚拟角加速度。增益 $G_{z\delta}$ 反映了攻角和滑块偏转角的耦合关系，为了度量这一关系，定义耦合指标为：

$$\rho_z(\delta) = \prod_{i=1}^{n}\sigma_i(G_{z\delta}) = \left| -\frac{I_{z\delta}}{I_z}\right| \tag{4-4}$$

其中，$\sigma(\cdot)$为求奇异值函数。该耦合指标的大小和飞行器及滑块的转动惯量、偏转角密切相关。这一度量指标可以反映飞行器攻角和滑块偏转角之间加速度的耦合程度，并且可以为变质心飞行器滑块总体参数设计及控制器设计提供理论依据。

图 4-1 给出了不同质量比条件下，耦合指标随偏转角变化的曲线。从图中可以观察到，当滑块质量比为 0.7 时，指标曲线近似为一条直线，此时无论滑块如何偏转，它对攻角状态的影响基本不变；而当滑块质量比小于 0.7 时，曲线呈凹状，滑块偏转角为 0° 时，这种耦合程度降到了最低；当滑块质量比大于 0.7 时，曲线呈凸状，滑块偏转角为 0° 时，攻角和偏转角角加速度的耦合程度反而达到最高。

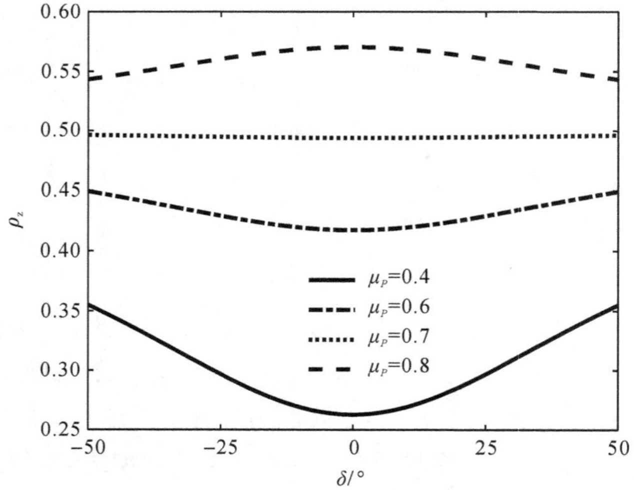

图 4-1　耦合指标变化曲线

显然，无论滑块处在何种状态，这种耦合关系都会一直存在。惯性耦合的出现在一定程度上会影响飞行器的动态特性，但是如果利用好这种耦合特性，则可以充分发挥变质心系统的动力学性能。

4.1.3　浸入与不变流形理论

浸入与不变流形理论是一种结合了非线性调节理论和微分几何理论的非线性控制方法。该方法与现有的大多数非线性控制理论的不同之处在于不需要通过构造 Lyapunov 函数来设计控制律，而是通过将控制系统浸入目标系统（阶数较低），使设计的流形不变来获得期望的动力学行为。因此，I&I 控制理论非常适合于高阶系统或控制输入维数小于状态维数的系统。此外，对于系统中存在的不确定性问题，I&I 控制理论也可以应用于自适应控制设计。但基于 I&I 控制理论设计的自适应控制律并不需要考虑确定等价准则（certainty-equivalent philosophy），而且在更新率中通过引入额外的非线性项不仅可以灵活地增加控制律的多样性，还可以提高自适应律的响应速度。因此，对于本书提出的这种存在模型不确定性的多入多出非线性耦合变质心控制系统，可以采用 I&I 控制理论来设计自适应控制器。

考虑如下系统：

$$\dot{\boldsymbol{x}} = f(\boldsymbol{x}) + g(\boldsymbol{x})\boldsymbol{u} \tag{4-5}$$

其中，$x \in \mathbf{R}^n$，输入 $u \in \mathbf{R}^m$。并且假设存在映射：

$$\boldsymbol{\alpha}(\cdot):\mathbf{R}^p \rightarrow \mathbf{R}^p, \boldsymbol{\pi}(\cdot):\mathbf{R}^p \rightarrow \mathbf{R}^n, \boldsymbol{c}(\cdot):\mathbf{R}^p \rightarrow \mathbf{R}^m,$$

$$\boldsymbol{\varphi}(\cdot):\mathbf{R}^p \rightarrow \mathbf{R}^{n-p}, \boldsymbol{\upsilon}(\cdot,\cdot):\mathbf{R}^{n\times(n-p)} \rightarrow \mathbf{R}^m$$

其中，$p < n$，则下面的假设成立。

（A1 目标系统）存在系统：

$$\boldsymbol{\xi} = \alpha(\boldsymbol{\xi}) \tag{4-6}$$

其中，$\boldsymbol{\xi} \in \mathbf{R}^p$，具有全局渐近稳定平衡点 $\boldsymbol{\xi}^* \in \mathbf{R}^p$，且满足 $\boldsymbol{x}^* = \pi(\boldsymbol{\xi}^*)$；

（A2 浸入条件）对所有的 $\boldsymbol{\xi} \in \mathbf{R}^p$ 有：

$$\boldsymbol{f}[\boldsymbol{\pi}(\boldsymbol{\xi})] + \boldsymbol{g}[\boldsymbol{\pi}(\boldsymbol{\xi})]\boldsymbol{c}[\boldsymbol{\pi}(\boldsymbol{\xi})] = \frac{\partial \boldsymbol{\pi}}{\partial \boldsymbol{\xi}}\boldsymbol{\alpha}(\boldsymbol{\xi}) \tag{4-7}$$

（A3 隐流形）下面集合恒等成立：

$$\boldsymbol{M} = \{\boldsymbol{x}(t) \in \mathbf{R}^n \mid \varphi(\boldsymbol{x}) = 0\} = \{\boldsymbol{x}(t) \in \mathbf{R}^n \mid \boldsymbol{x} = \boldsymbol{\pi}(\boldsymbol{\xi}), \boldsymbol{\xi} \in \mathbf{R}^p\} \tag{4-8}$$

（A4 流形吸引性与轨迹有界性）系统：

$$\dot{\boldsymbol{z}} = \frac{\partial \boldsymbol{\varphi}}{\partial \boldsymbol{x}}[\boldsymbol{f}(\boldsymbol{x}) + \boldsymbol{g}(\boldsymbol{x})\boldsymbol{\upsilon}(\boldsymbol{x}, \boldsymbol{z})] \tag{4-9}$$

$$\dot{\boldsymbol{x}} = \boldsymbol{f}(\boldsymbol{x}) + \boldsymbol{g}(\boldsymbol{x})\boldsymbol{\upsilon}(\boldsymbol{x}, \boldsymbol{z}) \tag{4-10}$$

其各个状态都是有界的，且式(4-9) 在 $\boldsymbol{z} = 0$ 处具有唯一的全局渐近稳定平衡点。那么 $\dot{\boldsymbol{x}}$ 就是如下闭环系统的(局部) 渐近稳定平衡点，也称为满足浸入与不变稳定：

$$\dot{\boldsymbol{x}} = \boldsymbol{f}(\boldsymbol{x}) + \boldsymbol{g}(\boldsymbol{x})\boldsymbol{\upsilon}(\boldsymbol{x}, \boldsymbol{\varphi}(\boldsymbol{x})) \tag{4-11}$$

从定理的描述可以看出，四条假设是逐层递进，缺一不可的。在浸入与不变流形理论中，首先需要优先定义目标系统，因此条件 A1 自动满足。而条件 A2 的式(4-7) 在未知映射 $\boldsymbol{\pi}(\cdot)$ 中定义了一个偏微分方程，其中 $\boldsymbol{c}$ 为自由参数。一般情况下，需要根据目标系统的选取来求解偏微分方程进而确定浸入映射 $\boldsymbol{\pi}(\cdot)$，而这往往比较困难。但根据原系统和控制目标的物理原理及系统理论的知识来选择目标系统可以简化该问题。

通常情况下，如果 $\boldsymbol{\pi}:\mathbf{R}^p \rightarrow \mathbf{R}^n$ 是一个合适的浸入单射，那么 $\boldsymbol{\pi}(\cdot)$ 的像就是 $\mathbf{R}^n$ 空间的子流形，因此，假设条件 A3 要求该子流形可以(全局) 描述为函数 $\varphi(\cdot)$ 的零水平集。对于条件 A3，如果系统状态向量可以表示为 $\boldsymbol{x} = [\boldsymbol{x}_1, \boldsymbol{x}_2]^{\mathrm{T}}$(其中，$\boldsymbol{x}_1 \in \mathbf{R}^p, \boldsymbol{x}_2 \in \mathbf{R}^{n-p}$)，相应的浸入映射 $\boldsymbol{\pi}(\boldsymbol{\xi}) = [\boldsymbol{\pi}_1(\boldsymbol{\xi}), \boldsymbol{\pi}_2(\boldsymbol{\xi})]^{\mathrm{T}}$，且 $\boldsymbol{\pi}_1(\boldsymbol{\xi})$ 为全局微分同胚映射，则存在 $\varphi(\boldsymbol{x}) = \boldsymbol{x}_2 - \boldsymbol{\pi}_2(\boldsymbol{\pi}_1^{-1}(\boldsymbol{x}_1))$ 使得条件 A3 成立。

对于由选定的目标动态系统得出稳定控制律的浸入与不变流形理论，可以从另一个角度来解释：考虑到映射 $\boldsymbol{x} = \boldsymbol{\pi}(\boldsymbol{\xi})$，对于映射 $\boldsymbol{z} = \varphi(\boldsymbol{x})$，寻找一个控制律使

得流形 $z=0$ 不变且渐近稳定，对于向量场 $\dot{\boldsymbol{\xi}}=\boldsymbol{\alpha}(\boldsymbol{\xi})$，具有全局渐近稳定平衡点 $\boldsymbol{\xi}^*$，使得式(4-7)成立。如果上述目标可达到，那么输出为 $z=\boldsymbol{\varphi}(\boldsymbol{x})$ 的系统就是(全局)最小相位系统，并且其零动态(输出动态归零于流形 $\boldsymbol{M}$)由式(4-6)可得。因此，可以认为 I&I 定理的结果是基于无源或最小相位输出的经典稳定方法的对偶。

设计基于 I&I 控制理论的控制律需要三个关键步骤：① 选择目标系统并寻找合理映射；② 解偏微分方程并设计隐流形；③ 设计控制律使得流形稳定且闭环系统有界。需要注意的是，I&I 理论并不是采用 $\boldsymbol{u}=\boldsymbol{c}(\boldsymbol{\pi}(\xi))$ 来使流形具有不变性，而是设计控制律 $\boldsymbol{u}=\boldsymbol{v}(\boldsymbol{x},z)$ 使得流形外的动态坐标 z 趋于零并且保证整个系统是有界的。因此，条件 A4 的稳定性迫使 $\boldsymbol{v}(\boldsymbol{x},0)=\boldsymbol{c}(\pi)$，这实质上是间接地使流形具有不变性。

4.2 俯仰通道双回路控制器设计

4.2.1 双回路控制思路

根据前面的耦合分析可知，由于变质心飞行器中滑块的运动会引起姿态角和滑块偏转角的惯性耦合，尤其是当滑块质量比较大时，滑块的动态特性必须考虑。因此，对于变质心飞行器的姿态控制系统，一般包含姿态跟踪控制回路和滑块位置伺服控制回路。姿态跟踪控制回路根据制导系统给出的制导指令，由控制器计算出期望的滑块位置，滑块位置伺服控制回路则根据滑块的期望位置，由伺服控制器计算出驱动滑块的伺服力(矩)，如图 4-2 所示。

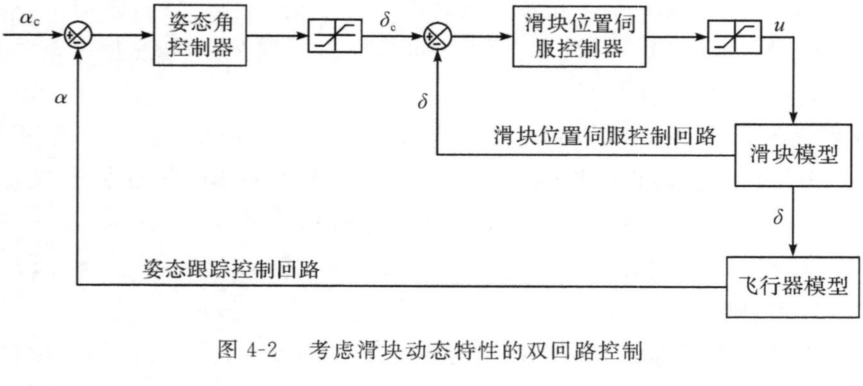

图 4-2 考虑滑块动态特性的双回路控制

显然，双回路控制系统是将姿态回路和伺服回路连接为一个串级系统，因此，根据双回路的设计思路，定义状态变量 $\boldsymbol{x}=[x_1,x_2,x_3,x_4]^{\mathrm{T}}=[\alpha,\dot{\alpha},\delta,\dot{\delta}]^{\mathrm{T}}$，则式(4-2)可改写为如下形式：

$$\begin{cases}\dot{x}_1=x_2\\ \dot{x}_2=\dfrac{C_z-\tilde{I}_{z1}C_\alpha}{\tilde{I}_{z1}}x_2+\dfrac{C_1}{\tilde{I}_{z1}}x_1+\dfrac{C_3}{\tilde{I}_{z1}}x_3-\dfrac{\tilde{I}_{\delta1}}{\tilde{I}_{z1}}\dot{x}_4\\ \dot{x}_3=x_4\\ \dot{x}_4=\dfrac{-\tilde{I}_{z2}C_\alpha}{\tilde{I}_{\delta2}}x_2+\dfrac{C_2}{\tilde{I}_{\delta2}}x_1+\dfrac{C_3}{\tilde{I}_{\delta2}}x_3-\dfrac{\tilde{I}_{z2}}{\tilde{I}_{\delta2}}\dot{x}_2+\dfrac{M_C}{\tilde{I}_{\delta2}}\end{cases}\tag{4-12}$$

其中，

$$C_1=m_z^\alpha qSL+(L_P-L_B)\mu_P C_y^\alpha qS+C_zC_\alpha$$

$$C_2=\mu_P L_P C_y^\alpha qS$$

$$C_3=\mu_P L_P C_x qS$$

将式(4-12)描述的四阶系统分为(x_1,x_2)和(x_3,x_4)两个二阶子系统，采用浸入与不变流形理论分别针对子系统设计控制器。

4.2.2　姿态跟踪控制回路设计

姿态跟踪控制回路的控制模型为：

$$\dot{x}_1=x_2$$

$$\dot{x}_2=\frac{C_z-\tilde{I}_{z1}C_\alpha}{\tilde{I}_{z1}}x_2+\frac{C_1}{\tilde{I}_{z1}}x_1+\frac{C_3}{\tilde{I}_{z1}}x_3-\frac{\tilde{I}_{\delta1}}{\tilde{I}_{z1}}\dot{x}_4\tag{4-13}$$

其中，$x_3=\delta$ 为姿态跟踪回路的控制输入。

根据浸入与不变流形理论的四个条件，首先需要设计一个目标系统，假设参考指令信号为 α_c，选择如下目标系统：

$$\dot{\xi}=-k_1(\xi-\alpha_c)\tag{4-14}$$

其中，k_1 为正常数。显然上述方程在 $\xi=\delta_c$ 处是渐近稳定的。然后选择映射关系 $\pi_1(\xi)=\xi$，而 $\pi_2(\xi)$ 为待求映射函数。依据浸入条件可以得到偏微分方程：

$$\dot{\xi}=\pi_2(\xi)$$

$$\frac{\partial\pi_2(\xi)}{\partial\xi}=\frac{C_z-\tilde{I}_{z1}C_\alpha}{\tilde{I}_{z1}}\pi_2(\xi)+\frac{C_1}{\tilde{I}_{z1}}\xi+\frac{C_3}{\tilde{I}_{z1}}\delta-\frac{\tilde{I}_{\delta1}}{\tilde{I}_{z1}}\ddot{\delta}\tag{4-15}$$

通过第一个方程可以求出 $\pi_2(\xi)=-k_1(\xi-\alpha_c)$。为了使隐流形条件成立，根据 $\varphi(x)=x_2-\pi_2[\pi_1^{-1}(x_1)]$ 可以确定隐流形：

$$z=\varphi(\boldsymbol{x})=x_2+k_1(x_1-\alpha_c) \tag{4-16}$$

则流形外动态方程为：

$$\dot{z}=\dot{x}_2+k_1\dot{x}_1=\frac{C_z-\tilde{I}_{z1}C_\alpha}{\tilde{I}_{z1}}x_2+\frac{C_1}{\tilde{I}_{z1}}x_1+\frac{C_3}{\tilde{I}_{z1}}\delta-\frac{\tilde{I}_{\delta 1}}{\tilde{I}_{z1}}\ddot{\delta}+k_1x_2 \tag{4-17}$$

可见，只要选择合适的控制律 δ 使得流形外动态方程渐近稳定即可，因此选择

$$\delta_c(x,z,t)=-\frac{C_z-\tilde{I}_{z1}C_\alpha}{C_3}x_2-\frac{C_1}{C_3}x_1+\frac{\tilde{I}_{\delta 1}}{C_3}\ddot{\delta}-\frac{\tilde{I}_{z1}k_1}{C_3}x_2-\frac{\tilde{I}_{z1}k_2}{C_3}z \tag{4-18}$$

将上式代入式(4-17) 后整理得到：

$$\dot{z}=-k_2z \tag{4-19}$$

其中，k_2 为正常数。显然只要选择合理的 k_2，即可以保证式渐近稳定至原点。将式(4-16) 代入上式可以得到最终的姿态控制回路控制律：

$$\begin{aligned}\delta_c(x,t)=&-\frac{C_z-\tilde{I}_{z1}C_\alpha}{C_3}x_2-\frac{C_1}{C_3}x_1+\frac{\tilde{I}_{\delta 1}}{C_3}\ddot{\delta}-\frac{\tilde{I}_{z1}k_2x_2}{C_3}\\&-\frac{\tilde{I}_{z1}k_1}{C_3}[x_2+k_2(x_1-\alpha_c)]\end{aligned} \tag{4-20}$$

式(4-20) 得出的滑块偏转角指令作为虚拟控制量来跟踪俯仰姿态的指令攻角，而该指令偏转角同时也作为滑块伺服回路的参考信号输到滑块位置伺服回路中。

4.2.3 滑块位置伺服回路控制器设计

滑块位置伺服控制回路的控制方程为：

$$\begin{aligned}\dot{x}_3&=x_4\\\dot{x}_4&=\frac{-\tilde{I}_{z2}C_\alpha}{\tilde{I}_{\delta 2}}x_2+\frac{C_2}{\tilde{I}_{\delta 2}}x_1+\frac{C_3}{\tilde{I}_{\delta 2}}x_3-\frac{\tilde{I}_{z2}}{\tilde{I}_{\delta 2}}\ddot{\alpha}+\frac{M_C}{\tilde{I}_{\delta 2}}\end{aligned} \tag{4-21}$$

同样，需要先设计目标系统，将上一小节设计得到滑块指令作为参考指令，设计如下目标系统：

$$\dot{\xi}=-k_3(\xi-\delta_c) \tag{4-22}$$

其中，k_3 为正常数，显然上式在 $\xi=\delta_c$ 处渐近稳定。接着选择映射关系 $\pi_3(\xi)=\xi$，而 $\pi_4(\xi)$ 为待求映射函数。依据浸入条件可以得到偏微分方程：

$$\begin{aligned}\dot{\xi}&=\pi_4(\xi)\\\frac{\partial\pi_4(\xi)}{\partial\xi}&=\frac{-\tilde{I}_{z2}C_\alpha}{\tilde{I}_{\delta 2}}x_2+\frac{C_2}{\tilde{I}_{\delta 2}}x_1+\frac{C_3}{\tilde{I}_{\delta 2}}\xi-\frac{\tilde{I}_{z2}}{\tilde{I}_{\delta 2}}\ddot{\alpha}+\frac{M_C}{\tilde{I}_{\delta 2}}\end{aligned} \tag{4-23}$$

通过上式第一个方程可以求出 $\pi_4(\xi)=-k_3(\xi-\delta_c)$。同样，隐流形可以表示为：

$$\varphi(x)=x_4+k_3(x_3-\delta_c) \tag{4-24}$$

从而流形外的动态方程为：

$$\dot{z}=\dot{x}_4+k_3\dot{x}_3=\frac{-\tilde{I}_{z2}C_\alpha}{\tilde{I}_{\delta2}}x_2+\frac{C_2}{\tilde{I}_{\delta2}}\alpha x_1+\frac{C_3}{\tilde{I}_{\delta2}}x_3-\frac{\tilde{I}_{z2}}{\tilde{I}_{\delta2}}\dot{x}_2+\frac{M_C}{\tilde{I}_{\delta2}}+k_3x_4 \tag{4-25}$$

只要选择合适的控制律 M_C 使得流形外动态方程渐近稳定即可，因此选择：

$$M_C(x,z,t)=\tilde{I}_{z2}C_\alpha x_2-C_2x_1+C_3x_3+\tilde{I}_{z2}\dot{x}_2-\tilde{I}_{\delta2}k_3x_4-\tilde{I}_{\delta2}k_4z \tag{4-26}$$

将上式代入式(4-25)得到：

$$\dot{z}=-k_4z \tag{4-27}$$

其中，k_4 为正常数。显然，选择合理的 k_4 可以保证式(4-27)渐近稳定至原点。将式(4-24)代入上式可以得到最终的伺服回路控制律：

$$\begin{aligned}M_C(x,t)=&\tilde{I}_{z2}C_\alpha x_2-C_2x_1+C_3x_3+\tilde{I}_{z2}\dot{x}_2-\tilde{I}_{\delta2}k_3x_4\\&-\tilde{I}_{\delta2}k_4[x_4+k_3(x_3-\delta_c)]\end{aligned} \tag{4-28}$$

至此，式(4-20)和式(4-28)构成了完整的俯仰姿态控制器，只要选择合理的 k_1,k_2,k_3 和 k_4 即可以保证变质心飞行器俯仰姿态的稳定性。

4.2.4　自适应参数估计

在实际的飞行环境中，动力学模型中出现的气动参数具有很强的不确定性，因此为了实现控制器的自适应性，可以设计估计器对气动参数进行估计。此外，式(4-28)的控制律需要攻角和偏转角的二阶导数信息。这两个信息仅依靠传感器是很难准确获得的，因此通过设计估计器对这些具有不确定性的参数进行估计，设估计参数如下：

$$\boldsymbol{\theta}=[\theta_1,\theta_2]^{\mathrm{T}}$$

$$\boldsymbol{\theta}_1=[C_x,C_y^\alpha,\ddot{\alpha}]^{\mathrm{T}}$$

$$\boldsymbol{\theta}_2=[m_z^\alpha,m_z^{\omega_z},\ddot{\delta}]^{\mathrm{T}}$$

基于浸入与不变流形方法设计的估计器是在经典自适应估计器的基础上增加了函数项 β_i，该项的作用是使估计误差的动力学方程(不变流形外动力学)在平衡点处稳定。此处，应注意到方程第一个式子中含有五个未知参数 $C_x,C_y^\alpha,m_z^\alpha$，$m_z^{\omega_z}$ 和 $\ddot{\delta}$，而第二个式子中只包含三个未知参数 C_x,C_y^α 和 $\ddot{\alpha}$，因此，首先基于第二个

式子设计 C_x,C_y^α 和 $\ddot{\alpha}$ 的更新律,然后再基于第一个式子设计 m_z^α,$m_z^{\omega_z}$ 和 $\ddot{\delta}$ 的更新律。未知参数的估计误差可以描述为:

$$\begin{cases} \boldsymbol{e}_1 = \hat{\boldsymbol{\theta}}_1 - \boldsymbol{\theta}_1 + \boldsymbol{\beta}_1 \\ \boldsymbol{e}_2 = \hat{\boldsymbol{\theta}}_2 - \boldsymbol{\theta}_2 + \boldsymbol{\beta}_2 \end{cases} \tag{4-29}$$

其中,$\boldsymbol{\beta}_i$ 为待定的非线性函数,对上式进行微分并将式(4-2) 代入可得:

$$\begin{cases} \dot{\boldsymbol{e}}_1 = \dot{\hat{\boldsymbol{\theta}}}_1 + \dfrac{\partial \boldsymbol{\beta}_1}{\partial x_3} x_4 + \dfrac{\partial \boldsymbol{\beta}_1}{\partial x_4} [f_1 + \boldsymbol{W}_1^{\mathrm{T}}(x)(\hat{\boldsymbol{\theta}}_1 + \boldsymbol{\beta}_1 - \boldsymbol{e}_1)] \\ \dot{\boldsymbol{e}}_2 = \dot{\hat{\boldsymbol{\theta}}}_2 + \dfrac{\partial \boldsymbol{\beta}_2}{\partial x_1} x_2 + \dfrac{\partial \boldsymbol{\beta}_2}{\partial x_2} [f_2 + \boldsymbol{W}_2^{\mathrm{T}}(\boldsymbol{x})(\hat{\boldsymbol{\theta}}_2 + \boldsymbol{\beta}_2 - \boldsymbol{e}_2)] \end{cases} \tag{4-30}$$

其中,

$$f_1 = \frac{M}{\tilde{I}_{\delta 2}}$$

$$f_2 = -\frac{qSC_y^\alpha x_2}{m_S V} + \frac{\mu_p qSC_y^\alpha (L_P - L_B) x_1}{\tilde{I}_{z1}} + \frac{\mu_p qSL_p C_x x_3}{\tilde{I}_{z1}}$$

$$\boldsymbol{W}_1(x) = \left[\frac{\mu_p qSL_p x_3}{\tilde{I}_{\delta 2}},\quad \left(\frac{\mu_p qSL_p x_1}{\tilde{I}_{\delta 2}} - \frac{qS\tilde{I}_{z2} x_2}{m_S V \tilde{I}_{\delta 2}}\right),\quad -\frac{\tilde{I}_{z2}}{\tilde{I}_{\delta 2}}\right]^{\mathrm{T}}$$

$$\boldsymbol{W}_2(x) = \left[\frac{qSLx_1}{\tilde{I}_{z1}},\quad \left(\frac{qSL^2 x_2}{V\tilde{I}_{z1}} + \frac{q^2 S^2 L^2 C_y^\alpha x_1}{m_S V^2 \tilde{I}_{z1}}\right),\quad -\frac{\tilde{I}_{\delta 1}}{\tilde{I}_{z1}}\right]^{\mathrm{T}}$$

为了使得式(4-30) 的估计误差渐近稳定,选择如下更新率:

$$\begin{cases} \dot{\hat{\boldsymbol{\theta}}}_1 = -\dfrac{\partial \boldsymbol{\beta}_1}{\partial x_3} x_4 - \dfrac{\partial \boldsymbol{\beta}_1}{\partial x_4} [f_1 + \boldsymbol{W}_1(\boldsymbol{x})(\hat{\boldsymbol{\theta}}_1 + \boldsymbol{\beta}_1)] \\ \dot{\hat{\boldsymbol{\theta}}}_2 = -\dfrac{\partial \boldsymbol{\beta}_2}{\partial x_1} x_2 - \dfrac{\partial \boldsymbol{\beta}_2}{\partial x_2} [f_2 + \boldsymbol{W}_2(\boldsymbol{x})(\hat{\boldsymbol{\theta}}_2 + \boldsymbol{\beta}_2)] \end{cases} \tag{4-31}$$

将式(4-31) 代入式(4-30) 中,可得:

$$\begin{cases} \dot{\boldsymbol{e}}_1 = -\dfrac{\partial \boldsymbol{\beta}_1}{\partial x_4} \boldsymbol{W}_1^{\mathrm{T}}(\boldsymbol{x}) \boldsymbol{e}_1 \\ \dot{\boldsymbol{e}}_2 = -\dfrac{\partial \boldsymbol{\beta}_2}{\partial x_2} \boldsymbol{W}_2^{\mathrm{T}}(\boldsymbol{x}) \boldsymbol{e}_2 \end{cases} \tag{4-32}$$

通过选择非线性函数项 $\boldsymbol{\beta}_1$ 和 $\boldsymbol{\beta}_2$ 使 $\dot{\boldsymbol{e}}_1$ 和 $\dot{\boldsymbol{e}}_2$ 稳定。由于 $\boldsymbol{\beta}_i$ 的存在,$\boldsymbol{e}_i$ 在动力学的构造上具有了一定的灵活性。

下面分析估计器的稳定性，考虑函数：

$$\boldsymbol{V}_e=\frac{1}{2}\boldsymbol{e}_1^{\mathrm{T}}\boldsymbol{e}_1+\frac{1}{2}\boldsymbol{e}_2^{\mathrm{T}}\boldsymbol{e}_2 \tag{4-33}$$

求导得到：

$$\dot{\boldsymbol{V}}_e=-\boldsymbol{e}_1^{\mathrm{T}}\boldsymbol{W}_1^{\mathrm{T}}(\boldsymbol{x})\frac{\partial\boldsymbol{\beta}_1^{\mathrm{T}}}{\partial x_4}\boldsymbol{e}_1-\boldsymbol{e}_2^{\mathrm{T}}\boldsymbol{W}_2^{\mathrm{T}}(\boldsymbol{x})\frac{\partial\boldsymbol{\beta}_2^{\mathrm{T}}}{\partial x_2}\boldsymbol{e}_2 \tag{4-34}$$

选择 $\boldsymbol{\beta}_i$ 使得 $\boldsymbol{V}_e$ 负定：

$$\begin{cases}\dfrac{\partial\boldsymbol{\beta}_1}{\partial x_4}=\gamma_1\boldsymbol{W}_1(\boldsymbol{x})\\[2ex]\dfrac{\partial\boldsymbol{\beta}_2}{\partial x_2}=\gamma_2\boldsymbol{W}_2(\boldsymbol{x})\end{cases} \tag{4-35}$$

将式(4-35)代入式(4-34)中，可得到：

$$\dot{\boldsymbol{V}}_e=-\|\boldsymbol{W}_1(\boldsymbol{x})\boldsymbol{e}_1\|^2-\|\boldsymbol{W}_2(\boldsymbol{x})\boldsymbol{e}_2\|^2\leqslant 0 \tag{4-36}$$

因此，式(4-30)的轨迹是有界的且渐近稳定收敛至原点。

浸入与不变流形自适应方法采用 $\hat{\boldsymbol{\theta}}+\boldsymbol{\beta}(\boldsymbol{x})$ 估计系统的未知参数 $\boldsymbol{\theta}$，这相较于传统的基于确定等价原则的自适应控制方法多出额外一项 $\boldsymbol{\beta}(\boldsymbol{x})$。$\boldsymbol{\beta}(\boldsymbol{x})$ 的引入使得整个参数估计律由单独的积分作用转变为比例积分作用，从而使得估计律的设计更加灵活有效。需要注意的是，基于浸入与不变流形方法设计的估计器只保证了 $\boldsymbol{W}_i\boldsymbol{e}_i\,(i=1,2)$ 全局渐近稳定且收敛到零，而这并不意味着估计误差 $\boldsymbol{e}_i$ 收敛到零，即该方法为间接自适应控制方法，只有在持续激励的条件下才能使得估计误差 $\boldsymbol{e}_i$ 收敛到零。

4.2.5　数值仿真

下面通过数值仿真来验证所设计的控制律的有效性，将第 2 章建立的动力学模型作为仿真模型，在此基础上，应考虑气动参数的不确定性，以检验所设计的控制律在扰动情况下的控制性能。

(1) 理想情况仿真

设飞行器的飞行高度 $H=10\mathrm{km}$，飞行马赫数 $Ma=5$，状态变量初始值 $(\alpha,\omega_z,\delta,\dot{\delta})=(0,0,0,0)$，控制指令为 $\alpha_c=1°$。双回路控制参数取 $k_1=30$，$k_2=45$，$k_3=25$，$k_4=25$，滑块偏转角 $\delta\in(-20°,20°)$。其仿真结果如图 4-3 和图 4-4 所示。

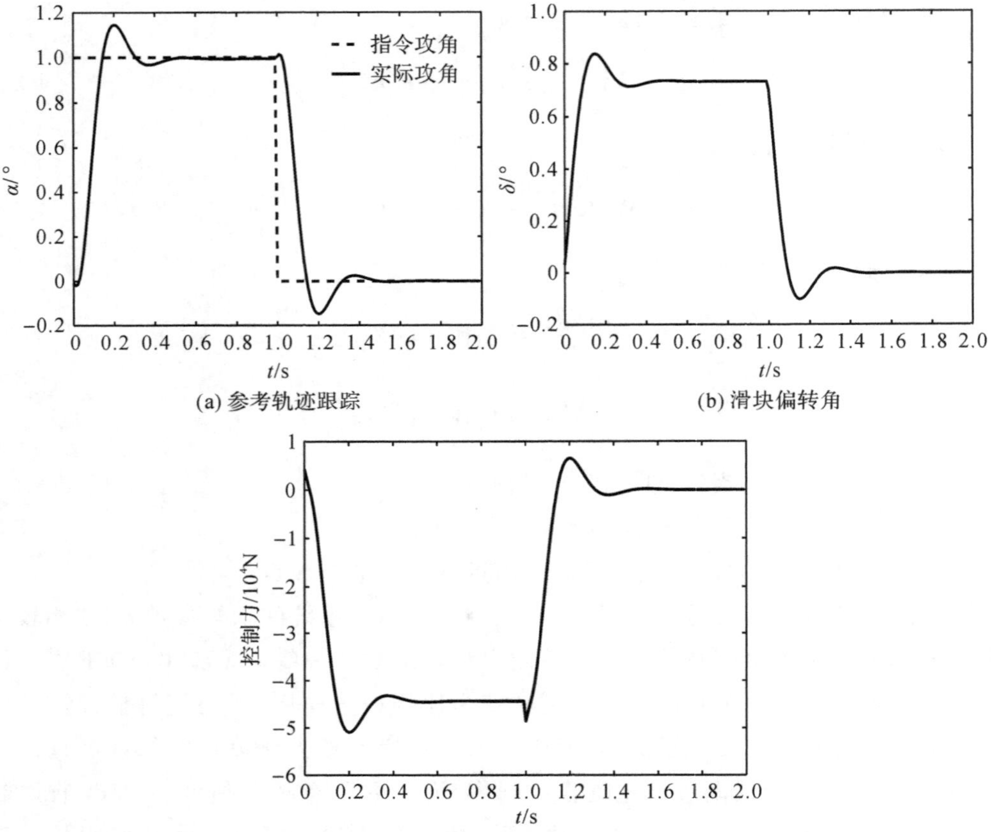

(a) 参考轨迹跟踪　　(b) 滑块偏转角

(c) 伺服控制力

图 4-3　I&I 控制器仿真效果

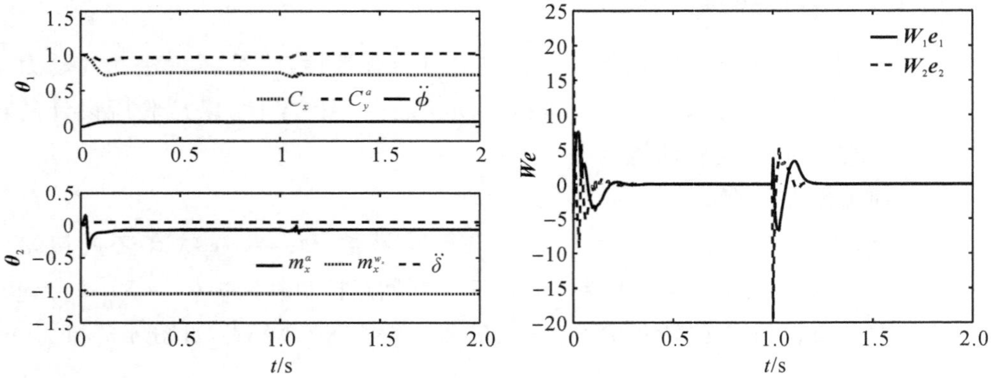

图 4-4　参数估计及其误差

从结果可以看出，双回路控制器可以快速稳定地跟踪指令信号，滑块的偏转角在初始阶段有一个小幅振荡后趋于稳定。而从参数估计结果可以看出，$\boldsymbol{\theta}_i=\hat{\boldsymbol{\theta}}_i+\boldsymbol{\beta}_i$ 虽然收敛到了某个常值，但并没有收敛到真值。不过，$\boldsymbol{We}$ 是收敛到零的，这意味着闭环系统轨迹是收敛至流形 $\boldsymbol{We}=0$。实际上，要想保证估计值收敛到真值，需要参考信号为持续的激励输入才可以实现。

(2) 气动参数摄动下的仿真

考虑到气动参数存在扰动的跟踪控制，假设参数摄动范围为 +30% 和 −30%，其仿真结果如图 4-5 所示。

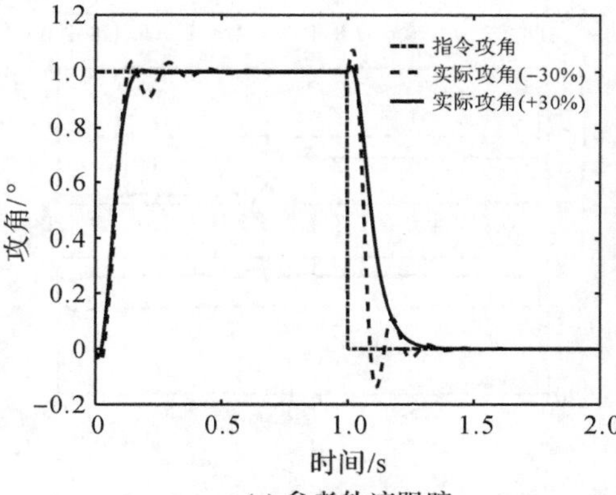

(a) 参考轨迹跟踪

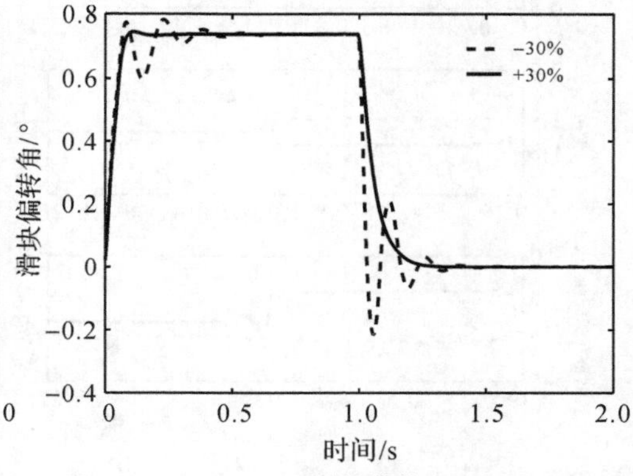

(b) 滑块偏转角

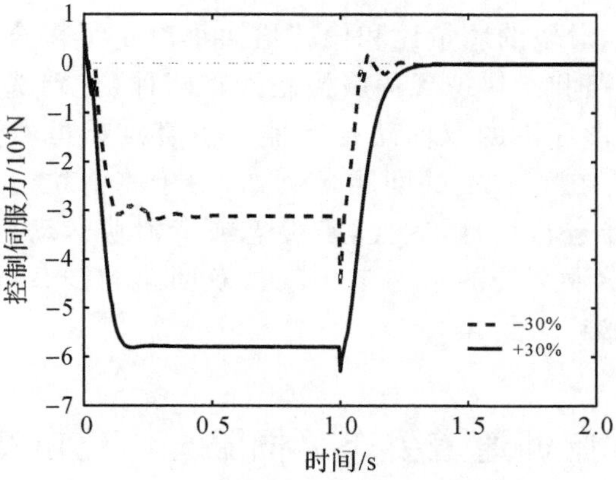

(c) 伺服控制力

图 4-5　气动参数摄动情况下的仿真结果

从图中可以看出，在气动参数存在较大摄动的情况下，设计的控制律可以获得满意的控制效果，攻角可以很快达到期望的指令状态，曲线波动小，整个动态响应过程良好。从仿真曲线还可以看出，在滑块运动的初始阶段，飞行器的姿态有一个反向的小幅振荡，这是由大质量的滑块与壳体产生动量交换造成的。图 4-6 给出的是对参数的估计结果，由此可以看出，估计器对气动参数的估计值并没有收敛到真实值，但依然可以保证控制器的稳定性。

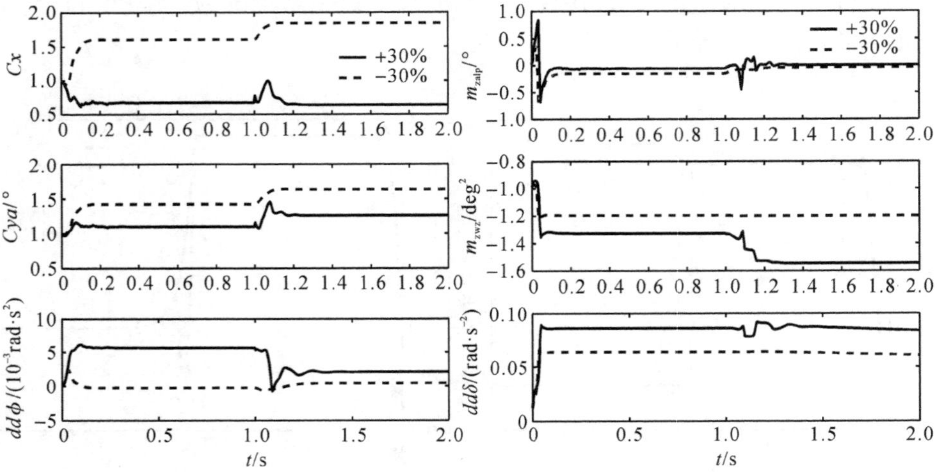

图 4-6 参数估计

仿真结果表明，滑块的质量比和偏转角大小决定了耦合程度。将控制模型分为姿态跟踪控制回路和滑块位置伺服控制回路两种，分别选择一阶目标系统设计基于浸入与不变流形理论的双回路控制器。仿真结果虽然证明了双回路控制的有效性，但同时也存在着一定的问题。例如，由于将滑块运动引起的惯性耦合视为扰动，采用估计器进行估计，因此，若姿态或者滑块运动变化较快时，会引起估计的不稳定，从而导致系统的不稳定；其次，双回路控制系统的控制参数过多，使得参数整定较为困难。

4.3 俯仰通道姿态/伺服一体化自适应控制

4.3.1 一体化控制模型

上一节设计了考虑滑块动态特性的双回路姿态控制律，从设计过程中可以看出这种按姿态和伺服回路分开设计的方法并没有充分利用滑块运动引起的惯性耦合，而是将惯性耦合项引起的运动视为扰动处理，再采用估计器来估计耦合引起的角加速度。这种处理方法虽然有效，但当姿态指令出现剧烈变化时，由于高带宽的影响，估计器将不能准确地估计参数，从而导致系统的响应会出现滞后，甚至导致控制系统的不稳定。因此，在设计控制器的时候必须考虑姿态和伺服之间的耦合，这就需要设计姿态／伺服一体化控制器，其控制框图如图 4-7 所示。

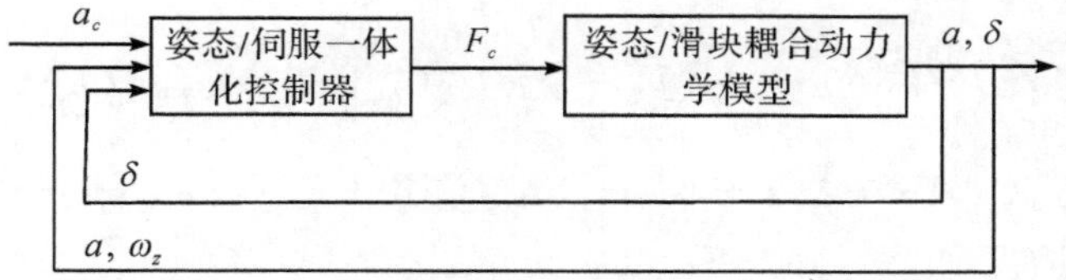

图 4-7　姿态／伺服一体化控制框图

姿态／伺服一体化的设计思路是将姿态回路和伺服回路整合在一起，根据期望姿态角的输入，直接输出伺服力(矩)。这样可以充分利用姿态和伺服之间的耦合关系，提高系统的稳定性和响应能力。这种设计思路非常适合于快时变、强耦合的高超声速再入飞行器的控制系统设计。

将式(4-2) 重新改写为：

$$\begin{cases}\ddot{\alpha} = (J_2C_1 - J_1C_2)\alpha + (J_2 - J_1)C_3\delta + (J_2C_z - C_\alpha)\dot{\alpha} - J_1M_C \\ \ddot{\delta} = (J_3C_2 - J_1C_1)\alpha + (J_3 - J_1)C_3\delta - J_2C_z\dot{\alpha} + J_3M_C\end{cases} \tag{4-37}$$

其中，

$$M_C = F_cL_{oc}$$

$$C_1 = m_z^\alpha qSL + (L_P - L_B)\mu_P C_y^\alpha qS + C_zC_\alpha$$

$$C_2 = \mu_P L_P C_y^\alpha qS, C_3 = \mu_P L_P C_x qS$$

$$J_1 = \frac{\tilde{I}_{z\delta}}{\tilde{I}_\delta\tilde{I}_z - \tilde{I}_{z\delta}\tilde{I}_{\delta z}} = \frac{\tilde{I}_{\delta z}}{\tilde{I}_\delta\tilde{I}_z - \tilde{I}_{z\delta}\tilde{I}_{\delta z}}$$

$$J_2 = \frac{\tilde{I}_\delta}{\tilde{I}_\delta\tilde{I}_z - \tilde{I}_{z\delta}\tilde{I}_{\delta z}}$$

$$J_3 = \frac{\tilde{I}_z}{\tilde{I}_\delta\tilde{I}_z - \tilde{I}_{z\delta}\tilde{I}_{\delta z}}$$

假设指令攻角为 α_c，根据第 2 章对俯控式单滑块变质心飞行器的控制机理分析可知，飞行器攻角和滑块偏转角的配平条件为：

$$\delta_c = -\frac{C_1}{C_3}\alpha_c \tag{4-38}$$

定义跟踪误差为：

$$\begin{cases}\tilde{\alpha} = \alpha - \alpha_c \\ \tilde{\delta} = \delta - \delta_c\end{cases} \tag{4-39}$$

从而系统的误差动力学方程为：

$$\begin{cases}\ddot{\tilde{\alpha}} = (J_2C_1 - J_1C_2)(\tilde{\alpha} + \alpha_c) + (J_2 - J_1)C_3(\tilde{\delta} + \delta_c) + (J_2C_z - C_\alpha)\dot{\tilde{\alpha}} - J_1M_C \\ \ddot{\tilde{\delta}} = (J_3C_2 - J_1C_1)(\tilde{\alpha} + \alpha_c) + (J_3 - J_1)C_3(\tilde{\delta} + \delta_c) - J_2C_z\dot{\tilde{\alpha}} + J_3M_C\end{cases} \tag{4-40}$$

从上式不难发现，系统的控制输入 M_C 虽然只是作为伺服力矩直接驱动滑块的运动，但它也可以通过惯性矩阵的耦合作用来影响姿态角的动力学响应。

为了降低控制输入对姿态角状态方程的影响，定义一个新的状态：

$$x_2 = \dot{\tilde{\alpha}} + \frac{J_1}{J_3}\dot{\tilde{\delta}} = \dot{\tilde{\alpha}} + J_{13}\dot{\tilde{\delta}} \tag{4-41}$$

则新状态的动力学方程为：

$$\dot{x}_2 = \frac{(J_2J_3 - J_1^2)C_1}{J_3}\tilde{\alpha} + \frac{(J_2J_3 - J_1^2)C_3}{J_3}\tilde{\delta} + \frac{(J_3^2 - J_1J_2)C_z - J_3C_\alpha}{J_3}\dot{\tilde{\alpha}} \tag{4-42}$$

定义一个以原点为平衡点的新的状态向量：

$$\boldsymbol{x} = [\tilde{\alpha}, \dot{\tilde{\alpha}} + J_{13}\dot{\tilde{\delta}}, \tilde{\delta}, \dot{\tilde{\delta}}]^{\mathrm{T}} \tag{4-43}$$

则式(4-40) 描述的动力学方程在新的坐标系下可表示为：

$$\begin{cases}\dot{x}_1 = x_2 - J_{13}x_4 \\ \dot{x}_2 = \dfrac{(J_2J_3 - J_1^2)C_1}{J_3}x_1 + \dfrac{(J_2J_3 - J_1^2)C_3}{J_3}x_3 \\ \qquad + \dfrac{(J_3^2 - J_1J_2)C_z - J_3C_\alpha}{J_3}(x_2 - J_{13}x_4) \\ \dot{x}_3 = x_4 \\ \dot{x}_4 = (J_3C_2 - J_1C_1)x_1 + (J_3 - J_1)C_3x_3 + J_3(C_2 - C_1)\alpha_c \\ \qquad + J_2C_z(x_2 - J_{13}x_4) + J_3M_C\end{cases} \tag{4-44}$$

由上式可知，通过对状态变量进行变换，可以将姿态动力学方程和滑块动力学方程组合为一个新的动力学系统，该一体化模型类似于级联系统，控制输入 M_C 仅作用于状态变量 x_4，而其他变量则通过这种级联关系间接受到影响。通过对新系统设计控制器，可实现姿态伺服一体化设计，控制目标 $\alpha = \alpha_c$ 等价于 $x = x_c = 0$。

4.3.2　一体化控制器设计

本小节将基于浸入与不变流形理论对式(4-44) 设计一体化控制器。浸入与不变流形包括四个条件：目标系统、浸入条件、隐流形和流形的吸引有界性。根据这四个条件，一般分两步设计 I&I 控制器。第一步，选择一个合适的目标系统，该系统的维数需要小于原系统；第二步，根据浸入条件和隐流形设计控制律，使得控制律可以保证闭环系统收敛且隐流形是吸引的。

首先，选择目标系统，当 $x_3 = x_4 = 0$ 时，式(4-44) 中的(x_1, x_2) 选为目标系统的状态变量(ξ_1, ξ_2)，则有：

$$\begin{cases}\dot{\xi}_1 = \xi_2 \\ \dot{\xi}_2 = \dfrac{(J_2 J_3 - J_1^2)C_1}{J_3}\xi_1 + \dfrac{(J_3^2 - J_1 J_2)C_z - J_3 C_\alpha}{J_3}\xi_2\end{cases} \tag{4-45}$$

上述系统的系数矩阵为：

$$\boldsymbol{A} = \begin{bmatrix} 0 & 1 \\ \dfrac{(J_2 J_3 - J_1^2)C_1}{J_3} & \dfrac{(J_3^2 - J_1 J_2)C_z - J_3 C_\alpha}{J_3}\end{bmatrix} \tag{4-46}$$

通过代入相关参数并进行简单计算，可得：

$$(J_2 J_3 - J_1^2)C_1 < 0, (J_3^2 - J_1 J_2)C_z - J_3 C_\alpha < 0 \tag{4-47}$$

因此，系数矩阵 **A** 满足劳斯 - 赫尔维茨(Routh-Hurwitz) 的稳定条件，故目标式(4-45) 渐近稳定至原点。

其次，设 $\boldsymbol{\pi}_1(\boldsymbol{\xi}) = \boldsymbol{\xi}_1, \boldsymbol{\pi}_2(\boldsymbol{\xi}) = \boldsymbol{\xi}_2$，则根据浸入条件可以求得完整的映射：

$$\boldsymbol{x} = \boldsymbol{\pi}(\boldsymbol{\xi}) = [\xi_1, \xi_2, 0, 0]^{\mathrm{T}} \tag{4-48}$$

根据上述映射，流形外的动态变量可以表示为：

$$z = x_4 + \lambda x_3 = \dot{x}_3 + \lambda x_3 \tag{4-49}$$

其中，λ 为正常数。如果 $z \to 0$，那么 x_3 会按照指数收敛的形式收敛至 0，进而 x_4 也收敛至 0。为了实现这一目标，选取：

$$\dot{z} = -Kz \tag{4-50}$$

其中，$K > 0$。对式(4-49) 求导并将式(4-44) 中的 $\dot{x}_3$ 和 $\dot{x}_4$ 代入，可得到：

$$\begin{aligned}\dot{z} = &(J_3 C_2 - J_1 C_1)x_1 + (J_3 - J_1)C_3 x_3 + J_3(C_2 - C_1)\alpha_c \\ &+ J_2 C_z(x_2 - J_{13} x_4) + J_3 M + \lambda x_4\end{aligned} \tag{4-51}$$

选择控制输入：

$$M_C = \frac{1}{J_3}[-Kz + (J_1C_1 - J_3C_2)x_1 + (J_1 - J_3)C_3x_3 + J_3(C_1 - C_2)\alpha_c + J_2C_z(J_{13}x_4 - x_2) - \lambda x_4] \tag{4-52}$$

考虑到系统的结构，整个过程中会出现两个流形 M_1 和 M_2。当变量 z 按指数规律收敛至 0 时，系统轨迹到达外流形 M_2。然后，当流形外的变量 x_3 按指数规律收敛至 0 时，系统轨迹到达内流形 M_1。最终，因为目标系统具有全局渐近稳定平衡点，系统轨迹将保持在流形 M_1 上并收敛至原点。注意，系数 K 和 λ 的选取必须保证流形的渐近吸引性，同时必须影响收敛速度。

下面分析闭环系统的稳定性。首先，定义李雅普诺夫函数：

$$V_1(x_1, x_2) = \frac{1}{2}x_1^2 + \frac{1}{2}x_2^2 \tag{4-53}$$

对上式求导得：

$$\dot{V}_1 = x_1x_2 + \frac{(J_2J_3 - J_1^2)C_1}{J_3}x_1x_2 + \frac{(J_3^2 - J_1J_2)C_z - J_3C_\alpha}{J_3}x_2^2 \tag{4-54}$$

当 $x_3 = x_4 = 0$ 时，变量 x_1 和 x_2 对应 ξ_1 和 ξ_2。由于矩阵 $\boldsymbol{A}$ 是 Hurwitz 稳定的，因此 $\dot{V}_1 \leqslant 0$，从而 x_1 和 x_2 是有界且渐近收敛的。现在考虑在外流形 M_2 上（$z = x_4 + \lambda x_3 = 0$）的正定函数 $V_2(x)$：

$$V_2(x, z=0) = \frac{1}{2}x_1^2 + \frac{1}{2}x_2^2 + \frac{1}{2}x_3^2 \tag{4-55}$$

对上式求导得：

$$\begin{aligned}\dot{V}_2(x, z=0) &= x_1x_2 - J_{13}x_1x_4 + x_2(L_1x_1 + L_2x_3 + L_3x_2 + L_4x_4) + x_3\dot{x}_3 \\ &= \dot{V}_1 - J_{13}x_1x_4 + L_2x_3x_2 + L_4x_4x_2 + x_3\dot{x}_3 \\ &= \dot{V}_1 + (L_4x_2 - L_2x_2 + J_{13}x_1)\lambda x_3 - \lambda x_3^2 \\ &\leqslant \dot{V}_1 + \frac{(L_4x_2 - L_2x_2 + J_{13}x_1)^2}{2\sigma_1} + \left(\frac{\sigma_1}{2}\lambda^2 - \lambda\right)x_3^2\end{aligned} \tag{4-56}$$

其中，$\sigma_1 > 0$，L_1，L_2，L_3，L_4 对应式(4-44) 第二式中变量的系数，即

$$L_1 = \frac{(J_2J_3 - J_1^2)C_1}{J_3}, L_2 = \frac{(J_2J_3 - J_1^2)C_3}{J_3}$$

$$L_3 = \frac{(J_3^2 - J_1J_2)C_z - J_3C_\alpha}{J_3}, L_4 = -\frac{(J_3^2 - J_1J_2)C_z - J_3C_\alpha}{J_3}$$

从上式中的不等式可知，参数 σ_1 需要满足：

$$\dot{V}_1+\frac{(L_4x_2-\lambda L_2x_2+\lambda J_{13}x_1)^2}{2\sigma_1}<0 \tag{4-57}$$

选择 λ 使得：

$$\frac{\sigma_1}{2}\lambda-1<0\Rightarrow\lambda<\frac{2}{\sigma_1}<-\frac{4\dot{V}_1}{(L_4x_2-\lambda L_2x_2+\lambda J_{13}x_1)^2} \tag{4-58}$$

$\dot{V}_2\leqslant 0$ 保证了外流形 M_2 是有界收敛的，并且子系统 (x_1,x_2,x_3,x_4) 全局渐近稳定。最后，定义正定函数 $V(x,z)$：

$$V_3(x,z)=\frac{1}{2}x_1^2+\frac{1}{2}x_2^2+\frac{1}{2}x_3^2+\frac{1}{2}z^2 \tag{4-59}$$

对上式求导并注意到 $x_4=\dot{x}_3=z-\lambda x_3$，则：

$$\begin{aligned}\dot{V}_3(x,z)&=\dot{V}_2-J_{13}x_1z+L_4x_2z+x_3z+z\dot{z}\\&\leqslant\dot{V}_2+\frac{(L_4x_2+x_3-J_{13}x_1)^2}{2\sigma_2}+\left(\frac{\sigma_2}{2}-K\right)z^2\end{aligned} \tag{4-60}$$

同样，参数 σ_2 需要满足：

$$\dot{V}_2+\frac{(L_4x_2+x_3-J_{13}x_1)^2}{2\sigma_2}<0 \tag{4-61}$$

并且选择 K 使得：

$$\frac{\sigma_2}{2}-K<0\Rightarrow K>\frac{\sigma_2}{2}>-\frac{(L_4x_2+x_3-J_{13}x_1)^2}{4\dot{V}_2} \tag{4-62}$$

从而保证 $\dot{V}_3\leqslant 0$。

至此，在式(4-52)给出的控制输入下，选择合适的控制增益可以保证整个闭环系统全局渐近稳定且收敛至原点。

4.3.3　自适应参数估计

由于再入飞行器的实际飞行环境十分恶劣，因此气动参数往往存在着较大的不确定性。为了处理这种不确定性，本小节基于浸入与不变流形理论设计估计器，针对一些重要的气动参数进行估计。

假设气动参数 $C_x,C_y^{\alpha},m_z^{\alpha}$ 和 $m_z^{\omega_z}$ 未知，则式(4-63)可重写为：

$$\dot{\boldsymbol{\eta}}_2=\boldsymbol{W}(\boldsymbol{\eta}_1,\boldsymbol{\eta}_2)\boldsymbol{\theta}+\boldsymbol{G}\boldsymbol{u} \tag{4-63}$$

其中,

$$\boldsymbol{\eta}_1=[\alpha,\delta]^{\mathrm{T}},\boldsymbol{\eta}_2=[\omega_z,\dot{\delta}]^{\mathrm{T}},\ \boldsymbol{\theta}=[m_z^{\alpha}\quad m_z^{\omega_z}\quad C_y^{\alpha}\quad C_x]^{\mathrm{T}}$$

$$\boldsymbol{W}=qS\begin{bmatrix}\tilde{I}_{z1} & \tilde{I}_{\delta 1}\\ \tilde{I}_{z2} & \tilde{I}_{\delta 2}\end{bmatrix}^{-1}\begin{bmatrix}\alpha L & \omega_z L^2/V & \alpha\mu_P(L_P-L_B) & \delta\mu_P L_P\\ 0 & 0 & \alpha\mu_P L_P & \delta\mu_P L_P\end{bmatrix}$$

$$\boldsymbol{G}=\begin{bmatrix}\tilde{I}_{z1} & \tilde{I}_{\delta 1}\\ \tilde{I}_{z2} & \tilde{I}_{\delta 2}\end{bmatrix}^{-1},\boldsymbol{u}=\begin{bmatrix}0\\ M\end{bmatrix}$$

若将流形定义为参数的真实值和估计值的差,则保证流形的不变性和吸引性,即可使得估计误差有界且收敛。令参数估计误差为:

$$\boldsymbol{e}=\hat{\boldsymbol{\theta}}+\boldsymbol{\beta}-\boldsymbol{\theta} \tag{4-64}$$

其中,$\hat{\boldsymbol{\theta}}$ 为未知参数的部分估计,全部估计状态为 $\hat{\boldsymbol{\theta}}+\boldsymbol{\beta}$,$\boldsymbol{\beta}$ 为待定的非线性函数。

传统的参数估计方法(例如经典的确定等价自适应控制)的估计更新率是一个简单的积分环节,这一方法的缺点是参数估计误差的动态变化过程无法调节。而 I&I 估计方法通过引入的非线性函数来调节参数更新率,从而提高参数估计的有效性。

对式(4-64)求导,可得:

$$\dot{\boldsymbol{e}}=\dot{\hat{\boldsymbol{\theta}}}+\frac{\partial\boldsymbol{\beta}}{\partial\boldsymbol{\eta}_1^T}\dot{\boldsymbol{\eta}}_1+\frac{\partial\boldsymbol{\beta}}{\partial\boldsymbol{\eta}_2^T}[\boldsymbol{W}(\hat{\boldsymbol{\theta}}+\boldsymbol{\beta}-\boldsymbol{e})+\boldsymbol{Gu}] \tag{4-65}$$

选择参数更新率:

$$\dot{\hat{\boldsymbol{\theta}}}=-\frac{\partial\boldsymbol{\beta}}{\partial\boldsymbol{\eta}_1^T}\dot{\boldsymbol{\eta}}_1-\frac{\partial\boldsymbol{\beta}}{\partial\boldsymbol{\eta}_2^T}[\boldsymbol{W}(\hat{\boldsymbol{\theta}}+\boldsymbol{\beta})+\boldsymbol{Gu}] \tag{4-66}$$

将式(4-66)代入式(4-65)中,可得:

$$\dot{\boldsymbol{e}}=-\frac{\partial\boldsymbol{\beta}}{\partial\boldsymbol{\eta}_2^T}\boldsymbol{We} \tag{4-67}$$

为了使估计误差的微分方程稳定收敛,非线性函数 $\boldsymbol{\beta}$ 可选择为:

$$\frac{\partial\boldsymbol{\beta}}{\partial\boldsymbol{\eta}_2^T}=\gamma\boldsymbol{W}^T \tag{4-68}$$

其中,$\gamma>0$,式(4-67)重写为:

$$\dot{\boldsymbol{e}}=-\gamma\boldsymbol{W}^T\boldsymbol{We} \tag{4-69}$$

考虑李雅普诺夫函数:

$$V_e=\frac{1}{2}\gamma^{-1}\boldsymbol{e}^T\boldsymbol{e} \tag{4-70}$$

求导得：

$$\dot{V}_e = -\boldsymbol{W}\boldsymbol{e}^2 \leqslant 0 \tag{4-71}$$

显然，参数更新率可以保证估计误差收敛至零。现在分析整个系统(4-44) 在控制输入(4-52) 和参数更新率(4-66) 下的稳定性：

$$\begin{aligned} \dot{\boldsymbol{x}} &= f(\boldsymbol{x}, \hat{\boldsymbol{\theta}} + \boldsymbol{\beta}, M) \\ M &= g(\boldsymbol{x}, \hat{\boldsymbol{\theta}} + \boldsymbol{\beta}) \\ \dot{\hat{\boldsymbol{\theta}}} &= -\frac{\partial \boldsymbol{\beta}}{\partial \boldsymbol{\eta}_2^{\mathrm{T}}} [\boldsymbol{W}(\hat{\boldsymbol{\theta}} + \boldsymbol{\beta}) + \boldsymbol{G}\boldsymbol{u}] \end{aligned} \tag{4-72}$$

其中，

$$\boldsymbol{\beta} = \gamma \int_0^{\eta_2} \boldsymbol{W}^{\mathrm{T}}(\boldsymbol{\eta}_1, \boldsymbol{\varepsilon}) \mathrm{d}\boldsymbol{\varepsilon} \tag{4-73}$$

考虑复合李雅普诺夫函数 $V_c = V + V_e$，求导有：

$$\begin{aligned} \dot{V}_c &= \dot{V} + \dot{V}_e \\ &\leqslant \dot{V}_2 + \frac{(\hat{L}_4 x_2 + x_3 - J_{13} x_1)^2}{2\sigma_2} + \left(\frac{\sigma_2}{2} - K\right) z^2 - \|\boldsymbol{W}\boldsymbol{e}\|^2 \\ &\leqslant \dot{V}_1 + \frac{(\hat{L}_4 x_2 - \hat{L}_2 x_2 + J_{13} x_1)^2}{2\sigma_1} + \left(\frac{\sigma_1}{2}\lambda^2 - \lambda\right) x_3^2 \\ &\quad + \frac{(\hat{L}_4 x_2 + x_3 - J_{13} x_1)^2}{2\sigma_2} + \left(\frac{\sigma_2}{2} - K\right) z^2 - \|\boldsymbol{W}\boldsymbol{e}\|^2 \end{aligned} \tag{4-74}$$

根据式(4-56) 和式(4-60) 的推导，可知 $V_c \leqslant 0$，从而保证了整个闭环系统的全局渐近稳定，并且最终收敛至平衡点$(\boldsymbol{x}, \hat{\boldsymbol{\theta}}) = (0, \boldsymbol{\theta})$。

根据拉塞尔(Lasalle) 不变性原理[90-91]，闭环系统的轨迹最终保持在流形 Ω 上：

$$\Omega = \{(\boldsymbol{e}, \boldsymbol{x}) \in \mathbf{R}^4 \times \mathbf{R}^4 \mid \boldsymbol{W}(\boldsymbol{x})\boldsymbol{e} = 0\} \tag{4-75}$$

因此，当估计误差到达流形上时，所设计的I&I控制律可以保证自身具有确定控制律的性能，从而实现稳定控制，且流形的收敛速度可以通过选择不同的更新增益 γ 来调节。$\hat{\boldsymbol{\theta}} + \boldsymbol{\beta}$ 是对参数真实值的估计，它可以克服参数不确定性。不过，注意当 $\boldsymbol{W}\boldsymbol{e}$ 收敛至零时，并不意味着参数误差 $\boldsymbol{e}$ 也收敛至零，即参数估计值并没有收敛至对应的真实值。这是因为输入的参考信号并不是持续激励信号，因此无法保证参数估计算法一致收敛。

4.3.4　数值仿真

为了评估基于 I&I 控制理论的一体化控制器和估计器的性能，针对理想情况和气动参数具有不确定性两种情况进行仿真。变质心飞行器飞行高度为10km，飞行速度为5*Ma*，初始姿态角和姿态角速度均为零。飞行器总体参数见表2-1和表4-1。

4.3.4.1 理想条件下的对比仿真

首先，给出理想条件下一体化控制器与双回路控制的仿真结果对比，其中双回路控制参数与上一小节仿真相同。一体化控制器参数为$K=200$和$\lambda=20$。两种不同控制方案对指令信号的跟踪结果，如图4-8所示。

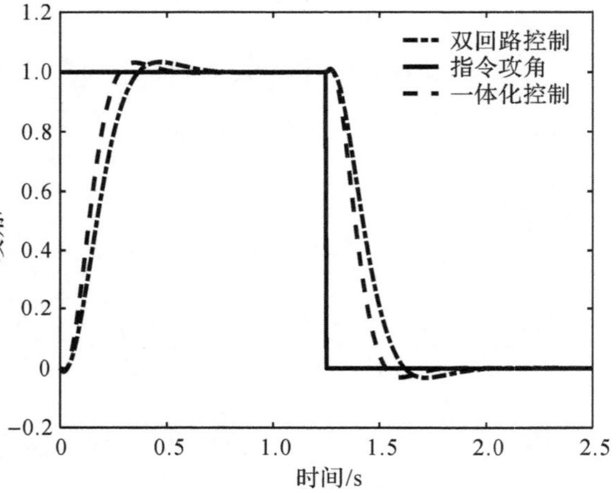

图4-8 指令信号跟踪

可以看出，本书设计的一体化控制器可以保证实际攻角有效地跟踪指令信号，并且相对于姿态伺服分开设计的双回路控制策略具有更快的响应速度。这是因为一体化控制器充分考虑了姿态和滑块的耦合关系，由指令攻角直接得到了控制力矩，提高了控制系统的动态特性。

图4-9给出了滑块偏转角变化曲线和控制力矩输入。一体化控制所需要的控制力矩稍大于双回路控制的力矩。但是需要注意的是，双回路控制器需要设计四个控制参数，但对于一体化控制只需要确定两个参数即可实现期望控制，显然基于I&I控制理论设计的一体化控制器形式更简洁。此外，I&I控制理论是依据系统的动态流形设计的，因此控制的动态品质更好，收敛速度更快。

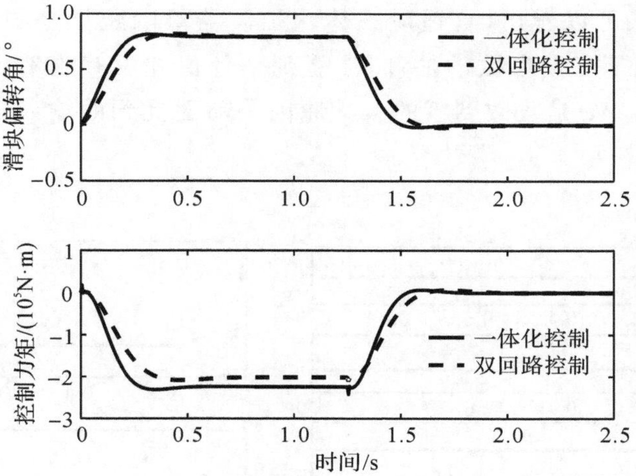

图 4-9　滑块偏转角和控制力矩

4.3.4.2　自适应控制仿真

设未知的气动参数取值如下：

$$\boldsymbol{\theta}=[-0.0246,-2.6820,2.4613,0.2798]^{\mathrm{T}} \tag{4-76}$$

首先，给出控制器对阶跃指令的跟踪仿真，估计参数初值 $\boldsymbol{\theta}(0)=[0,0,0,0]^{\mathrm{T}}$，虽然这一初值并不是最佳选择，但可以检验自适应控制的鲁棒性。控制器和估计器参数分别选为 $K=200,\lambda=20,\ \gamma=5$。仿真结果如图 4-10 和图 4-11 所示。

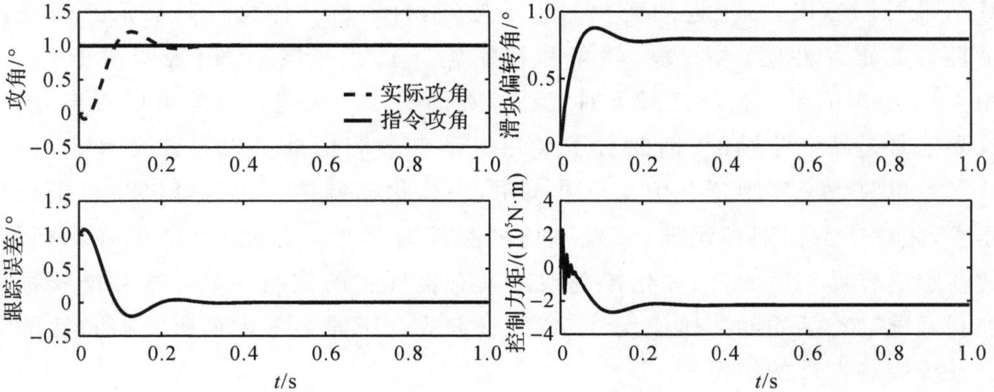

图 4-10　指令信号跟踪和控制输入

从仿真结果可以看出，自适应一体化控制器对阶跃指令的跟踪效果很好。图 4-11(a) 给出了气动参数的估计，注意到估计值并没有收敛到真实值。但是在图 4-11(b)中，***We*** 是收敛到零的。其原因是前面提到的输入信号不是持续激励信号。

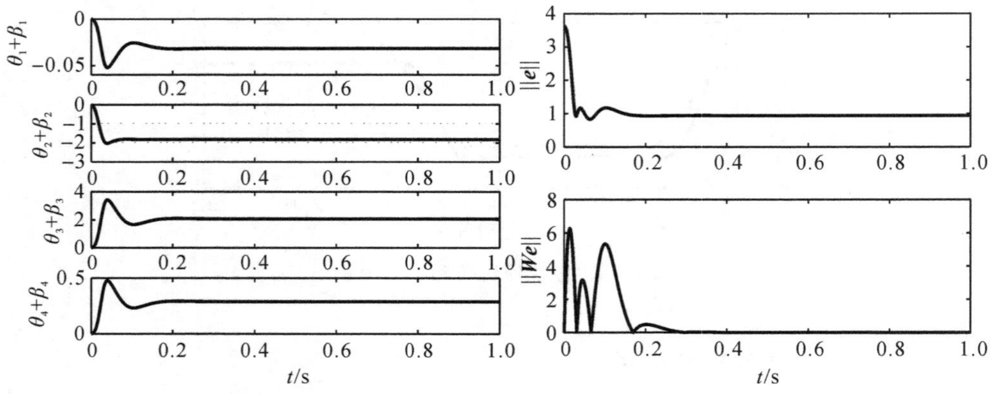

(a) 气动参数估计 (b) 估计误差

图 4-11 参数估计及其误差

因此，可以考虑当参考信号是持续激励时的自适应一体化控制，设：

$$\alpha_c = 1.5\sin(0.5\pi t)e^{-0.4t} \tag{4-77}$$

控制器参数和估计器参数不变，仿真结果如图 4-12 和图 4-13 所示。从跟踪结果可以看出，对于连续变化的指令信号，自适应一体化控制器依然表现出了良好的跟踪性能。滑块偏转角和控制输入过渡平缓，未出现明显的振荡。图 4-14 给出的是在持续激励下对气动参数的估计及误差。由此可以看出，由于输入信号是持续激励的，因此对于未知气动参数的估计可以收敛至真实值，估计误差也收敛至零附近。仿真结果表明，一体化控制律不仅能够满足稳定控制要求，相比于双回路控制器，系统响应的过渡时间更短，跟踪性能更好，控制参数整定更容易。因此，一体化控制系统具有更优越的控制性能。这种能够提高控制系统动态品质的一体化设计方法，非常适合于需要考虑伺服动态特性的耦合系统控制设计的情况。

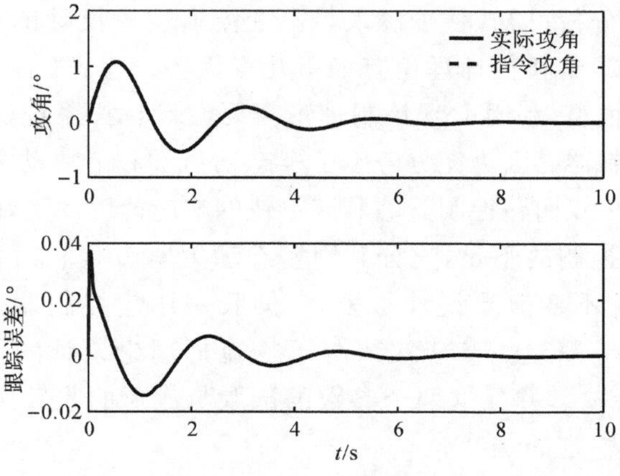

图 4-12　参考轨迹跟踪

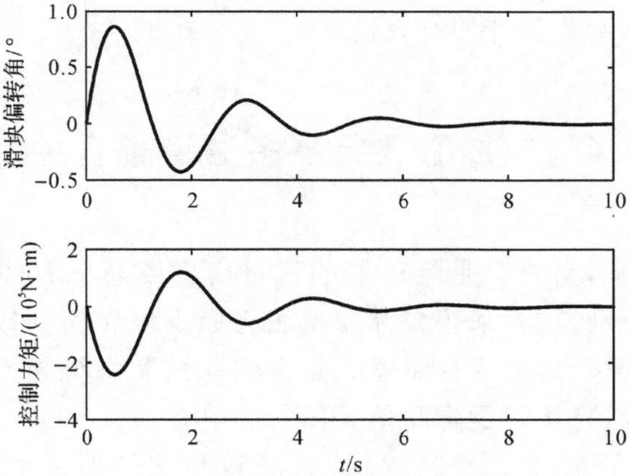

图 4-13　滑块偏转角和控制输入

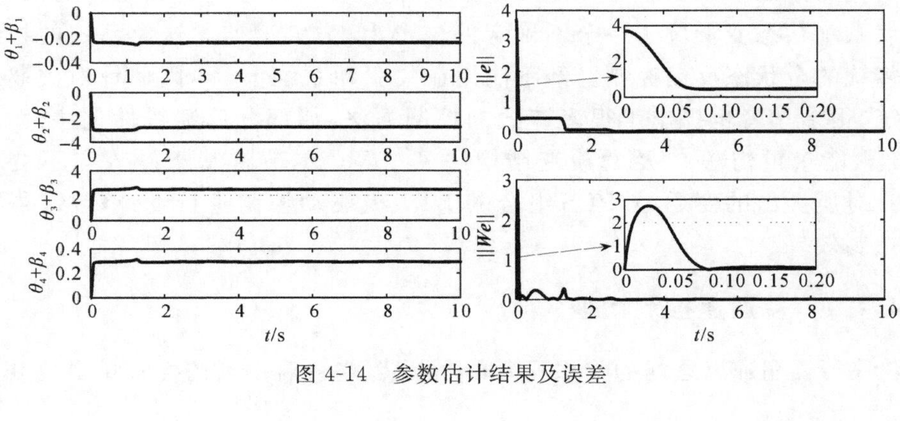

图 4-14　参数估计结果及误差

从上面的仿真分析可知，基于浸入与不变流形理论设计的自适应一体化控制器相对于其他控制策略和估计理论有如下几点优势。

①针对一体化模型，利用I&I控制理论需要设计目标系统这一特点，构造内外流形设计一体化控制器。因为充分考虑了姿态动力学和滑块动力学之间的耦合，一体化控制策略相比于双回路控制策略具有更快的响应速度和更好的跟踪效果。

②针对双回路控制的不足，充分利用姿态动力学方程和滑块动力学方程的耦合关系，基于浸入与不变流形设计了姿态/伺服一体化控制器。与其他控制方法（动态逆、退步控制等）相比，基于浸入与不变流形理论设计的控制律只需要设计两个控制参数（K 和 λ），并且这两个参数的选取与流形的收敛速度有关。因此，可以降低参数设计和整定的难度。

③基于I&I控制理论设计的估计器不同于确定等价原则的估计器，对于参数的估计不全由单一的积分过程来获得，而是增加了一项非线性函数来调节自适应律，这一方法提高了参数估计的有效性。

4.4 变质心飞行器多通道耦合控制

提出的控制方案，实质上是飞行器的三自由度姿态只有两个控制输入（滑块和滚喷力矩）的欠驱动控制，采用坐标变换法将原系统转换为级联系统，基于浸入与不变流形设计欠驱动自适应控制器。与全驱动控制系统相比，欠驱动控制系统不仅成本低、能耗少，且执行逻辑简单、可靠。

对于本书提出的变质心控制方式，其滚转和偏航通道的控制是欠驱动的。而欠驱动系统由于控制输入数目较少，故系统位形空间中的某些状态量不存在与之对应的控制输入。这个特点导致这类系统往往具有一些非完整约束方程，从而使系统状态变量位于一个不确定的位形上，大大增加了这类系统的控制难度。传统的全状态反馈控制已经不能用在欠驱动系统上[92]，因此针对欠驱动控制系统，很多学者也提出了很多有效的控制方法，如部分反馈线性化法[93-94]、反步法[95]、能量重构法[96]及滑模变结构法[97-98]等。本节将基于浸入与不变流形理论针对所提出的变质心/RCS组合的BTT欠驱动控制进行设计，以求得到满意的控制效果。

4.4.1 多通道控制模型

将飞行器角速度之间的乘积视为高阶小量，略去后得到俯控式单滑块变质心飞行器的姿态动力学方程：

$$
\begin{aligned}
&I_x\dot{\omega}_x + I_{xy}\dot{\omega}_y = \mu_P L_P Z\sin\delta + M_x + M_{x\mathrm{RCS}} \\
&I_{yx}\dot{\omega}_x + I_y\dot{\omega}_y = M_y + \mu_P Z(L_B - L_P\cos\delta) \\
&I_z\dot{\omega}_z + I_{z\delta}\ddot{\delta} = M_z + \mu_P Y(L_P\cos\delta - L_B) + \mu_P L_P X\sin\delta \\
&I_{\delta z}\dot{\omega}_z + I_\delta\ddot{\delta} = \mu_P L_P(X\sin\delta + Y) + M_C
\end{aligned}
\tag{4-78}
$$

其中，

$$
\begin{aligned}
&I_x = I_{B1} + I_{P1}\cos^2\delta + I_{P2}\sin^2\delta + \mu_B m_P L_P^2\sin^2\delta \\
&I_y = I_{B2} + I_{P1}\sin^2\delta + I_{P2}\cos^2\delta + \mu_B m_P(L_B - L_P\cos\delta)^2 \\
&I_z = I_{B3} + I_{P3} + m_P\mu_B(L_P^2 + L_B^2 - 2L_P L_B\cos\delta) \\
&I_{xy} = (I_{P1} - I_{P2})\cos\delta\sin\delta + m_P\mu_B(L_P L_B\sin\delta - L_P^2\sin\delta\cos\delta) \\
&I_{z\delta} = I_{P3} + m_P\mu_B(L_P^2 - L_P L_B\cos\delta) \\
&I_\delta = I_{P3} + m_P\mu_B L_P^2
\end{aligned}
$$

由于 RCS 仅提供滚转力矩，因此控制输入仅包括 $M_{x\mathrm{RCS}}$ 和驱动滑块的伺服力矩 M_C。令 $\boldsymbol{q}_u = [\alpha, \beta]^{\mathrm{T}}$，$\boldsymbol{q}_a = [\gamma, \delta]^{\mathrm{T}}$，$\boldsymbol{p}_u = [\omega_y, \omega_z]^{\mathrm{T}}$，$\boldsymbol{p}_a = [\omega_x, \dot{\delta}]^{\mathrm{T}}$，动力学方程重写为：

$$
\begin{bmatrix} \boldsymbol{I}_{uu} & \boldsymbol{I}_{ua} \\ \boldsymbol{I}_{au} & \boldsymbol{I}_{aa} \end{bmatrix}
\begin{bmatrix} \boldsymbol{p}_u \\ \boldsymbol{p}_a \end{bmatrix}
= \begin{bmatrix} \boldsymbol{F}_u(q, p) \\ \boldsymbol{F}_a(q, p) \end{bmatrix}
+ \begin{bmatrix} 0 \\ \boldsymbol{u} \end{bmatrix}
\tag{4-79}
$$

其中，

$$
\boldsymbol{I}_{uu} = \begin{bmatrix} I_y & 0 \\ 0 & I_z \end{bmatrix},
\boldsymbol{I}_{ua} = \begin{bmatrix} I_{yx} & 0 \\ 0 & I_{z\delta} \end{bmatrix},
\boldsymbol{I}_{aa} = \begin{bmatrix} I_x & 0 \\ 0 & I_\delta \end{bmatrix},
\boldsymbol{I}_{au} = \begin{bmatrix} I_{xy} & 0 \\ 0 & I_{\delta z} \end{bmatrix}
$$

$$
\boldsymbol{F}_u(q, p) = \begin{bmatrix} M_y + \mu_P Z(L_B - L_P\cos\delta) M_z \\ + \mu_P Y(L_P\cos\delta - L_B) + \mu_P L_P X\sin\delta \end{bmatrix}
$$

$$
\boldsymbol{F}_a(q, p) = \begin{bmatrix} \mu_P L_P Z\sin\delta + M_x \\ \mu_P L_P(X\sin\delta + Y) \end{bmatrix},
u = \begin{bmatrix} M_{\mathrm{RCS}} \\ M_C \end{bmatrix}
$$

可以看出，式(4-79)描述的是一个欠驱动系统，该系统包含四个状态变量和两个控制输入。飞行器的攻角和侧滑角可以认为是欠驱动状态，滑块偏转角和滚转角是驱动状态。虽然系统的欠驱动状态不能被控制输入直接控制，但由于惯性矩阵非对角线元素不为零，因此，系统的欠驱动状态和驱动状态通过转动惯量耦合。这种耦合使得欠驱动状态可以间接地被控制输入驱动。姿态控制系统可以分为俯仰欠驱动子系统和横向欠驱动子系统。

对于横向欠驱动子系统，由式(4-78) 的第二个等式得：

$$\dot{\omega}_y = I_y^{-1}[M_y + \mu_P Z(L_B - L_P \cos\delta) - I_{yx}\dot{\omega}_x] \tag{4-80}$$

由于关注的是滚转通道和偏航通道的角加速度关系，因此式(4-80) 可重写为：

$$\dot{\bar{\omega}}_y = -I_y^{-1}I_{yx}\dot{\omega}_x = \boldsymbol{G}_{xy}\dot{\omega}_x \tag{4-81}$$

其中，

$$\dot{\bar{\omega}}_y = \dot{\omega}_y + I_y^{-1}[M_y + M_x + \mu_P Z(L_B - L_P \cos\delta)]$$

$\dot{\bar{\omega}}_y$ 可以视为由驱动状态产生的虚拟角加速度。增益矩阵 $\boldsymbol{G}_{xy}$ 体现了驱动状态和欠驱动状态的耦合关系。同样，为了量化这种耦合关系，定义加速度耦合度为：

$$\rho_{xy}(\delta) = \prod_{i=1}^{n}\sigma_i(\boldsymbol{G}_{xy}) = \left| -\frac{I_{xy}}{I_y} \right| \tag{4-82}$$

该耦合度反映了控制输入作用于欠驱动状态的灵敏程度，并且与滑块的质量比和偏转角有关。图 4-15 给出了不同质量比情况下，耦合指标随偏转角变化的曲线。

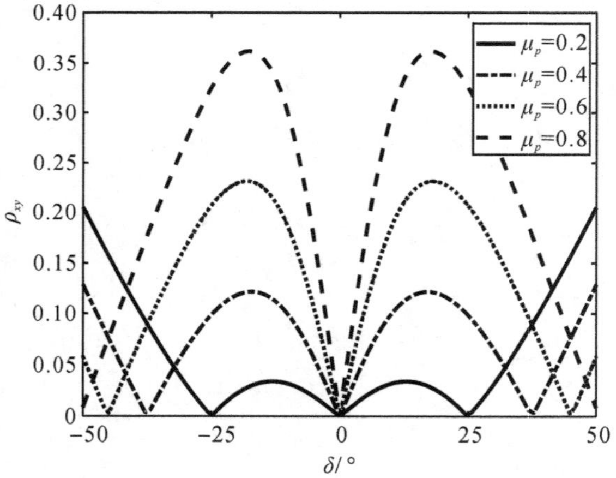

图 4-15　滚转和偏航的耦合度曲线

由图可看出，随着质量比的增加，耦合度逐渐增大。当滑块偏转角为零时($\rho_{xy}=0$)，控制输入无法通过驱动状态来影响欠驱动状态。而当偏转角逐渐增大时，耦合度出现极值点。显然，耦合度越大，RCS 对偏航通道的控制效率将越高，因此这一指标对于滑块总体参数设计和控制器策略设计都有重要的参考意义。

而对于俯仰通道的子系统的耦合，4.1 节已经进行了分析。该子系统实质上是由俯仰姿态动力学与滑块伺服动力学组成的一个耦合系统。虽然也是惯性耦合，但飞行器的攻角是通过滑块偏转角的配平而得到的，这种耦合并不会影响最终的配平状态。因此，可以采用 4.2 节的方式对姿态和伺服回路分开设计，也可以采用 4.3 节的方式利用耦合设计一体化控制器。

4.4.2　多通道耦合控制器设计

4.4.2.1　级联系统

为了简化欠驱动系统的控制设计，首先对原系统进行坐标变换，使得变换后的系统是一个级联系统[99]。在 BTT 控制中，由于偏航通道尽力抑制侧滑角 β，因此可以假设 β 是小量，结合式(2-36)和式(4-78)，可得到：

$$
\begin{aligned}
\dot{\boldsymbol{q}}_u &= \boldsymbol{h}_1(\boldsymbol{q}_u)\boldsymbol{p}_u + \boldsymbol{h}_2(\boldsymbol{q}_u)\boldsymbol{p}_a + \boldsymbol{h}_3(\boldsymbol{q}_u)\boldsymbol{q}_u \\
\dot{\boldsymbol{q}}_a &= \boldsymbol{p}_a \\
\dot{\boldsymbol{p}}_u &= \boldsymbol{J}_{aa}\boldsymbol{F}_u(q,p) + \boldsymbol{J}_{ua}\boldsymbol{F}_a(q,p) - \boldsymbol{J}_{ua}\boldsymbol{u} \\
\dot{\boldsymbol{p}}_a &= \boldsymbol{J}_{ua}\boldsymbol{F}_u(q,p) + \boldsymbol{J}_{uu}\boldsymbol{F}_a(q,p) + \boldsymbol{J}_{uu}\boldsymbol{u}
\end{aligned}
\tag{4-83}
$$

其中，

$$
\boldsymbol{h}_1(\boldsymbol{q}_u) = \begin{bmatrix} -\tan\beta\sin\alpha & 1 \\ \cos\alpha & 0 \end{bmatrix}, \boldsymbol{h}_2(\boldsymbol{q}_u) = \begin{bmatrix} -\tan\beta\cos\alpha & 0 \\ \sin\alpha & 0 \end{bmatrix}
$$

$$
\boldsymbol{h}_3(\boldsymbol{q}_u) = \frac{qS}{mV\cos\beta}\begin{bmatrix} -C_y^{\alpha} & 0 \\ 0 & C_z^{\beta}\cos\beta \end{bmatrix}
$$

$$
\boldsymbol{J}_{aa} = (\boldsymbol{I}_{aa}\boldsymbol{I}_{uu} - \boldsymbol{I}_{au}^2)^{-1}\boldsymbol{I}_{aa}
$$

$$
\boldsymbol{J}_{ua} = (\boldsymbol{I}_{aa}\boldsymbol{I}_{uu} - \boldsymbol{I}_{au}^2)^{-1}\boldsymbol{I}_{ua}
$$

$$
\boldsymbol{J}_{uu} = (\boldsymbol{I}_{aa}\boldsymbol{I}_{uu} - \boldsymbol{I}_{au}^2)^{-1}\boldsymbol{I}_{uu}
$$

从式(4-83)看出，控制输入 $\boldsymbol{u}$ 通过惯性耦合同时作用于变量 $\boldsymbol{p}_u$ 和 $\boldsymbol{p}_a$。引入如下变换：

$$
T:\begin{cases}
\boldsymbol{z}_1 = \boldsymbol{q}_u + \sigma(\boldsymbol{q}_a) \\
\boldsymbol{z}_2 = \boldsymbol{p}_u + \boldsymbol{I}_{uu}^{-1}\boldsymbol{I}_{au}\boldsymbol{p}_a \\
\boldsymbol{z}_3 = \boldsymbol{q}_a \\
\boldsymbol{z}_4 = \boldsymbol{p}_a
\end{cases}
\tag{4-84}
$$

上述坐标变换的雅可比矩阵为：

$$\boldsymbol{\Gamma}=\begin{bmatrix}\dfrac{\partial z}{\partial \boldsymbol{q}^{\mathrm{T}}}\\ \dfrac{\partial z}{\partial \boldsymbol{p}^{\mathrm{T}}}\end{bmatrix}=\begin{bmatrix}1 & \dfrac{\partial \sigma}{\partial \boldsymbol{q}_a^{\mathrm{T}}} & 0 & 0\\ \dfrac{\partial z_2}{\partial \boldsymbol{q}_u^{\mathrm{T}}} & \dfrac{\partial z_2}{\partial \boldsymbol{q}_a^{\mathrm{T}}} & 1 & \boldsymbol{I}_{uu}^{-1}\boldsymbol{I}_{au}\\ 0 & 1 & 0 & 0\\ 0 & 0 & 0 & 1\end{bmatrix} \tag{4-85}$$

计算式(4-85)的行列式有 $\det(\boldsymbol{\Gamma})=-1<0$，因此该坐标变换是一个非奇异坐标变换。其逆变换为：

$$\begin{cases}\boldsymbol{q}_u=\boldsymbol{z}_1-\sigma(z_3)\\ \boldsymbol{q}_a=\boldsymbol{z}_3\\ \boldsymbol{p}_u=\boldsymbol{z}_2-\boldsymbol{I}_{uu}^{-1}\boldsymbol{I}_{au}z_4\\ \boldsymbol{p}_a=\boldsymbol{z}_4\end{cases} \tag{4-86}$$

显然，坐标变换 T 及其逆变换均是连续的，因此是一个同胚变换。令 $\sigma(\boldsymbol{z}_3)=0$，从而式(4-83)变换为：

$$\begin{cases}\dot{\boldsymbol{z}}_1=\boldsymbol{h}_1(z_2-\boldsymbol{I}_{uu}^{-1}\boldsymbol{I}_{au}\boldsymbol{z}_4)+\boldsymbol{h}_2\boldsymbol{z}_4+\boldsymbol{h}_3\boldsymbol{z}_1\\ \dot{\boldsymbol{z}}_2=\boldsymbol{J}_1[\boldsymbol{c}_1\boldsymbol{z}_1+\boldsymbol{c}_2\boldsymbol{z}_3+\boldsymbol{c}_3(\boldsymbol{z}_2-\boldsymbol{I}_{uu}^{-1}\boldsymbol{I}_{ua}\boldsymbol{z}_4)]\\ \dot{\boldsymbol{z}}_3=\boldsymbol{z}_4\\ \dot{\boldsymbol{z}}_4=\boldsymbol{v}+\boldsymbol{J}_{uu}\boldsymbol{u}\end{cases} \tag{4-87}$$

其中，

$$\boldsymbol{J}_1=\boldsymbol{J}_{aa}-\boldsymbol{I}_{uu}^{-1}\boldsymbol{I}_{au}\boldsymbol{J}_{ua}$$

$$\begin{aligned}\boldsymbol{v}=&(\boldsymbol{J}_{ua}\boldsymbol{c}_1+\boldsymbol{J}_{uu}\boldsymbol{c}_4)\boldsymbol{z}_1+(\boldsymbol{J}_{ua}\boldsymbol{c}_2+\boldsymbol{J}_{uu}\boldsymbol{c}_5)\boldsymbol{z}_3+\boldsymbol{J}_{ua}\boldsymbol{c}_3(\boldsymbol{z}_2-\boldsymbol{I}_{uu}^{-1}\boldsymbol{I}_{au}\boldsymbol{z}_4)\\&+(\boldsymbol{J}_{ua}\boldsymbol{c}_{xy}+\boldsymbol{J}_{uu}\boldsymbol{c}_6)\boldsymbol{z}_4+\boldsymbol{J}_{uu}\boldsymbol{c}_n\end{aligned}$$

$$\boldsymbol{c}_1=\begin{bmatrix}0 & m_y^{\beta}qSL+\mu_P C_z^{\beta}qS(L_B-L_P)\\ m_z^{\alpha}qSL+\mu_P C_y^{\alpha}qS(L_P-L_B) & 0\end{bmatrix}$$

$$\boldsymbol{c}_2=\begin{bmatrix}0 & 0\\ 0 & \mu_P L_P X\end{bmatrix},\boldsymbol{c}_3=\begin{bmatrix}\dfrac{m_y^{\omega_y}qsL^2}{V} & 0\\ 0 & \dfrac{m_z^{\omega_z}qsL^2}{V}\end{bmatrix},\boldsymbol{c}_4=\begin{bmatrix}0 & 0\\ \mu_P L_P qSC_y^{\alpha} & 0\end{bmatrix}$$

$$\boldsymbol{c}_5=\begin{bmatrix}0 & 0\\ 0 & \mu_P L_P qSC_x\end{bmatrix},\boldsymbol{c}_6=\begin{bmatrix}\dfrac{m_x^{\omega_x}qsL^2}{V} & 0\\ 0 & 0\end{bmatrix},\boldsymbol{c}_{xy}=\begin{bmatrix}\dfrac{m_y^{\omega_x}qsL^2}{V} & 0\\ 0 & 0\end{bmatrix},\boldsymbol{c}_n=\begin{bmatrix}\mu_P L_P Z\delta\\ 0\end{bmatrix}$$

由于 T 是一个同胚坐标变换，因此 $[\boldsymbol{p},\boldsymbol{q}]=0$ 等价于 $\boldsymbol{z}=0$。那么原系统渐近稳定在平衡点就等价于新系统(4-83)渐近稳定在平衡点。而新系统(4-87)是一个级联非线性系统，控制输入 $\boldsymbol{u}$ 只作用于状态变量 $\boldsymbol{z}_4$，这种结构上的简化使得很多非线性控制方法可以使用。

4.4.2.2　控制器设计

依然采用浸入与不变流形理论设计耦合控制器。首先，选择目标系统，当 $\boldsymbol{z}_3=\boldsymbol{z}_4=\boldsymbol{0}$ 时，式(4-87)中的 $(\boldsymbol{z}_1,\boldsymbol{z}_2)$ 选为目标系统的状态变量 $(\boldsymbol{\xi}_1,\boldsymbol{\xi}_2)$：

$$\begin{cases}\dot{\boldsymbol{\xi}}_1=\boldsymbol{h}_1\boldsymbol{\xi}_2+\boldsymbol{h}_3\boldsymbol{\xi}_1\\ \dot{\boldsymbol{\xi}}_2=\boldsymbol{J}_1(\boldsymbol{c}_1\boldsymbol{\xi}_1+\boldsymbol{c}_3\boldsymbol{\xi}_2)\end{cases}\tag{4-88}$$

其系数矩阵为：

$$\boldsymbol{A}=\begin{bmatrix}\boldsymbol{h}_3 & \boldsymbol{h}_1\\ \boldsymbol{J}_1\boldsymbol{c}_1 & \boldsymbol{J}_1\boldsymbol{c}_3\end{bmatrix}\tag{4-89}$$

选取特征点经过简单计算后，可知矩阵 $\boldsymbol{A}$ 的特征值均为负，因此目标系统是渐近稳定的。

然后，设 $\pi_1(\boldsymbol{\xi})=\boldsymbol{\xi}_1,\pi_2(\boldsymbol{\xi})=\boldsymbol{\xi}_2$，根据浸入条件可以求得完整的映射：

$$\boldsymbol{x}=\boldsymbol{\pi}(\boldsymbol{\xi})=[\boldsymbol{\xi}_1,\boldsymbol{\xi}_2,0,0]^{\mathrm{T}}\tag{4-90}$$

根据上述映射，定义流形外的动态变量：

$$\boldsymbol{e}=\boldsymbol{z}_4+\boldsymbol{\lambda}\boldsymbol{z}_3=\dot{\boldsymbol{z}}_3+\boldsymbol{\lambda}\boldsymbol{z}_3\tag{4-91}$$

其中，$\boldsymbol{\lambda}=\mathrm{diag}\{\lambda_1,\lambda_2\}$ 为正定的系数矩阵。注意到如果 $\boldsymbol{e}\to 0$，那么 $\boldsymbol{z}_3$ 会按照指数收敛的形式收敛至 0，进而 $\boldsymbol{z}_4$ 也收敛至 0。为了实现这一目标，选取：

$$\dot{\boldsymbol{e}}=-\boldsymbol{K}\boldsymbol{e}\tag{4-92}$$

其中，$K=\mathrm{diag}\{k_1,k_2\}$ 为正定矩阵，其取值决定了 $\boldsymbol{e}$ 的收敛速度。对式(4-91)求导并将式(4-92)代入得到：

$$\dot{\boldsymbol{e}}=\boldsymbol{v}+\boldsymbol{J}_{uu}\boldsymbol{u}+\boldsymbol{\lambda}\boldsymbol{z}_4\tag{4-93}$$

由式(4-92)和式(4-93)可以选取控制输入为：

$$\boldsymbol{u}=-\boldsymbol{J}_{uu}^{-1}(\boldsymbol{K}\boldsymbol{e}+\boldsymbol{v}+\boldsymbol{\lambda}\boldsymbol{z}_4)\tag{4-94}$$

考虑到系统的结构，在整个过程中会出现两个流形 M_1 和 M_2。显然，当变量 $\boldsymbol{e}$ 按指数规律收敛至 0 时，系统轨迹到达外流形 M_2。当流形外的变量 $\boldsymbol{z}_3$ 按指数规律收敛至 0 时，系统轨迹到达内流形 M_1。因为目标系统具有全局渐近稳定平衡点，系统轨迹将保持在流形 M_1 上并收敛至原点。注意，系数 K 和 λ 的选取必须保证流形的渐近吸引性，同时必须影响收敛速度。

接着来分析闭环系统的稳定性。首先，定义李雅普诺夫函数：

$$\boldsymbol{V}_1(\boldsymbol{\xi}_1,\boldsymbol{\xi}_2)=\frac{1}{2}\boldsymbol{\xi}_1^{\mathrm{T}}\boldsymbol{\xi}_1+\frac{1}{2}\boldsymbol{\xi}_2^{\mathrm{T}}\boldsymbol{\xi}_2 \tag{4-95}$$

求导得到：

$$\dot{\boldsymbol{V}}_1=\boldsymbol{\xi}_1^{\mathrm{T}}\boldsymbol{h}_3\boldsymbol{\xi}_1+\boldsymbol{\xi}_2^{\mathrm{T}}\boldsymbol{J}_1\boldsymbol{c}_3\boldsymbol{\xi}_2+\boldsymbol{\xi}_1^{\mathrm{T}}\boldsymbol{h}_1\boldsymbol{\xi}_2+\boldsymbol{\xi}_2^{\mathrm{T}}\boldsymbol{J}_1\boldsymbol{c}_1\boldsymbol{\xi}_1 \tag{4-96}$$

当 $\boldsymbol{z}_3=\boldsymbol{z}_4=0$ 时，变量 $\boldsymbol{z}_1$ 和 $\boldsymbol{z}_2$ 对应着 $\boldsymbol{\xi}_1$ 和 $\boldsymbol{\xi}_2$。由于矩阵 $\boldsymbol{A}$ 是赫尔维茨稳定的，因此 $\dot{\boldsymbol{V}}_1\leqslant 0$，从而 $\boldsymbol{z}_1$ 和 $\boldsymbol{z}_2$ 是有界且渐近收敛的。现在考虑在外流形 M_2 上（$\boldsymbol{e}=\boldsymbol{z}_4+\boldsymbol{\lambda}\boldsymbol{z}_3=0$）的正定函数 V_2：

$$V_2=\frac{1}{2}\boldsymbol{z}_1^{\mathrm{T}}\boldsymbol{z}_1+\frac{1}{2}\boldsymbol{z}_2^{\mathrm{T}}\boldsymbol{z}_2+\frac{1}{2}\boldsymbol{z}_3^{\mathrm{T}}\boldsymbol{z}_3 \tag{4-97}$$

求导得到：

$$\begin{aligned}\dot{V}_2(\boldsymbol{z},\boldsymbol{e}=0)&=\boldsymbol{z}_1^{\mathrm{T}}(\boldsymbol{h}_1\boldsymbol{z}_2+\boldsymbol{h}_2\boldsymbol{z}_4+\boldsymbol{h}_3\boldsymbol{z}_1)+\boldsymbol{z}_2^{\mathrm{T}}\boldsymbol{J}_1[\boldsymbol{c}_1\boldsymbol{z}_1+\boldsymbol{c}_2\boldsymbol{z}_3\\&\quad+\boldsymbol{c}_3(\boldsymbol{z}_2-\boldsymbol{I}_{uu}^{-1}\boldsymbol{I}_{ua}\boldsymbol{z}_4)]+\boldsymbol{z}_3^{\mathrm{T}}\dot{\boldsymbol{z}}_3\\&=\dot{V}_1+(\boldsymbol{z}_2^{\mathrm{T}}\boldsymbol{J}_1\boldsymbol{I}_{uu}^{-1}\boldsymbol{I}_{ua}-\boldsymbol{z}_1^{\mathrm{T}}\boldsymbol{h}_2)\boldsymbol{\lambda}\boldsymbol{z}_3+\boldsymbol{z}_2^{\mathrm{T}}\boldsymbol{J}_1\boldsymbol{c}_2\boldsymbol{z}_3-\boldsymbol{z}_3^{\mathrm{T}}\boldsymbol{\lambda}\boldsymbol{z}_3\\&\leqslant\dot{V}_1+\frac{\|\boldsymbol{z}_2^{\mathrm{T}}\boldsymbol{J}_1\boldsymbol{I}_{uu}^{-1}\boldsymbol{I}_{ua}-\boldsymbol{z}_1^{\mathrm{T}}\boldsymbol{h}_2\|^2+\|\boldsymbol{z}_2^{\mathrm{T}}\boldsymbol{J}_1\boldsymbol{c}_2\|^2}{2\sigma_1}\\&\quad+\frac{\sigma_1}{2}(\boldsymbol{z}_3^{T}\boldsymbol{\lambda}^{\mathrm{T}}\boldsymbol{\lambda}\boldsymbol{z}_3+\boldsymbol{z}_3^{\mathrm{T}}\boldsymbol{z}_3)-\boldsymbol{z}_3^{\mathrm{T}}\boldsymbol{\lambda}\boldsymbol{z}_3\end{aligned} \tag{4-98}$$

其中，$\sigma_1>0$。由上式最后一个不等式可知参数 σ_1 需要满足：

$$\dot{V}_1+\frac{\|\boldsymbol{z}_2^{\mathrm{T}}\boldsymbol{J}_1\boldsymbol{I}_{uu}^{-1}\boldsymbol{I}_{ua}-\boldsymbol{z}_1^{\mathrm{T}}\boldsymbol{h}_2\|^2+\|\boldsymbol{z}_2^{\mathrm{T}}\boldsymbol{J}_1\boldsymbol{c}_2\|^2}{2\sigma_1}<0 \tag{4-99}$$

选择 λ 满足：

$$\frac{\sigma_1}{2}(\lambda_i^2+1)-\lambda_i<0,i=1,2 \tag{4-100}$$

$\dot{V}_2\leqslant 0$ 保证了外流形 M_2 有界收敛，并且子系统($\boldsymbol{z}_1,\boldsymbol{z}_2,\boldsymbol{z}_3,\boldsymbol{z}_4$)在 $\boldsymbol{e}=\boldsymbol{0}$ 时全局渐近稳定。最后，定义全局正定函数 $V_3(\boldsymbol{z},\boldsymbol{e})$：

$$V_3(\boldsymbol{z},\boldsymbol{e})=\frac{1}{2}\boldsymbol{z}_1^{\mathrm{T}}\boldsymbol{z}_1+\frac{1}{2}\boldsymbol{z}_2^{\mathrm{T}}\boldsymbol{z}_2+\frac{1}{2}\boldsymbol{z}_3^{\mathrm{T}}\boldsymbol{z}_3+\frac{1}{2}\boldsymbol{e}^2 \tag{4-101}$$

对上式求导并注意到有 $\boldsymbol{z}_4=\dot{\boldsymbol{z}}_3=\boldsymbol{e}-\boldsymbol{\lambda}\boldsymbol{z}_3$，从而有：

$$\begin{aligned}\dot{V}_3(\boldsymbol{z},\boldsymbol{e})&=\dot{V}_2+\boldsymbol{z}_1^{\mathrm{T}}\boldsymbol{h}_2\boldsymbol{e}+\boldsymbol{z}_2^{\mathrm{T}}\boldsymbol{J}_1\boldsymbol{c}_3\boldsymbol{I}_{uu}^{-1}\boldsymbol{I}_{ua}\boldsymbol{e}+\boldsymbol{z}_3\boldsymbol{e}+\boldsymbol{e}\dot{\boldsymbol{e}}\\&\leqslant\dot{V}_2+\frac{\|\boldsymbol{z}_1^{\mathrm{T}}\boldsymbol{h}_2+\boldsymbol{z}_2^{\mathrm{T}}\boldsymbol{J}_1\boldsymbol{c}_3\boldsymbol{I}_{uu}^{-1}\boldsymbol{I}_{ua}+\boldsymbol{z}_3\|^2}{2\sigma_2}+\left(\frac{\sigma_2}{2}-K\right)\boldsymbol{e}^{\mathrm{T}}\boldsymbol{e}\end{aligned} \tag{4-102}$$

同样，参数 σ_2 需要满足：

$$\dot{V}_2 + \frac{\| \boldsymbol{z}_1^{\mathrm{T}} \boldsymbol{h}_2 + \boldsymbol{z}_2^{\mathrm{T}} \boldsymbol{J}_1 \boldsymbol{c}_3 \boldsymbol{I}_{uu}^{-1} \boldsymbol{I}_{ua} + \boldsymbol{z}_3 \|^2}{2\sigma_2} < 0 \tag{4-103}$$

选择 K 满足：

$$K_i > \frac{\sigma_2}{2} > -\frac{\| \boldsymbol{z}_1^{\mathrm{T}} \boldsymbol{h}_2 + \boldsymbol{z}_2^{\mathrm{T}} \boldsymbol{J}_1 \boldsymbol{c}_3 \boldsymbol{I}_{uu}^{-1} \boldsymbol{I}_{ua} + \boldsymbol{z}_3 \|^2}{4\dot{V}_2}, i = 1,2 \tag{4-104}$$

从而保证 $\dot{V}_3 \leqslant 0$。$\dot{V}_3 \leqslant 0$ 保证了 M_1 有界收敛。至此，在式(4-94) 给出的控制输入下，选择合适的控制增益可以保证整个闭环系统全局渐近稳定且收敛至原点。

4.4.2.3　脉冲宽度调制

对于滚转通道，控制律给出的控制指令是连续喷气推力，而 RCS 的控制逻辑是离散的。因此，需要将连续力矩离散化并调制为幅值相同、宽度不同的脉冲序列用以控制 RCS 的开启和关闭。

根据冲量等效原理，将控制器计算得到的指令推力 F_T 调制为不同脉冲宽度的 RCS 推力 F_{RCS}，调制关系为：

$$F_T \cdot T_s = F_{\mathrm{RCS}} \cdot \tau_n \tag{4-105}$$

其中，T_s 为采样周期，τ_n 为 RCS 的开启时间。由上式可以解出每个采样周期内 RCS 的开启时间 τ_n。RCS 的输出逻辑如下式：

$$F = \begin{cases} F_{\mathrm{RCS}} \operatorname{sign}(F_T), & t \in [nT_s, nT_s + \tau_n] \\ 0, & \tau_n < \tau_m \end{cases} \tag{4-106}$$

其中，sign 为符号函数，τ_m 为 RCS 开启的最小时间，引入 τ_m 有两个方面原因：①RCS 的频繁开启和关闭会导致燃料的浪费，同时会损耗开关器件；②RCS 作为一个物理系统，具有最小的开启时间限制。因此，需要设置一个控制死区在保证控制精度的条件下，使得 RCS 消耗的燃料较少。

4.4.3　自适应参数估计

同样，在实际飞行过程中俯仰、偏航和滚转通道的气动参数存在着不确定性，定义待估计的气动参数为：

$$\boldsymbol{\theta} = [m_y^{\beta}, m_z^{\alpha}, m_x^{\omega_x}, m_y^{\omega_y}, m_z^{\omega_z}, C_x, C_y^{\alpha}, C_z^{\beta}]^{\mathrm{T}} \tag{4-107}$$

从而式(4-78) 重写为：

$$\dot{\boldsymbol{p}} = \boldsymbol{W}(\boldsymbol{p}_u, \boldsymbol{p}_a)\boldsymbol{\theta} + \boldsymbol{G}\boldsymbol{u} \tag{4-108}$$

其中，

$$\boldsymbol{G}=[-\boldsymbol{J}_{uu},\boldsymbol{J}_{ua}]^{\mathrm{T}}$$

$\boldsymbol{W}(\boldsymbol{p}_u,\boldsymbol{p}_a)=$

$$qSI^{-1}\begin{bmatrix}\beta L^2 & 0 & 0 & \omega_y L^2/V & 0 & \dfrac{\omega_x L^2}{V} & 0 & 0 & \mu_P\beta(L_B-L_P\cos\delta)\\ 0 & \alpha L^2 & 0 & 0 & \dfrac{\omega_z L^2}{V} & 0 & \mu_P L_P\sin\delta & \mu_P\alpha(L_P\cos\delta-L_B) & 0\\ 0 & 0 & \alpha L^2 & 0 & 0 & 0 & 0 & 0 & \mu_P L_P\beta\sin\delta\\ 0 & 0 & 0 & 0 & 0 & 0 & \mu_P L_P\sin\delta & \mu_P\alpha L_P & 0\end{bmatrix}$$

为了避免求解偏微分方程，定义一阶滤波器：

$$\begin{cases}\dot{\boldsymbol{p}}_f=-a\boldsymbol{p}_f+\boldsymbol{p}\\ \dot{\boldsymbol{W}}_f=-a\boldsymbol{W}_f+\boldsymbol{W}\\ \dot{\boldsymbol{u}}_f=-a\boldsymbol{u}_f+\boldsymbol{u}\end{cases}\tag{4-109}$$

其中，$a>0$，从而有：

$$\dot{\boldsymbol{p}}_f=\boldsymbol{W}_f\boldsymbol{\theta}+\boldsymbol{G}\boldsymbol{u}_f\tag{4-110}$$

需要指出的是，由滤波引起的指数衰减信号已经被忽略[100]，定义参数估计误差为：

$$\boldsymbol{s}=\hat{\boldsymbol{\theta}}+\boldsymbol{\beta}-\boldsymbol{\theta}\tag{4-111}$$

其中，$\hat{\boldsymbol{\theta}}$ 为未知参数的部分估计，全部估计状态为 $\hat{\boldsymbol{\theta}}+\boldsymbol{\beta}$，$\boldsymbol{\beta}$ 为待设计的非线性函数。设计 $\boldsymbol{\beta}$ 为：

$$\boldsymbol{\beta}=\eta\boldsymbol{W}_f^{\mathrm{T}}\boldsymbol{p}_f\tag{4-112}$$

其中，$\eta>0$，对式(4-111) 求导可得：

$$\begin{aligned}\dot{\boldsymbol{s}}&=\dot{\hat{\boldsymbol{\theta}}}+\eta\dot{\boldsymbol{W}}_f^{\mathrm{T}}\boldsymbol{p}_f+\eta\boldsymbol{W}_f^{\mathrm{T}}(\boldsymbol{W}_f\boldsymbol{\theta}+\boldsymbol{G}\boldsymbol{u}_f)\\&=\dot{\hat{\boldsymbol{\theta}}}+\eta(-a\boldsymbol{W}_f+\boldsymbol{W})^{\mathrm{T}}\boldsymbol{p}_f+\eta\boldsymbol{W}_f^{\mathrm{T}}(\boldsymbol{W}_f\boldsymbol{\theta}+\boldsymbol{G}\boldsymbol{u}_f)\end{aligned}\tag{4-113}$$

根据式(4-113) 可以选择参数更新率为：

$$\dot{\hat{\boldsymbol{\theta}}}=-\eta(-a\boldsymbol{W}_f+\boldsymbol{W})^{\mathrm{T}}\boldsymbol{p}_f-\eta\boldsymbol{W}_f^{\mathrm{T}}[\boldsymbol{W}_f(\boldsymbol{\theta}+\boldsymbol{\beta})+\boldsymbol{G}\boldsymbol{u}_f]\tag{4-114}$$

将更新率代入式(4-113) 得到估计误差的动态方程：

$$\dot{\boldsymbol{s}}=-\eta\boldsymbol{W}_f^{\mathrm{T}}\boldsymbol{W}_f\boldsymbol{s}\tag{4-115}$$

显然，只要选取合理的参数 η，即可保证估计误差渐近收敛至零。

为了检验整个闭环系统的稳定性，考虑如下李雅普诺夫函数：

$$V = V_3 + V_s = V_3 + \frac{1}{2\eta}\boldsymbol{s}^{\mathrm{T}}\boldsymbol{s} \tag{4-116}$$

求导可得：

$$\begin{aligned}\dot{V} &= \dot{V}_3 + \dot{V}_s \\ &\leqslant \dot{V}_2 + \frac{\|\boldsymbol{z}_1^{\mathrm{T}}\boldsymbol{m}_2 + \boldsymbol{z}_2^{\mathrm{T}}\boldsymbol{J}_1\boldsymbol{c}_3\boldsymbol{I}_{uu}^{-1}\boldsymbol{I}_{ua} + \boldsymbol{z}_3\|^2}{2\sigma_2} + \left(\frac{\sigma_2}{2} - K\right)\boldsymbol{e}^{\mathrm{T}}\boldsymbol{e} - \boldsymbol{W}_f\boldsymbol{s}^2\end{aligned} \tag{4-117}$$

结合前面的推导可知 $\dot{V} \leqslant 0$，说明整个闭环系统是全局渐近稳定的。闭环系统的轨迹是渐近收敛至如下吸引流形：

$$\boldsymbol{\Omega} = \{(\boldsymbol{W}_f, \boldsymbol{s}) : \boldsymbol{W}_f\boldsymbol{s} = 0\} \tag{4-118}$$

因此，当估计误差到达流形上时，所设计的I&I控制律可以保证其具有确定控制律的性能，从而实现稳定控制。$\hat{\boldsymbol{\theta}} + \boldsymbol{\beta}$ 是对参数真实值的估计，它可以克服参数不确定性。不过，注意到当$\boldsymbol{W}_f\boldsymbol{s}$ 收敛至0时，并不意味着参数误差 $\boldsymbol{s}$ 也收敛至0，即参数估计值并没有收敛至对应的真实值。这是因为输入的参考信号并不是持续激励信号，因此无法保证参数估计算法一致收敛。

4.4.4　数值仿真

变质心飞行器总体参数由表 2-1 和表 4-1 给出。飞行高度为 10km，飞行速度为 $5Ma$，初始状态 $(\alpha_0, \beta_0, \gamma_0) = (0°, 1°, 0°)$。RCS的单个发动机推力为600N，安装半径为 1.1m。BTT 控制的目标是将期望的升力保持在期望的方向上，并且保证侧滑角足够小。因此，给出指令角为：

$$\begin{cases}\alpha_c = 1°, \beta_c = 0°, \gamma_c = 10°, 0 \leqslant t < 1.5 \\ \alpha_c = 2°, \beta_c = 0°, \gamma_c = 0°, 1.5 \leqslant t \leqslant 3\end{cases}$$

控制参数选择 $K = \mathrm{diag}\{15, 50\}$ 和 $\lambda = \mathrm{diag}\{5, 10\}$。

4.4.4.1　与全驱动的控制对比

为了说明欠驱动控制的控制效果，采用动态逆(dynamic inversion，DI) 方法设计全驱动控制器(俯仰控制器为双回路设计)，与提出的欠驱动耦合控制器作仿真对比。其中，俯仰子系统采用双回路控制策略，横向子系统则是全驱动控制，即RCS产生滚转力矩 $M_{x\mathrm{RCS}}$ 和偏航力矩 $M_{y\mathrm{RCS}}$。采用线性规划技术来解决RCS喷管的分配逻辑，性能指标选择所有发动机开启的时间和为最小。对比仿真结果如图 4-16 所示。

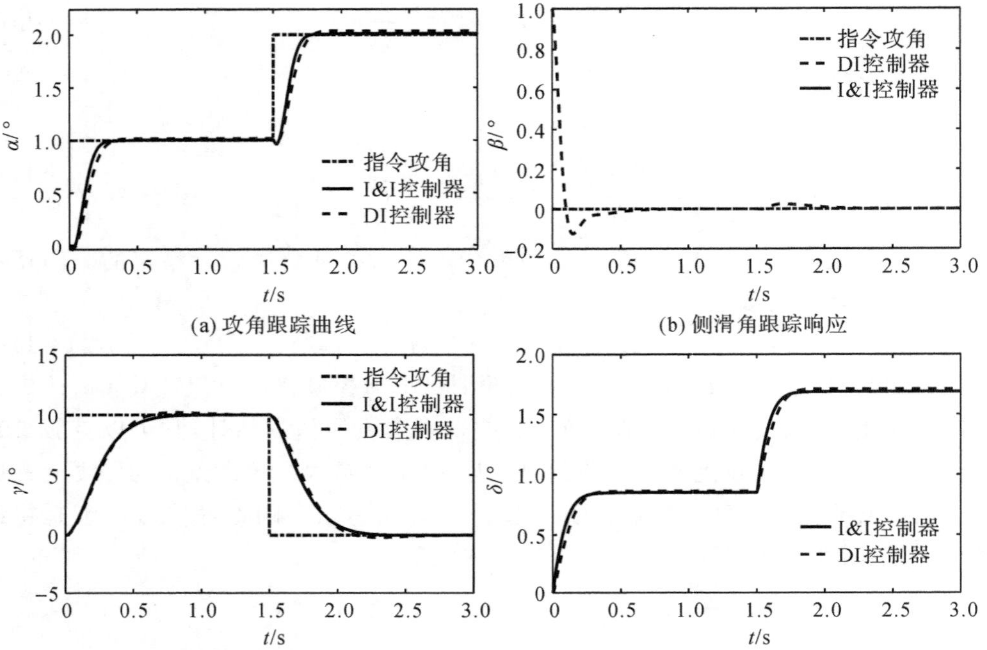

(a) 攻角跟踪曲线　(b) 侧滑角跟踪响应

(c) 滚转角跟踪响应　(d) 偏转角响应

图 4-16　不同控制器的跟踪响应对比

从图 4-16 可看出，欠驱动控制具有良好的动态特性和稳态特性，可以快速准确地跟踪指令信号。对于攻角的跟踪，显然姿态／伺服一体化控制器要快于双回路控制器。不过从侧滑角的跟踪曲线可以看出，由于全驱动控制可以保证 RCS 直接控制偏航通道，因此全驱动情况下的侧滑角响应速度要快于欠驱动情况。

图 4-17 和图 4-18 分别给出的是欠驱动与全驱动的控制输入。在 RCS 控制中，对比两种控制策略下发动机开启总时间为 $J=\sum_{i=1}^{4} t_i$，欠驱动控制时发动机开启总时间为 0.85s，全驱动控制时发动机开启总时间为 1.29s。欠驱动控制可以节省约 34% 的燃料。显然，在欠驱动控制情况下，发动机可同时工作，并不需要进行控制分配。因此，欠驱动控制方式相比于全驱动控制方式，具有耗能少、控制逻辑简单的优点，从而延长了发动机的使用寿命。

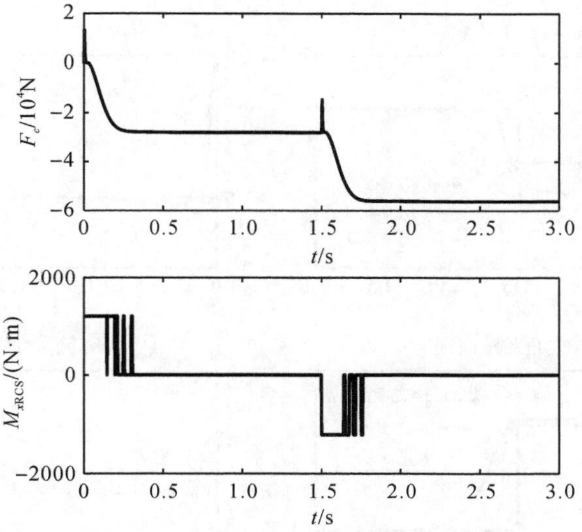

图 4-17　欠驱动控制的控制输入

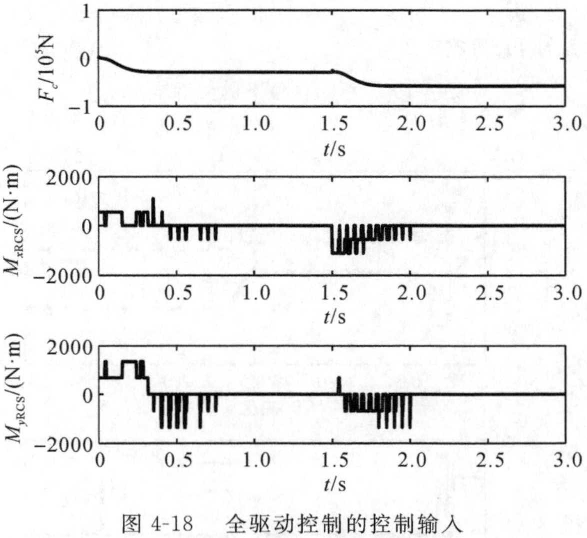

图 4-18　全驱动控制的控制输入

4.4.4.2　不同构型的控制对比

将质点式的单滑块变质心控制与本书提出的大质量比的单滑块控制进行比较，两种构型均采用欠驱动控制，通过对比仿真来分析不同构型下的姿态跟踪效果，仿真结果如图 4-19 和图 4-20 所示。

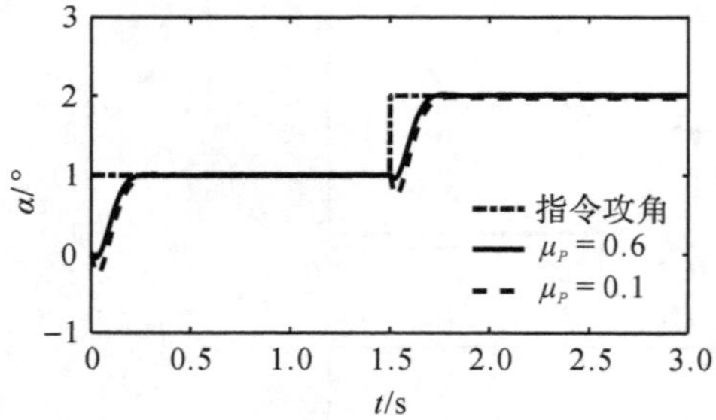

(a) 攻角跟踪曲线

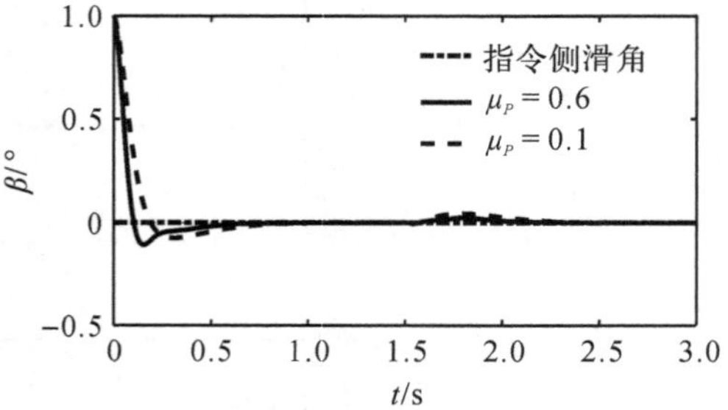

(b) 侧滑角跟踪响应

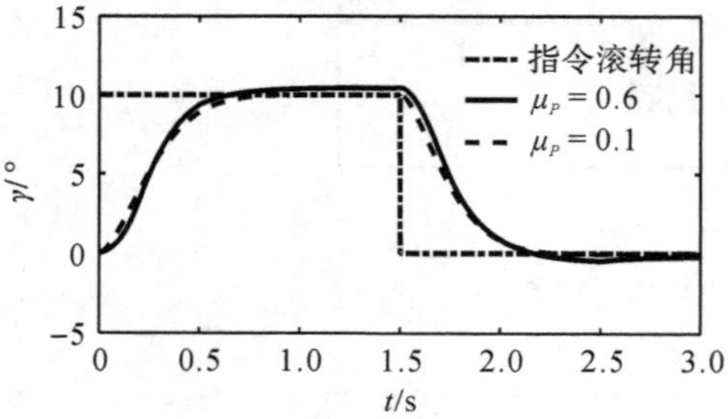

(c) 滚转角跟踪响应

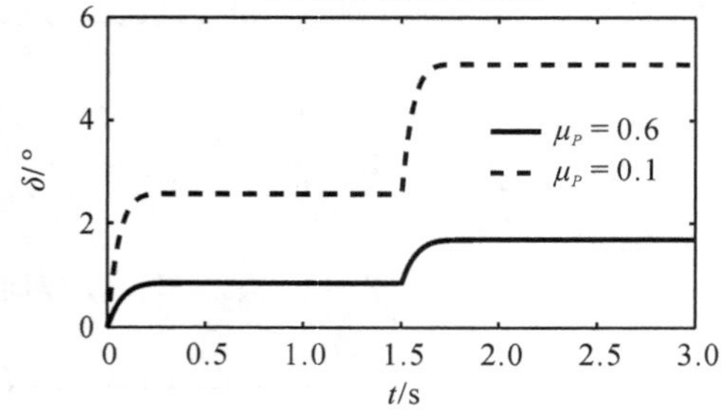

(d) 偏转角响应

图 4-19　不同构型下的跟踪响应

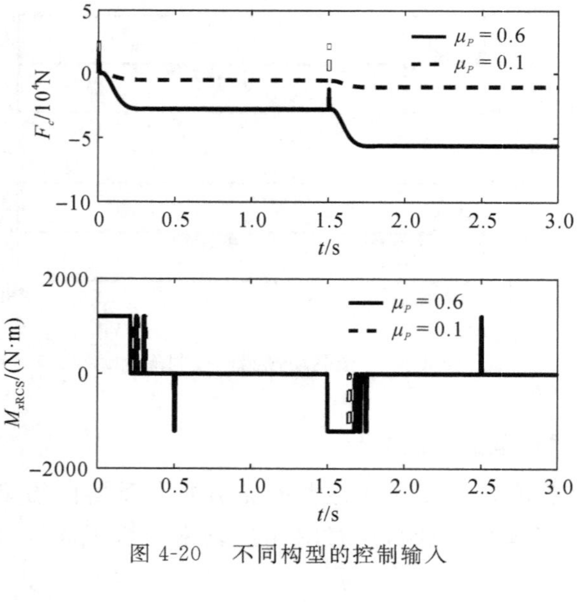

图 4-20　不同构型的控制输入

从仿真结果可以看出，本书提出的大质量比的单滑块控制方案相比于质点式控制具有更快的响应速度，并且超调较小。由于滚转通道和偏航通道是通过转动惯性耦合的，这种耦合程度随着滑块质量比的增加而增加，因此具有大质量比的单滑块构型的侧滑角响应要比质点式控制得更快。此外，滑块质量比决定了偏转角的幅值，在产生相同大小的攻角时，更大的质量比可以减小滑块的位移。

从图 4-20 可以看出，更大的滑块质量比需要更大的伺服力矩来驱动，因此为了获得更强的机动能力所付出的代价就是需要更多的能量驱动滑块。对于质点式控制，经过计算可知 RCS 发动机开启时间为 0.88s，显然对于滚转通道，两种控制方式并没有明显区别。

4.4.4.3　自适应控制仿真

为了检验估计器的性能，假设气动参数未知，并且加入 ±30% 的摄动，更新率参数选择 $\eta=5$。仿真结果如图 4-21、图 4-22 和图 4-23 所示。

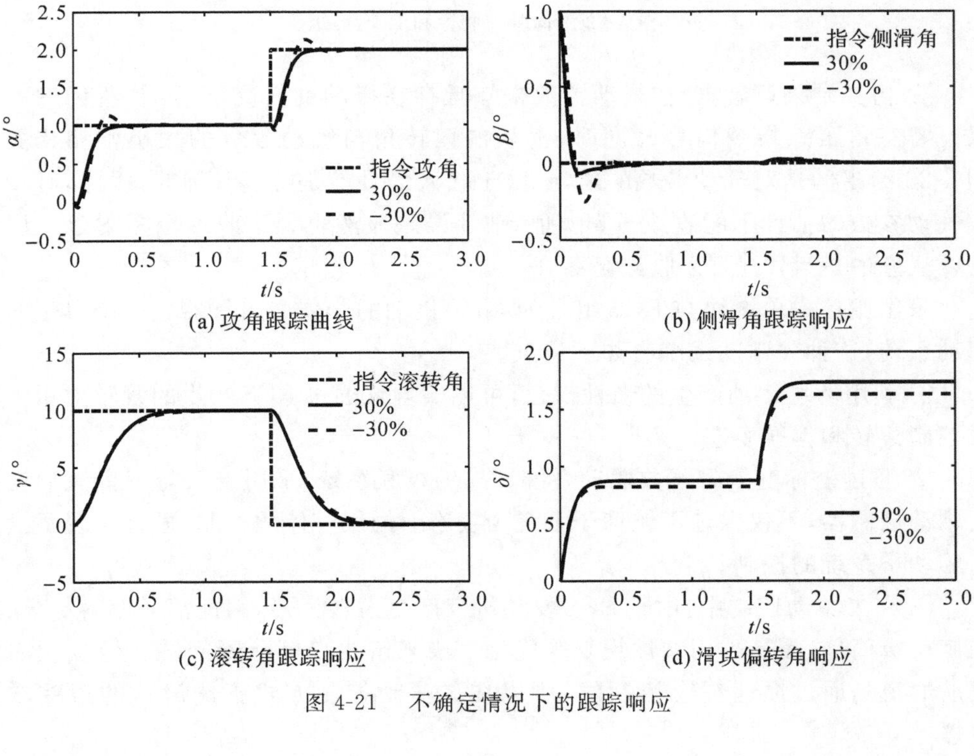

图 4-21　不确定情况下的跟踪响应

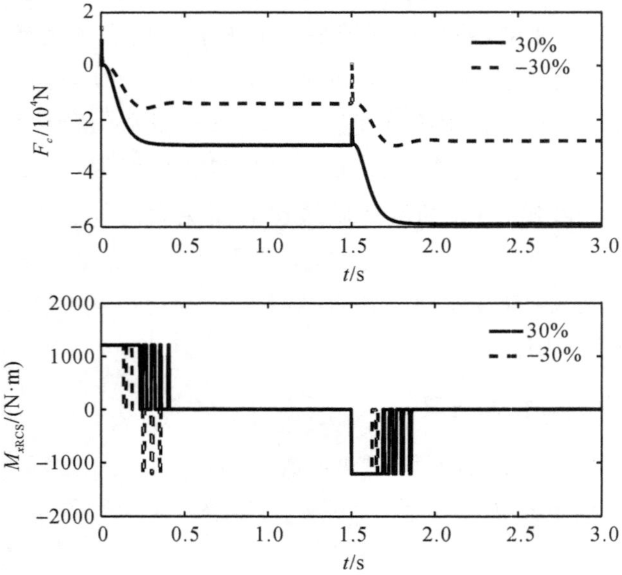

图 4-22　伺服控制力和 RCS 力矩

从仿真结果可看出，在气动参数未知且存在摄动的情况下，控制器仍然可以保证姿态角跟踪指令信号。同时，滑块的偏转角与气动参数的大小密切相关。图 4-23 给出的是对气动参数的估计，由于输入信号不是持续激励的，因此，对于未知气动参数的估计不能收敛至真实值，估计误差显然也无法收敛至零附近。但是需要注意的是，$\|\boldsymbol{W}_S\|$可以收敛至零。

采用俯控式单滑块与 RCS 组合的 BTT 机动的变质心飞行器是一个典型的欠驱动系统，这种欠驱动系统有如下特点。

① 利用滑块运动产生的惯性耦合，可以实现仅通过 RCS 产生的滚转力矩来同时控制滚转和偏航姿态。

② 通过坐标变换将原欠驱动系统转换为级联系统，采用浸入与不变流形设计欠驱动控制器，不仅保证了俯仰子系统为姿态 / 伺服一体化控制，而且实现了横向欠驱动子系统的控制。

③ 在欠驱动控制中，由于 RCS 发动机仅产生滚转力矩，因此消耗燃料更少，且控制逻辑简单，无需采用线性规划等优化手段来解决控制分配问题。但也正因为偏航通道是通过惯性耦合控制的，所以在欠驱动控制方式下侧滑角的跟踪响应较慢。

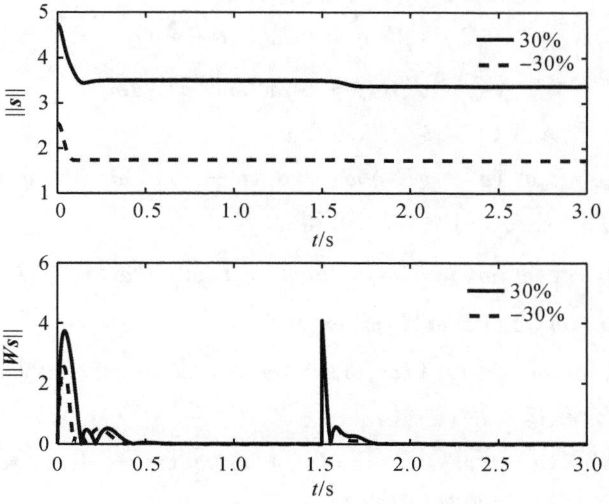

图 4-23　参数估计及其误差

4.5　变质心航天器姿态控制

4.5.1　基于李雅普诺夫函数的控制器设计

采用四元数描述航天器姿态。假设 $Q=q_1+\boldsymbol{q}=q_1+q_2\boldsymbol{i}+q_3\boldsymbol{j}+q_4\boldsymbol{k}$ 为航天器本体坐标系相对于参考轨道系的姿态四元数，运动学方程和动力学方程为：

$$\begin{bmatrix}\dot{q}\\ \dot{\boldsymbol{q}}\end{bmatrix}=\frac{1}{2}\begin{bmatrix}-\boldsymbol{q}^{\mathrm{T}}\\ \boldsymbol{q}^{\times}+qE_3\end{bmatrix}\boldsymbol{\omega}_e \tag{4-119}$$

$$\boldsymbol{I}\dot{\boldsymbol{\omega}}_e=-\boldsymbol{I}(\boldsymbol{\omega}_o^b\times\boldsymbol{\omega}_e)-(\boldsymbol{\omega}_e+\boldsymbol{\omega}_o^b)\times[\boldsymbol{I}(\boldsymbol{\omega}_e+\boldsymbol{\omega}_o^b)]+\boldsymbol{T}_m+\boldsymbol{T}_r \tag{4-120}$$

构造如下李雅普诺夫函数：

$$V=k_q\boldsymbol{q}^{\mathrm{T}}\boldsymbol{q}+k_q(q-1)^2+\frac{1}{2}\boldsymbol{\omega}_e^{\mathrm{T}}\boldsymbol{I}\boldsymbol{\omega}_e+\frac{1}{2}(K_I\boldsymbol{\omega}_o^{\mathrm{T}}\boldsymbol{\omega}_o-\boldsymbol{\omega}_o^{\mathrm{T}}\boldsymbol{I}\boldsymbol{\omega}_o) \tag{4-121}$$

其中，k_q 和 K_I 为正的常数，K_I 大于等于壳体转动惯量矩阵的最大元素值；易知，当且仅当 $\boldsymbol{Q}=[1,0,0,0]^{\mathrm{T}}$，并且 $\boldsymbol{\omega}_e=[0,0,0]^{\mathrm{T}}$ 时，李雅普诺夫函数为零。

对李雅普诺夫函数求导，可得：

$$\dot{V}=2k_q\boldsymbol{q}^{\mathrm{T}}\dot{\boldsymbol{q}}+2k_q(\boldsymbol{q}-1)\dot{\boldsymbol{q}}+\boldsymbol{\omega}_e^{\mathrm{T}}\boldsymbol{I}\dot{\boldsymbol{\omega}}_e+K_I\boldsymbol{\omega}_o^{\mathrm{T}}\dot{\boldsymbol{\omega}}_o-\boldsymbol{\omega}_o^{\mathrm{T}}\boldsymbol{I}\dot{\boldsymbol{\omega}}_o \tag{4-122}$$

将上式分为关于四元数和关于角速度的两部分：

$$\dot{V}_q = 2k_q\boldsymbol{q}^{\mathrm{T}}\dot{\boldsymbol{q}} + 2k_q(\boldsymbol{q}-1)\dot{\boldsymbol{q}} \tag{4-123}$$

$$\dot{V}_\omega = \boldsymbol{\omega}_e^{\mathrm{T}}\boldsymbol{I}\dot{\boldsymbol{\omega}}_e + K_I\boldsymbol{\omega}_o^{\mathrm{T}}\dot{\boldsymbol{\omega}}_o - \boldsymbol{\omega}_o^{\mathrm{T}}\boldsymbol{I}\dot{\boldsymbol{\omega}}_o \tag{4-124}$$

将式(4-119)代入式(4-123)中，可得：

$$\dot{V}_{\boldsymbol{q}} = k_q\boldsymbol{q}^{\mathrm{T}}(\boldsymbol{q}^{\times} + \boldsymbol{q}E_3)\boldsymbol{\omega}_e - k_q(\boldsymbol{q}-1)\boldsymbol{q}^{\mathrm{T}}\boldsymbol{\omega}_e = k_q\boldsymbol{q}^{\mathrm{T}}\boldsymbol{\omega}_e \tag{4-125}$$

将式(4-120)代入式(4-124)中，可得：

$$\begin{aligned}\dot{V}_\omega = & -\boldsymbol{\omega}_e^{\mathrm{T}}\{+\boldsymbol{I}(\boldsymbol{\omega}_o^{\times}\boldsymbol{\omega}_e) + (\boldsymbol{\omega}_e+\boldsymbol{\omega}_o)^{\times}[\boldsymbol{I}(\boldsymbol{\omega}_e+\boldsymbol{\omega}_o)] - \boldsymbol{T}\} \\ & + \boldsymbol{K}_I\boldsymbol{\omega}_o^{\mathrm{T}}(\boldsymbol{\omega}_o^{\times}\boldsymbol{\omega}_e) - \boldsymbol{\omega}_o^{\mathrm{T}}\boldsymbol{I}(\boldsymbol{\omega}_o^{\times}\boldsymbol{\omega}_e) \\ = & -\boldsymbol{\omega}_o^{\mathrm{T}}\boldsymbol{I}(\boldsymbol{\omega}_o^{\times}\boldsymbol{\omega}_e) - \boldsymbol{\omega}_e^{\mathrm{T}}\boldsymbol{I}(\boldsymbol{\omega}_o^{\times}\boldsymbol{\omega}_e) - \boldsymbol{\omega}_e^{\mathrm{T}}\boldsymbol{\omega}_o^{\times}[\boldsymbol{I}(\boldsymbol{\omega}_e+\boldsymbol{\omega}_o)] + \boldsymbol{\omega}_e^{\mathrm{T}}\boldsymbol{T}\end{aligned} \tag{4-126}$$

由矢量的混合积运算法，则得：

$$\boldsymbol{\omega}_e^{\mathrm{T}}\boldsymbol{\omega}_o^b \times [\boldsymbol{I}(\boldsymbol{\omega}_e + \boldsymbol{\omega}_o^b)] = -(\boldsymbol{I}\boldsymbol{\omega}_e)^{\mathrm{T}}\boldsymbol{\omega}_o^b \times \boldsymbol{\omega}_e - (\boldsymbol{I}\boldsymbol{\omega}_o^b)^{\mathrm{T}}\boldsymbol{\omega}_o^b \times \boldsymbol{\omega}_e \tag{4-127}$$

由于惯量矩阵为对称矩阵，因此有：

$$\begin{aligned}\boldsymbol{\omega}_e^{\mathrm{T}}\boldsymbol{I} &= (\boldsymbol{I}\boldsymbol{\omega}_e)^{\mathrm{T}} \\ \boldsymbol{\omega}_o^{b\mathrm{T}}\boldsymbol{I} &= (\boldsymbol{I}\boldsymbol{\omega}_o^b)^{\mathrm{T}}\end{aligned} \tag{4-128}$$

将式(4-127)和式(4-128)代入式(4-126)中，可得：

$$\dot{V}_\omega = \boldsymbol{\omega}_e^{\mathrm{T}}(\boldsymbol{T}_m + \boldsymbol{T}_r) \tag{4-129}$$

对于采用滑块和磁力矩器进行复合控制的变质心卫星，控制力矩可表示为：

$$\boldsymbol{T} = \boldsymbol{T}_m + \boldsymbol{T}_r = \boldsymbol{F}_{aero}^{\times}\sum\boldsymbol{\mu}_i\boldsymbol{r}_i - \boldsymbol{B}^{\times}\boldsymbol{L}_m \tag{4-130}$$

其中，$\boldsymbol{B}$ 为地磁场在航天器本体系下的分量式，$\boldsymbol{L}_m$ 为航天器磁矩在航天器本体系下的分量式。

令滑块总的位移为：

$$\boldsymbol{u} = \sum\boldsymbol{\mu}_i\boldsymbol{r}_i \tag{4-131}$$

同时，假设磁矩 $\boldsymbol{L}_m$ 为 $\boldsymbol{u}$ 的线性函数，即：

$$\boldsymbol{L}_m = \frac{\boldsymbol{B}^{\times}}{\|\boldsymbol{B}\|}\boldsymbol{u} \tag{4-132}$$

则总的控制力矩可表示为：

$$\boldsymbol{T} = \left(\boldsymbol{F}_{aero}^{\times} - \boldsymbol{B}^{\times}\frac{\boldsymbol{B}^{\times}}{\|\boldsymbol{B}\|}\right)\boldsymbol{u} = \boldsymbol{F}_z\boldsymbol{u} \tag{4-133}$$

结合式(4-125)和式(4-129)，最终得到

$$\dot{V} = \boldsymbol{\omega}_e^{\mathrm{T}}(k_q\boldsymbol{q} + \boldsymbol{F}_z\boldsymbol{u}) \tag{4-134}$$

因此，根据李雅普诺夫稳定性准则，设计控制量：

$$\boldsymbol{u}=-K^{-1}(k_q\boldsymbol{q}+k_\omega\boldsymbol{\omega}_e) \tag{4-135}$$

上述控制律的作用下有 $\dot{V}<0$，从而可以保证卫星的姿态大范围渐进稳定。

由于滑块位移最大不能超出立方星壳体，因此需要注意滑块位移的饱和性。假设 l 为滑块的最大位移，则附加气动力矩最终由下式表示：

$$\boldsymbol{T}_r=\begin{cases}\boldsymbol{T}_r(r_y,r_z), & \|r_y\|\leqslant l \text{ 且 } \|r_z\|\leqslant l\\ \boldsymbol{T}_r(l,r_z), & \|r_y\|\geqslant l \text{ 且 } \|r_z\|\leqslant l\\ \boldsymbol{T}_r(r_y,l), & \|r_y\|\leqslant l \text{ 且 } \|r_z\|\geqslant l\\ \boldsymbol{T}_r(l,l), & \|r_y\|\geqslant l \text{ 且 } \|r_z\|\geqslant l\end{cases} \tag{4-136}$$

同样考虑到磁力矩器的饱和性，假设 $M_{\max}$ 为最大磁偶极矩，电磁力矩最终由下式表示：

$$\boldsymbol{T}_m=\begin{cases}\dfrac{\boldsymbol{B}}{\|\boldsymbol{B}\|}\times\boldsymbol{u}\times\boldsymbol{B}, & \|\boldsymbol{m}\|\leqslant M_{\max}\\ \boldsymbol{m}_{\max}\times\boldsymbol{B}, & \|\boldsymbol{m}\|\geqslant M_{\max}\end{cases} \tag{4-137}$$

需要说明的是，上述控制律在一些特殊情况下是无法实现姿态稳定的。例如，当卫星轨道运行速度方向与当地的地磁场磁感应强度方向一致时，附加气动力矩和电磁力矩均无法提供沿卫星轨道运行速度方向的力矩。但鉴于姿态存在惯性，故这种情况不会长期存在。因此，在一般情况下，上述方式可较好地实现理论控制力矩。

4.5.2　数值仿真

假定航天器在 350km 高度的圆轨道运行，所处环境大气密度为 $2.803\times10^{-12}\,\mathrm{kg/m^3}$，卫星对地心惯性系的转动角速度及轨道运行速度分别为 $\omega_o=11.46\times10^{-4}\,\mathrm{rad/s}$ 和 $V=7.701\times10^3\,\mathrm{m/s}$。地磁场模型采用第 12 代 IGRF(International Geomagnetic Reference Field) 地磁场模型。

滑块与航天器总体质量之比为 0.06。航天器阻力系数为 $C_d=2.2$，立方星边长 $a=0.3\mathrm{m}$。卫星壳体转动惯量矩阵为：

$$\boldsymbol{J}=\begin{bmatrix}0.011 & 0 & 0\\ 0 & 0.0138 & 0\\ 0 & 0 & 0.0043\end{bmatrix}$$

仿真结果如图 4-24 所示。从四元数的变化曲线可以看出，在卫星运行的第一圈，姿态四元数存在一定的振荡现象，这是由于附加气动力矩和电磁力矩物理本质上的限制使其无法完全实现理论控制力矩。即便如此，航天器姿态仍然逐渐趋于期望姿态，说明基于李雅普诺夫直接法设计的控制律具有一定的鲁棒性。大约在运行 2 ～ 3 圈后，卫星姿态基本稳定在期望姿态不再改变，这说明对于单颗卫星的姿态控制，变质心控制方法很好地实现了预期目标。

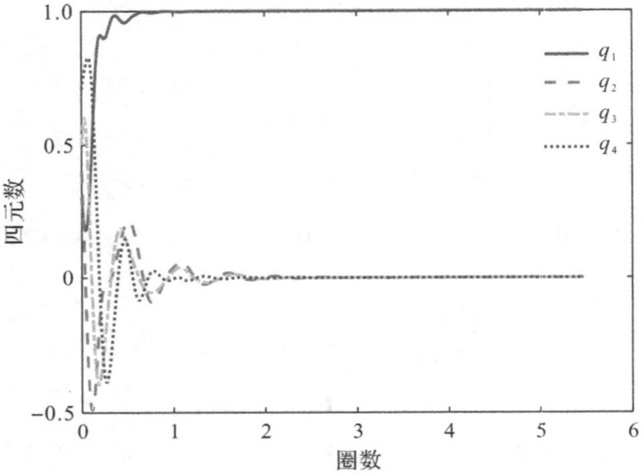

图 4-24　四元数变化曲线

在控制器设计中，由于考虑到了滑块和磁力矩器的饱和特性，因此理论上设计得到的控制力矩和经过力矩分配后得到的实际力矩存在偏差。图 4-25 和图 4-26 给出了理论控制力矩和实际控制力矩的对比结果。

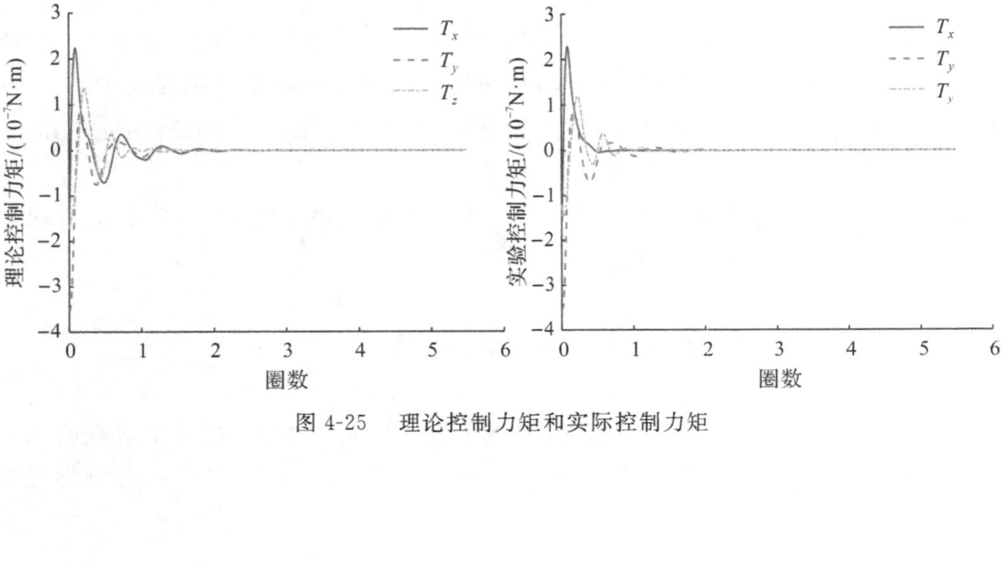

图 4-25　理论控制力矩和实际控制力矩

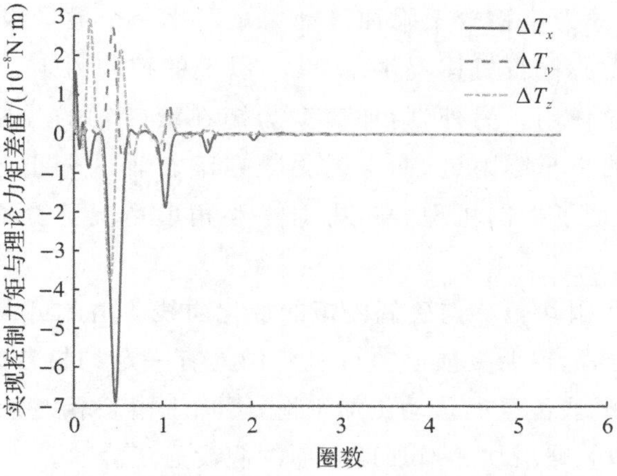

图 4-26　理论控制力矩与实际控制力矩偏差

可以看出，在航天器在轨运行过程中，实际控制力矩与理论控制力矩数量级相同、三轴峰值力矩相近、整体走势一致，说明变质心执行机构能够提供航天器姿态稳定所需的力矩。而实际控制力矩与理论控制力矩的差值相比于其自身要小一个数量级，这说明本书采用的力矩分配方式较好地实现了理论控制力矩。在卫星运行的第一圈，由于姿态误差仍然较大，由反馈控制律计算得到的理论控制力矩也较大，三轴控制力矩与理论控制力矩均存在着较大的差异。当姿态误差逐渐减小时，力矩误差迅速减小，说明在小角度偏差的情况下，变质心控制系统性能迅速提高。在卫星运行的每一圈中，力矩误差的三轴峰值均出现在滚转轴上，这是由于变质心控制系统优先实现对偏航轴和俯仰轴的控制，因此对滚转轴的控制能力减弱。

电磁力矩和附加气动力矩结果，如图 4-27 所示。

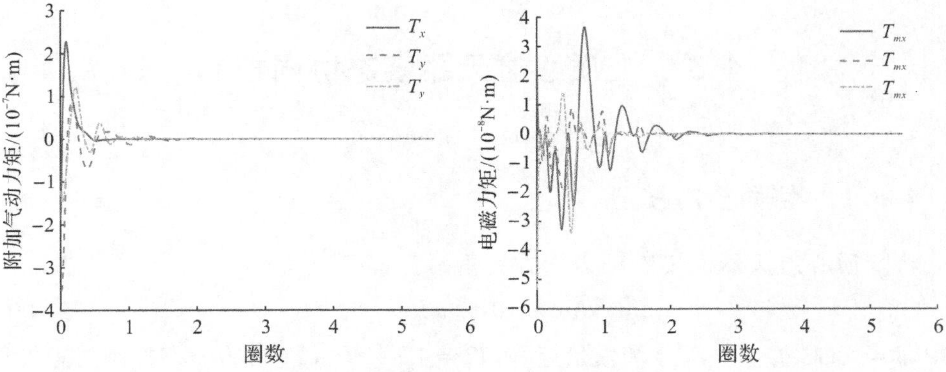

图 4-27　附加气动力矩和电磁力矩

可以看出,电磁力矩相较于附加气动力矩要小一个数量级,且振荡现象更加明显。这说明变质心执行机构提供了 90% 以上的控制力矩,在理论控制力矩的实现过程中起主导作用。另外,附加气动力矩在滚转轴的分量在航天器运行的第一圈中便迅速减小至零附近,而电磁力矩在滚转轴的分量一般要大于其他两轴的分量,这就验证了控制机理分析中对于小角度情况下变质心控制力矩控制性能的分析。

图 4-28 反映了滑块位移与磁偶极矩的变化曲线。由此可以看出,滑块位移基本上都小于最大行程,说明变质心执行机构仍具有一定的控制余量。相较于磁偶极矩的变化情况,滑块位置的移动更加平滑,再加上滑块相对加速度非常小,因此这可以说明建模中忽略滑块相对加速度项的假设是正确的。

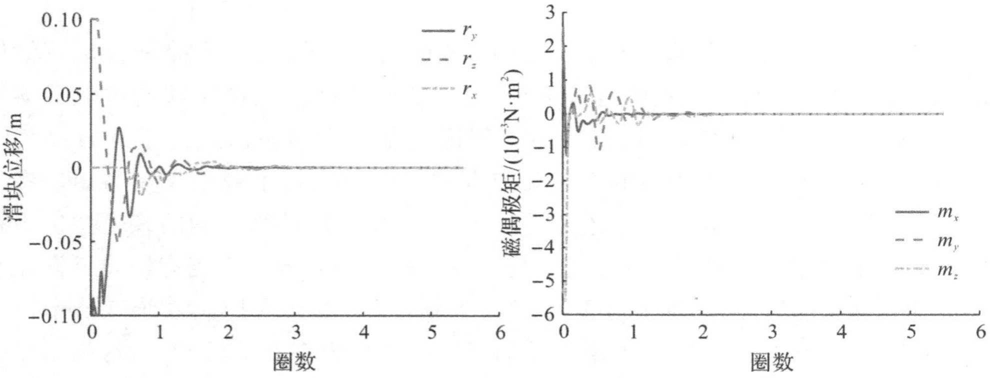

图 4-28 滑块位移和磁偶极矩

4.6 变质心航天器姿态协同控制

4.6.1 协同姿态模型

将变质心航天器的姿态动力学方程重写为:

$$\boldsymbol{J}\dot{\boldsymbol{\omega}} + \boldsymbol{\omega} \times (\boldsymbol{J}\boldsymbol{\omega} + \boldsymbol{h}) = -\dot{\boldsymbol{h}}\boldsymbol{T}_c \tag{4-138}$$

其中,$\boldsymbol{J} = \mathrm{diag}(J_x, J_y, J_z)$ 为惯量矩阵,$\boldsymbol{T}_c = [T_x, T_y, T_z]^{\mathrm{T}}$ 为姿态控制力矩矢量。

对于小角度，假设动量轮沿航天器的 y 轴布置，则有：

$$\boldsymbol{h}=[0,-h_w,0]^{\mathrm{T}} \tag{4-139}$$

得到：

$$\begin{aligned}
&\boldsymbol{J}_x\ddot{\boldsymbol{\varphi}}+[(\boldsymbol{J}_y-\boldsymbol{J}_x-\boldsymbol{J}_z)\boldsymbol{\omega}_0+\boldsymbol{h}_w]\dot{\boldsymbol{\psi}}+[(\boldsymbol{J}_y-\boldsymbol{J}_z)\boldsymbol{\omega}_0^2+\boldsymbol{\omega}_0\boldsymbol{h}_w]\boldsymbol{\varphi}=\boldsymbol{T}_{cx}\\
&\boldsymbol{J}_y\ddot{\boldsymbol{\theta}}-\dot{\boldsymbol{h}}_w=\boldsymbol{T}_{cy}\\
&\boldsymbol{J}_z\ddot{\boldsymbol{\psi}}+[(\boldsymbol{J}_x-\boldsymbol{J}_y+\boldsymbol{J}_z)\boldsymbol{\omega}_0+\boldsymbol{h}_w]\dot{\boldsymbol{\varphi}}+[(\boldsymbol{J}_y-\boldsymbol{J}_x)\boldsymbol{\omega}_0^2+\boldsymbol{\omega}_0\boldsymbol{h}_w]\boldsymbol{\psi}=\boldsymbol{T}_{cz}
\end{aligned} \tag{4-140}$$

令执行机构的综合控制变量为 $\boldsymbol{\tau}=[r_x,r_y,r_z,\dot{h}_w]^{\mathrm{T}}$，则由滑块的位移和动量轮产生的姿态控制力矩为：

$$\boldsymbol{T}_c=\boldsymbol{C}_r\boldsymbol{r}-\dot{\boldsymbol{h}}+\boldsymbol{C}_m\omega=\boldsymbol{C}_{rh}\boldsymbol{\tau}+D_m\boldsymbol{\omega} \tag{4-141}$$

其中，$\boldsymbol{C}_r$ 为滑块位移映射矩阵，$\boldsymbol{C}_m$ 为动量轮的系数矩阵，$\boldsymbol{C}_{rh}$ 和 $\boldsymbol{D}_m$ 如下：

$$\boldsymbol{C}_{rh}=\begin{bmatrix}C_{Fx} & 0\\ C_{Fy} & 1\\ C_{Fz} & 0\end{bmatrix},\quad \boldsymbol{D}_m=\begin{bmatrix}0 & 0 & -h_w\\ 0 & 0 & 0\\ h_w & 0 & 0\end{bmatrix}$$

最后，考虑到 N 个由滑块和动量轮复合控制的航天器编队系统，定义协同姿态变量 $\boldsymbol{\sigma}_i=[\varphi_i,\theta_i,\psi_i,\dot{\varphi}_i,\dot{\theta}_i,\dot{\psi}_i]^{\mathrm{T}}$，则第 i 个航天器的姿态动力学：

$$\dot{\boldsymbol{\sigma}}_i=\boldsymbol{A}\boldsymbol{\sigma}_i+\boldsymbol{G}\boldsymbol{\tau}_i+\boldsymbol{D}_m\boldsymbol{\omega} \tag{4-142}$$

其中，

$$\boldsymbol{A}=\begin{bmatrix}0_{3\times 3} & \boldsymbol{I}_{3\times 3}\\ \boldsymbol{\Omega}_1 & \boldsymbol{\Omega}_2\end{bmatrix}$$

$$\boldsymbol{\Omega}_1=\begin{bmatrix}\dfrac{4\omega_0^2(J_y-J_z)}{J_x} & 0 & 0\\ 0 & \dfrac{3\omega_0^2(J_x-J_z)}{J_y} & 0\\ 0 & 0 & \dfrac{\omega_0^2(J_x-J_y)}{J_z}\end{bmatrix}$$

$$\boldsymbol{\Omega}_2=\begin{bmatrix}0 & 0 & \dfrac{\omega_0(J_z+J_x-J_y)}{J_x}\\ 0 & 0 & 0\\ \dfrac{\omega_0(J_y-J_x-J_z)}{J_z} & 0 & 0\end{bmatrix}$$

令航天器姿态协同拓扑网络为 $\mathcal{G}=(V,\varepsilon)$，其中，$V$ 为航天器组成的拓扑节点，ε 为节点之间的边集合，第 i 个航天器的邻居集合为 $\boldsymbol{N}_i \subseteq \boldsymbol{V}$。系统的拉普拉斯(Laplacian) 矩阵由下式定义：

$$\boldsymbol{L}_{ij}=\begin{cases} -l_{ij}, & j \in \boldsymbol{N}_i \\ 0, & j \notin \boldsymbol{N}_i \\ \sum\limits_{j \in \mathbf{N}_i} l_{ij}, & j=i \end{cases} \tag{4-143}$$

其中，l_{ij} 为边的权重。

姿态协同控制问题可以描述为在姿态动力学和通信拓扑的约束下，寻求分布式姿态控制律使得每一个航天器之间姿态保持一致，即

$$\lim_{t \to t_f} \boldsymbol{e}_{ij}(t)=0$$

其中，$\boldsymbol{e}_{ij}(t)=\boldsymbol{\sigma}_i(t)-\boldsymbol{\sigma}_j(t)$。

因此，给出协同控制的综合性能指标：

$$\Gamma_i=\sum_{j \in \mathbf{N}_i} \frac{l_{ij}}{2} \| e_{ij}(t) \|_2^2+\frac{1}{2}\int_0^{t_f} \boldsymbol{\tau}_i^{\mathrm{T}} \boldsymbol{R} \boldsymbol{\tau}_i \,\mathrm{d}t \tag{4-144}$$

其中，$\|\cdot\|_2$ 表示欧几里得范数，$\boldsymbol{R}$ 为正定常数矩阵。

显然，如果所有的航天器具有相同的性能指标，则姿态协同控制问题可以采用最优控制理论解决。但每个航天器需要获取整个编队系统的全局状态信息，这不仅对编队系统的通信拓扑有较高要求，还对航天器的处理器算力提出了更高要求。本书将分布式一致性理论和博弈理论结合，用开环纳什均衡策略解决航天器姿态系统控制问题。

航天器姿态协同控制问题可以由博弈概念描述，即如果存在一组控制输入 $\boldsymbol{\tau}_1^*,\cdots,\boldsymbol{\tau}_N^*$，则对于任意航天器的姿态控制输入 $\boldsymbol{\tau}_1,\cdots,\boldsymbol{\tau}_N$，均有下述不等式成立：

$$\Gamma_i(\boldsymbol{\tau}_1^*,\cdots,\boldsymbol{\tau}_i^*,\cdots,\boldsymbol{\tau}_N^*) \leqslant \Gamma_i(\boldsymbol{\tau}_1^*,\cdots,\boldsymbol{\tau}_i,\cdots,\boldsymbol{\tau}_N^*) \tag{4-145}$$

那么 $\boldsymbol{\tau}_1^*,\cdots,\boldsymbol{\tau}_N^*$ 构成了博弈的纳什均衡，即 $\boldsymbol{\tau}_1^*,\cdots,\boldsymbol{\tau}_N^*$ 为均衡点上的控制输入。

考虑包含权重信息的拉普拉斯矩阵：

$$\boldsymbol{H}=\boldsymbol{\Phi}(t_f,t)\boldsymbol{G}\boldsymbol{R}^{-1}\boldsymbol{G}^{\mathrm{T}}\boldsymbol{\Phi}^{\mathrm{T}}(t_f,t) \tag{4-146}$$

其中，$\boldsymbol{\Phi}(t_f,t)$ 为系统状态转移矩阵。对于由 N 个航天器组成的编队系统，下列结论成立。

(1) 令 $\boldsymbol{p}=[p_1,p_2,\cdots,p_N]^{\mathrm{T}}$ 为拉普拉斯矩阵的左特征向量，则拉普拉斯矩阵的特征根具有非负实部，且 $\boldsymbol{PL}+\boldsymbol{L}^{\mathrm{T}}\boldsymbol{P}$ 是半正定的，其中 $\boldsymbol{P}=\mathrm{diag}\{p_i\}$。

(2)$\boldsymbol{H}$ 为半正定矩阵，且 $\boldsymbol{M}=\boldsymbol{I}+\boldsymbol{L}\otimes\boldsymbol{H}$ 的特征根具有正实部。

4.6.2　姿态协同控制律设计

首先，将姿态动力学中的 $\boldsymbol{D}_m\boldsymbol{\omega}$ 视为已知的定常参数，为了抵消该定常参数，给出如下前馈控制输入：

$$\boldsymbol{\tau}_i=\boldsymbol{\tau}_{ic}^*-\boldsymbol{C}_{rh}^{-1}\boldsymbol{\omega}_i \tag{4-147}$$

其中，$\boldsymbol{\tau}_{ic}^*$ 为纳什均衡决策。通过上式的补偿，姿态动力学模型为：

$$\dot{\boldsymbol{\sigma}}_i=\boldsymbol{A}\boldsymbol{\sigma}_i+\boldsymbol{G}\boldsymbol{\tau}_{ic}^* \tag{4-148}$$

根据性能指标式(4-144) 给出纳什均衡策略：

$$\hat{\boldsymbol{\tau}}_{ic}^*=-\boldsymbol{\Phi}_G^{\mathrm{T}}(t_f,t)\sum_{j\in\boldsymbol{N}_i}l_{ij}(\boldsymbol{\sigma}_{if}-\boldsymbol{\sigma}_{jf})$$

其中，$\boldsymbol{\Phi}_G(t_f,t)=\boldsymbol{\Phi}(t_f,t)\boldsymbol{G}\boldsymbol{R}^{-1}$，$\boldsymbol{\sigma}_{if}$ 为 $\boldsymbol{\sigma}_i$ 在 t_f 时刻的状态。

我们采用前面介绍的浸入与不变流形来设计分布式观测器对终端姿态 $\boldsymbol{\sigma}_i(t_f)$ 进行估计，设 $\hat{\boldsymbol{\sigma}}_{if}+\boldsymbol{\mu}_i$ 为估计状态，其中 $\boldsymbol{\mu}_i$ 为待定的连续函数。则估计误差为：

$$\boldsymbol{e}_{if}(t)=\hat{\boldsymbol{\sigma}}_{if}(t)+\boldsymbol{\mu}_i-\boldsymbol{\sigma}_{if} \tag{4-150}$$

区别于传统的观测器中更新率较单一的特征，式(4-150) 中额外增加的 $\boldsymbol{\mu}_i$ 可以调节更新率中的积分项，从而提升观测器的性能。由此分布式纳什均衡策略可以由下式给出：

$$\hat{\boldsymbol{\tau}}_{ic}^*=-\boldsymbol{\Phi}_G^{\mathrm{T}}(t_f,t)\sum_{j\in\boldsymbol{N}_i}l_{ij}(\hat{\boldsymbol{\sigma}}_{if}+\boldsymbol{\mu}_i-\hat{\boldsymbol{\sigma}}_{jf}-\boldsymbol{\mu}_j) \tag{4-151}$$

估计误差的动态方程为：

$$\begin{aligned}\dot{\boldsymbol{e}}_{if}&=\dot{\hat{\boldsymbol{\sigma}}}_{if}+\frac{\partial\boldsymbol{\mu}_i}{\partial\boldsymbol{\sigma}_i}(\boldsymbol{A}\boldsymbol{\sigma}_i+\boldsymbol{G}\boldsymbol{\tau}_{ic}^*)\\&=\dot{\hat{\boldsymbol{\sigma}}}_{if}+\frac{\partial\boldsymbol{\mu}_i}{\partial\boldsymbol{\sigma}_i}\Big[\boldsymbol{A}\boldsymbol{\sigma}_i-\boldsymbol{G}\boldsymbol{\Phi}_G^{\mathrm{T}}\sum_{j\in\boldsymbol{N}_i}l_{ij}(\hat{\boldsymbol{\sigma}}_{if}-\hat{\boldsymbol{\sigma}}_{jf}+\boldsymbol{\mu}_i-\boldsymbol{\mu}_j-\boldsymbol{e}_{if}+\boldsymbol{e}_{jf})\Big]\end{aligned} \tag{4-152}$$

$\hat{\boldsymbol{\sigma}}_{if}$ 的更新率可选取为：

$$\dot{\hat{\boldsymbol{\sigma}}}_{if}=-\frac{\partial\boldsymbol{\mu}_i}{\partial\sigma_i}[\boldsymbol{A}\boldsymbol{\sigma}_i+\boldsymbol{G}\boldsymbol{\Phi}_G^{\mathrm{T}}\sum_{j\in\boldsymbol{N}_i}l_{ij}(\hat{\boldsymbol{\sigma}}_{if}-\hat{\boldsymbol{\sigma}}_{jf}+\boldsymbol{\mu}_i-\boldsymbol{\mu}_j)]+\hat{\boldsymbol{\sigma}}_{if}-\boldsymbol{\Phi}(t_f,0)\boldsymbol{\sigma}_i(0) \tag{4-153}$$

将式(4-153) 代入式(4-152) 中，可得：

$$\dot{\boldsymbol{e}}_{if}=-\frac{\partial\boldsymbol{\mu}_i}{\partial\boldsymbol{\sigma}_i}[\boldsymbol{G}\boldsymbol{\Phi}_G^{\mathrm{T}}\sum_{j\in\boldsymbol{N}_i}l_{ij}(\boldsymbol{e}_{if}-\boldsymbol{e}_{jf})] \tag{4-154}$$

为了保证 $\boldsymbol{e}_i$ 能够稳定收敛，$\boldsymbol{\mu}_i$ 可选取如下形式：

$$\boldsymbol{\mu}_i = k_i \boldsymbol{\Phi}(t_f, t)\boldsymbol{\sigma}_i(t) \tag{4-155}$$

其中，$k_i > 0$ 为观测器的增益。

式(4-151)、式(4-153) 和式(4-155) 构成了协同姿态控制律，每个航天器只需要获取自己的初始状态及相邻航天器的终端状态即可。下面分析协同姿态控制律的稳定性。

令姿态状态误差为 $\boldsymbol{e}_i(t) \triangleq \boldsymbol{\sigma}_i(t) - \boldsymbol{\sigma}_i^*$，构造李雅普诺夫函数：

$$V_e = \boldsymbol{e}^T \boldsymbol{S} \boldsymbol{e} \tag{4-156}$$

其中，$\boldsymbol{e} = [\boldsymbol{e}_1^{\mathrm{T}}, \cdots, \boldsymbol{e}_N^{\mathrm{T}}]^{\mathrm{T}}$，$\boldsymbol{S}$ 为正定矩阵且满足：

$$\boldsymbol{A}^{\mathrm{T}}\boldsymbol{S} + \boldsymbol{S}\boldsymbol{A} = -\boldsymbol{Q}_e \tag{4-157}$$

$\boldsymbol{Q}_e$ 为任意正定矩阵，对式(4-156) 求导并将控制律式(4-151) 代入，可得：

$$\begin{aligned}\dot{V}_e &= \boldsymbol{e}^{\mathrm{T}}(\boldsymbol{A}^{\mathrm{T}}\boldsymbol{S} + \boldsymbol{S}\boldsymbol{A})\boldsymbol{e} - \boldsymbol{e}_f^{\mathrm{T}}\boldsymbol{L}^{\mathrm{T}}\boldsymbol{G}\boldsymbol{\Phi}_G\boldsymbol{\sigma} - \boldsymbol{\sigma}^{\mathrm{T}}\boldsymbol{G}\boldsymbol{\Phi}_G^{\mathrm{T}}\boldsymbol{L}\boldsymbol{e}_f \\ &= -\boldsymbol{e}^{\mathrm{T}}\boldsymbol{Q}_e\boldsymbol{e} - \boldsymbol{e}_f^{\mathrm{T}}\boldsymbol{W}^{\mathrm{T}}\boldsymbol{e} - \boldsymbol{e}^{\mathrm{T}}\boldsymbol{W}\boldsymbol{e}_f\end{aligned} \tag{4-158}$$

其中，$\boldsymbol{e}_f = [\boldsymbol{e}_{1f}, \cdots, \boldsymbol{e}_{Nf}]^{\mathrm{T}}$，$\boldsymbol{W} = \boldsymbol{G}\boldsymbol{\Phi}_G(t_f, t)\boldsymbol{L}$。如果终端状态误差 $\boldsymbol{e}_f$ 趋于0，则状态误差收敛至0，因此考虑包含终端状态误差的李雅普诺夫函数：

$$V_f = \boldsymbol{e}_f^{\mathrm{T}}\boldsymbol{P}\boldsymbol{e}_f \tag{4-159}$$

根据式(4-153) 和式(4-155)，终端状态误差的可重写为：

$$\dot{\boldsymbol{e}}_f = \boldsymbol{K}[\boldsymbol{I} \otimes (\boldsymbol{\Phi}(t_f, t)\boldsymbol{G}\boldsymbol{R}^{-1}\boldsymbol{G}^{\mathrm{T}}\boldsymbol{\Phi}^{\mathrm{T}}(t_f, t))](\boldsymbol{L} \otimes \boldsymbol{I})\boldsymbol{e}_f \tag{4-160}$$

其中，$K = \mathrm{diag}\{k_1, \cdots, k_N\} \otimes \boldsymbol{I}$。

对式(4-159) 求导得到：

$$\begin{aligned}\dot{V}_f &= \boldsymbol{e}_f^{\mathrm{T}}\dot{\boldsymbol{e}}_f + \dot{\boldsymbol{e}}_f^{\mathrm{T}}\boldsymbol{e}_f \\ &= -\boldsymbol{e}_f^{\mathrm{T}}[\boldsymbol{K}\overline{\boldsymbol{H}}(\boldsymbol{P}\boldsymbol{L} \otimes \boldsymbol{I}) + (\boldsymbol{P}\boldsymbol{L} \otimes \boldsymbol{I})^{\mathrm{T}}\overline{H}^{\mathrm{T}}\boldsymbol{K}^{\mathrm{T}}]\boldsymbol{e}_f\end{aligned}$$

其中，$\overline{\boldsymbol{H}} = \boldsymbol{I} \otimes \boldsymbol{H}$。

由于矩阵 $\boldsymbol{K}$ 为对角阵，因此有：

$$\begin{aligned}\dot{V}_f &= -\boldsymbol{e}_f^{\mathrm{T}}\{\boldsymbol{K}(\boldsymbol{P}\boldsymbol{L} \otimes \boldsymbol{H}) + (\boldsymbol{L}^{\mathrm{T}}\boldsymbol{P} \otimes \boldsymbol{H})\boldsymbol{K}\}\boldsymbol{e}_f \\ &= -\boldsymbol{e}_f^{\mathrm{T}}\{k(\boldsymbol{P}\boldsymbol{L} + \boldsymbol{L}^{\mathrm{T}}\boldsymbol{P}) \otimes \boldsymbol{H}\}\boldsymbol{e}_f \\ &= -\boldsymbol{e}_f^{\mathrm{T}}\boldsymbol{Q}_f\boldsymbol{e}_f\end{aligned} \tag{4-162}$$

根据前面的引理中的结论，可知$(\boldsymbol{P}\boldsymbol{L} + \boldsymbol{L}^{\mathrm{T}}\boldsymbol{P}) \otimes \boldsymbol{H}$ 的特征根均为非负实数。因此，矩阵 $\boldsymbol{Q}_f$ 为半正定矩阵，从而终端状态误差 $\boldsymbol{e}_f$ 可以收敛至0，观测器可以准确地估计系统的终端状态。

最后，给出综合李雅普诺夫函数：

$$V = V_e + \gamma_1 V_f \tag{4-163}$$

其中，$\gamma_1 > 0$ 为常参数。对上式求导得到：

$$\begin{aligned}\dot{V} &= -\boldsymbol{e}^{\mathrm{T}}\boldsymbol{Q}_e\boldsymbol{e} - \boldsymbol{e}^{\mathrm{T}}\boldsymbol{W}\boldsymbol{e}_f - \boldsymbol{e}_f^{\mathrm{T}}\boldsymbol{W}^{\mathrm{T}}\boldsymbol{e} - \gamma_1\boldsymbol{e}_f^{\mathrm{T}}\boldsymbol{Q}_f\boldsymbol{e}_f \\ &\leqslant -\boldsymbol{e}^{\mathrm{T}}\boldsymbol{Q}_e\boldsymbol{e} + 2\|\boldsymbol{W}\|^2\boldsymbol{e}^{\mathrm{T}}\boldsymbol{e}_f - \gamma_1\boldsymbol{e}_f^{\mathrm{T}}\boldsymbol{Q}_f\boldsymbol{e}_f\end{aligned} \tag{4-164}$$

利用杨氏不等式，有：

$$\begin{aligned}\dot{V} &\leqslant -\boldsymbol{e}^{\mathrm{T}}\boldsymbol{Q}_e\boldsymbol{e} + \|\boldsymbol{W}\|^2\boldsymbol{e}_f^{\mathrm{T}}\boldsymbol{e}_f + \|\boldsymbol{W}\|^2\boldsymbol{e}^{\mathrm{T}}\boldsymbol{e} - \gamma_1\boldsymbol{e}_f^{\mathrm{T}}\boldsymbol{Q}_f\boldsymbol{e}_f \\ &\leqslant -[\lambda_m(\boldsymbol{Q}_e) - \gamma_0\|\boldsymbol{W}\|^2]\boldsymbol{e}^{\mathrm{T}}\boldsymbol{e} - [\gamma_1\lambda_m(\boldsymbol{Q}_f) - \frac{1}{\gamma_0}]\boldsymbol{e}_f^{\mathrm{T}}\boldsymbol{e}_f\end{aligned} \tag{4-165}$$

其中，$\lambda_m(\boldsymbol{Q})$ 为矩阵 $\boldsymbol{Q}$ 的最小特征根，显然总是存在 γ_0 和 γ_1 使得：

$$\begin{aligned}\varepsilon_0 &= \lambda_m(\boldsymbol{Q}_e) - \gamma_0\|\boldsymbol{W}\|^2 > 0 \\ \varepsilon_1 &= \gamma_1\lambda_m(\boldsymbol{Q}_f) - \frac{1}{\gamma_0} > 0\end{aligned} \tag{4-166}$$

从而式(4-165)变为：

$$\dot{V} \leqslant -\varepsilon_0\boldsymbol{e}^{\mathrm{T}}\boldsymbol{e} - \varepsilon_1\boldsymbol{e}_f^{\mathrm{T}}\boldsymbol{e}_f \leqslant 0 \tag{4-167}$$

由 $\dot{V} \leqslant 0$ 可知 $\boldsymbol{e}$ 和 $\boldsymbol{e}_f$ 有界，再根据芭芭拉(Barbalat)引理可知 $\boldsymbol{e}$ 和 $\boldsymbol{e}_f$ 趋向于0。至此，基于纳什均衡的姿态协同控制律的稳定性分析已全部完成。

从观测器的整个设计过程可以看出，观测器对状态的估计误差可以认为是在流形 $\hat{\boldsymbol{\sigma}}_{if} + \boldsymbol{\mu}_i - \boldsymbol{\sigma}_{if} = 0$ 上的状态空间，其可以被更新率 $\dot{\hat{\boldsymbol{\sigma}}}_{if}$ 调节为不变且吸引的。而在流形外，$\boldsymbol{\mu}_i$ 为观测器的设计提供了额外的灵活性，从而可保证估计误差的稳定性。

根据纳什均衡协同控制律和式(4-147)，最终得到航天器的控制输入为：

$$\boldsymbol{\tau}_i = -\boldsymbol{\Phi}_G(t_f, t)\sum_{j \in \boldsymbol{N}_i} l_{ij}(\hat{\boldsymbol{\sigma}}_{if} + \boldsymbol{\mu}_i - \hat{\boldsymbol{\sigma}}_{jf} - \boldsymbol{\mu}_j) - \boldsymbol{C}_{Fh}^{\dagger}\boldsymbol{h}_{wi} \tag{4-168}$$

调整观测增益 K 可以减小观测误差，但较大的观测增益会放大系统的噪声导致振荡，可以采用时变的增益来平衡观测误差和系统噪声。

4.6.3　数值仿真

考虑四颗变质心航天器的姿态协同控制场景，通信拓扑如图4-29所示。

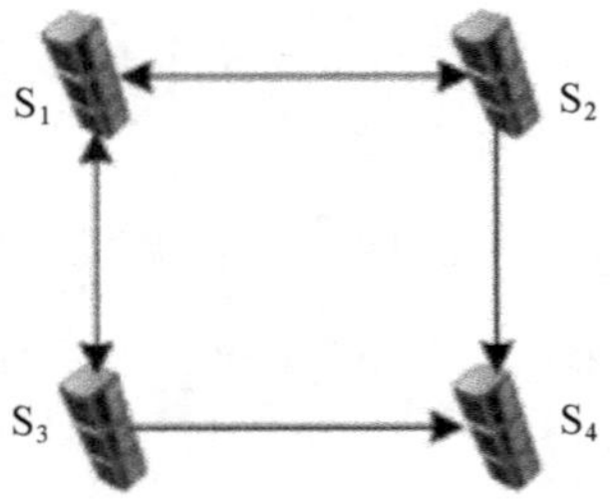

图 4-29　通信拓扑示意

对应的拉普拉斯矩阵为：

$$L=\begin{bmatrix}2 & -1 & -1 & 0\\ -1 & 1 & 0 & 0\\ -1 & 0 & 1 & 0\\ 0 & -1 & -1 & 2\end{bmatrix}$$

航天器初始姿态为：

$$\boldsymbol{\sigma}_1(0)=[-5°,15°,20°,0°/s,0°/s,0°/s]^{\mathrm{T}}$$

$$\boldsymbol{\sigma}_2(0)=[10°,25°,-15°,0°/s,0°/s,0°/s]^{\mathrm{T}}$$

$$\boldsymbol{\sigma}_3(0)=[22°,-5°,25°,0°/s,0°/s,0°/s]^{\mathrm{T}}$$

$$\boldsymbol{\sigma}_4(0)=[15°,20°,-5°,0°/s,0°/s,0°/s]^{\mathrm{T}}$$

性能指标中的参数取 $\boldsymbol{R}=\mathrm{diag}\{10,10,10\}$，终端状态观测器的增益取为 $k_i=1+k_0(t/t_f)$ 和 $k_0=10$。

首先，假设每个航天器都能获得全局的终端状态信息，则在理想的纳什均衡控制律作用下得到的姿态终端状态为：

$$\boldsymbol{\sigma}_i(t_f)=[10.45°,11.50°,10.80°,0°/s,0°/s,0°/s]^{\mathrm{T}}$$

然后，采用带观测器的分布式纳什均衡姿态控制律，得到的姿态终端状态为：

$$\hat{\boldsymbol{\sigma}}_1(t_f)=[10.44°,11.51°,10.80°,0°/s,0°/s,0°/s]^{\mathrm{T}}$$

$$\hat{\boldsymbol{\sigma}}_2(t_f)=[10.45°,11.49°,10.81°,0°/s,0°/s,0°/s]^{\mathrm{T}}$$

$$\hat{\boldsymbol{\sigma}}_3(t_f)=[10.43°,11.51°,10.79°,0°/s,0°/s,0°/s]^{\mathrm{T}}$$

$$\hat{\boldsymbol{\sigma}}_4(t_f)=[10.44°,11.48°,10.81°,0°/s,0°/s,0°/s]^{\mathrm{T}}$$

显然，设计的分布式终端观测器可以实现对一致性状态的准确估计，控制过程中的姿态变化曲线和控制力矩输入，分别如图 4-30 和图 4-31 所示。

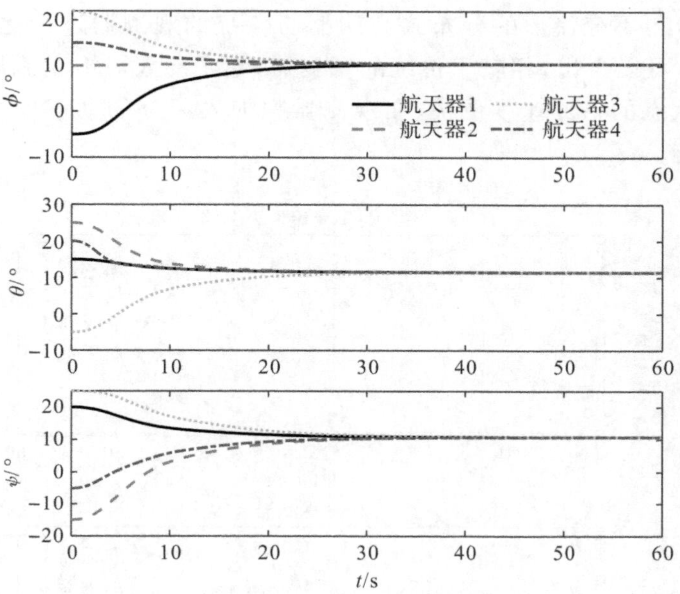

图 4-30　姿态角变化曲线

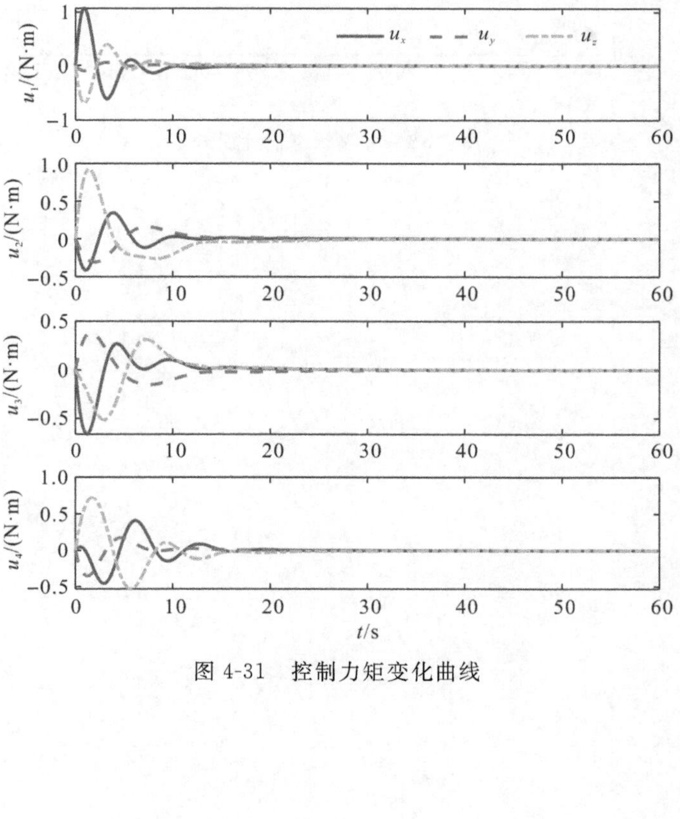

图 4-31　控制力矩变化曲线

基于浸入与不变流形的分布式观测器与传统的观测器进行比较的结果，如图 4-32 所示，可以看出，相较于传统的观测器，基于浸入与不变流形的分布式观测器对终端状态的估计速度更快，在观测器中加入额外的动态项可以明显改善观测器的性能。

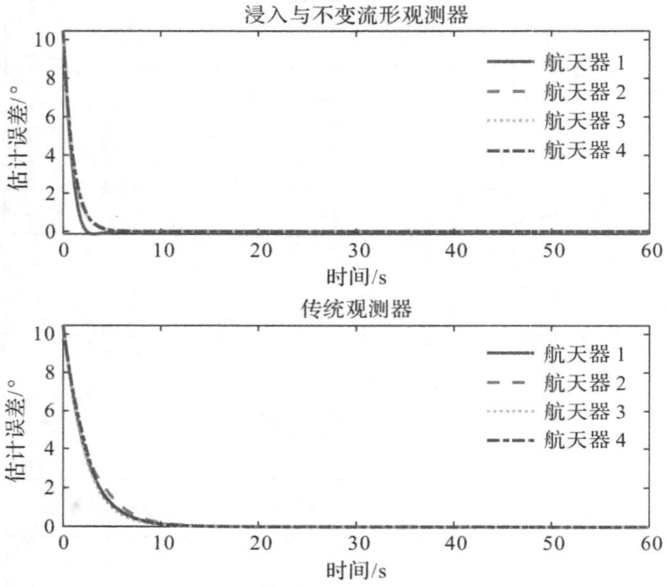

图 4-32 终端状态估计误差

第 5 章　变质心飞行器制导及协同编队控制方法

鉴于变质心飞行器的控制特点，本章从飞行器的弹道控制系统设计出发，对变质心再入飞行器和变质心卫星的轨道控制算法展开研究，并基于仿生学和几何学设计飞行器末制导律、编队轨道控制及编队构型控制方法。

5.1　基于运动伪装理论的末制导律设计

早期的制导律设计以弹目运动关系为基础，按照某种导引规则将飞行器导向目标，如比例导引法、平行接近法、三点法等。随着目标机动能力的提升以及探测难度的增加，传统的导引方法已经无法达到满意的拦截效果。因此，为了克服导引过程中的干扰，一些现代控制理论方法被应用于制导律的设计。这类制导律的特点是将弹目关系的状态方程作为控制模型，采用具有鲁棒性的控制理论来设计过载指令。但是这种方法设计的制导律往往需要一些不可测的信息，这就增加了工程实现的难度。无论是上述何种导引方法，其最终目的都是使飞行器与目标之间的视线转率尽快地收敛到零。本节从仿生学角度出发，基于运动伪装理论设计适用于工程实现的三维末制导律。

5.1.1　双二阶相对运动模型

假设将变质心飞行器和目标点视为质点，r_m 和 r_t 分别为飞行器和目标的矢径，则它们的相对位置关系如图 5-1 所示。

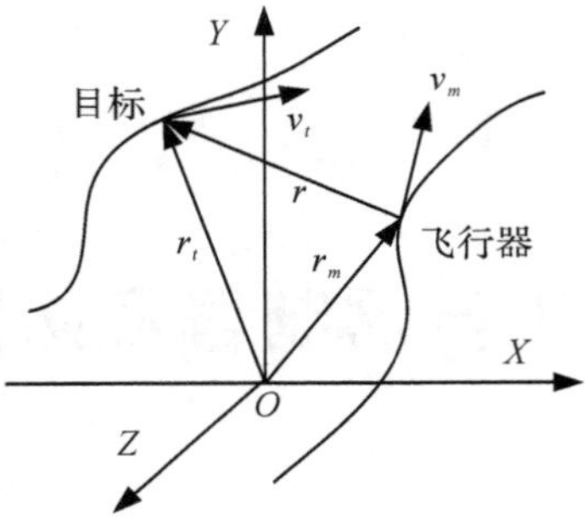

图 5-1 飞行器和目标相对关系

假设由飞行器指向目标点的方向为视线方向(line of sight, LOS),则飞行器和目标点的相对位置矢量为:

$$\boldsymbol{r}=\boldsymbol{r}_t-\boldsymbol{r}_m=r\boldsymbol{e}_r \tag{5-1}$$

其中,$\boldsymbol{e}_r$ 为视线方向的单位矢量,r 为飞行器到目标的距离。设 LOS 的瞬时旋转角速度为 $\boldsymbol{\omega}=\omega\boldsymbol{e}_\omega$,则视线方向单位矢量的微分为:

$$\dot{\boldsymbol{e}}_r=\boldsymbol{\omega}\times\boldsymbol{e}_r=\omega\boldsymbol{e}_\omega\times\boldsymbol{e}_r \tag{5-2}$$

定义矢量:

$$\boldsymbol{e}_\theta=\boldsymbol{e}_\omega\times\boldsymbol{e}_r \tag{5-3}$$

那么($\boldsymbol{e}_r,\boldsymbol{e}_\theta,\boldsymbol{e}_\omega$)为一组正交向量,这组正交向量构成了以飞行器质心为原点的视线旋转坐标系。其中,$\boldsymbol{e}_r$ 和 $\boldsymbol{e}_\theta$ 形成了视线瞬时旋转平面,$\boldsymbol{e}_\omega$ 为这一平面的法向。对式(5-1)求导有:

$$\dot{\boldsymbol{r}}=\dot{r}\boldsymbol{e}_r+r\dot{\boldsymbol{e}}_r=\dot{r}\boldsymbol{e}_r+r\omega\boldsymbol{e}_\theta \tag{5-4}$$

弹目相对速度矢量由法向速度和径向速度组成。设 $\boldsymbol{a}_m$、$\boldsymbol{a}_t$ 分别为飞行器和目标的机动加速度,它们在由式(5-3)构成的旋转坐标系下分别表示为:

$$\boldsymbol{a}_m=\boldsymbol{a}_{mr}\boldsymbol{e}_r+\boldsymbol{a}_{m\theta}\boldsymbol{e}_\theta+\boldsymbol{a}_{m\omega}\boldsymbol{e}_\omega \tag{5-5}$$

$$\boldsymbol{a}_t=\boldsymbol{a}_{tr}\boldsymbol{e}_r+\boldsymbol{a}_{t\theta}\boldsymbol{e}_\theta+\boldsymbol{a}_{t\omega}\boldsymbol{e}_\omega \tag{5-6}$$

其中,$\boldsymbol{a}_r$,$\boldsymbol{a}_\theta$ 和 $\boldsymbol{a}_\omega$ 分别表示切向加速度、法向加速度和副法向加速度。因此,飞行器和目标的相对加速度可表示为:

$$\begin{aligned}\ddot{\boldsymbol{r}}&=\boldsymbol{a}_t-\boldsymbol{a}_m\\&=(\boldsymbol{a}_{tr}-\boldsymbol{a}_{mr})\boldsymbol{e}_r+(\boldsymbol{a}_{t\theta}-\boldsymbol{a}_{m\theta})\boldsymbol{e}_\theta+(\boldsymbol{a}_{t\omega}-\boldsymbol{a}_{m\omega})\boldsymbol{e}_\omega\end{aligned} \tag{5-7}$$

分别取上式中的矢量和标量部分,可以导出相对运动的双二阶动力学方程为:

$$\begin{cases}\ddot{\boldsymbol{r}}=\boldsymbol{r}\dot{\boldsymbol{e}}_r^2-\boldsymbol{a}_{mr}+\boldsymbol{a}_{tr}\\ \ddot{\boldsymbol{e}}_r=(\boldsymbol{a}_{t\theta}-\boldsymbol{a}_{m\theta})\dfrac{\boldsymbol{e}_\theta}{\boldsymbol{r}}+(\boldsymbol{a}_{t\omega}-\boldsymbol{a}_{m\omega})\dfrac{\boldsymbol{e}_\omega}{\boldsymbol{r}}-\dot{\boldsymbol{e}}_r^2\boldsymbol{e}_r-\dfrac{2\dot{\boldsymbol{r}}}{\boldsymbol{r}}\dot{\boldsymbol{e}}_r\end{cases} \tag{5-8}$$

从式(5-8)可以看出，飞行器的末制导过程可以描述为寻找控制量(a_{mr}，$a_{m\theta}$ 和 $a_{m\omega}$)，使得弹目相对距离 r 在有限时间内收敛至零。

5.1.2　运动伪装理论

运动伪装(motion camouflage，MC)是昆虫在捕食、交配等过程中使用的一种策略。该策略可以描述为追捕者在捕获猎物过程中，将自己伪装在某一固定的伪装背景(参考点)下。在猎物看来，追捕者恰好隐藏在伪装背景下，其无法感知追捕者的状态。

自然界中，很多的研究和数据表明运动伪装策略普遍存在于生物活动中。例如，雌蝇把自己隐藏在雄蝇的影子中；蜻蜓在争夺领地过程中，其视线方向不变，当对方静止时，则立刻进行攻击；蝙蝠在追捕猎物时进行的伪装行为[101]，等等。

运动伪装策略描述的是追捕者、目标和伪装背景(参考点)三者的相对运动关系，如图 5-2 所示。假设追捕者的状态为 $\boldsymbol{x}_p$，目标的状态为 $\boldsymbol{x}_e$，参考点位置为 $\boldsymbol{x}_r$，那么根据图中关系有[102]：

$$\boldsymbol{x}_p(t)=\boldsymbol{x}_r+\lambda(t)[\boldsymbol{x}_e(t)-\boldsymbol{x}_r] \tag{5-9}$$

其中，$\lambda(t)$ 为轨迹控制参数(path control parameter，PCP)。由于轨迹控制参数 $\lambda(t)$ 和参考点的位置 $\boldsymbol{x}_r(t)$ 可以为任意值，因此满足运动伪装条件式(5-9)的追捕者轨迹有无数种情形。而所选的参考点和 $\lambda(t)$ 决定了追捕者轨迹形状(弯曲程度)，$\lambda(t)$ 的初末值依赖于参考点、追捕者和目标的初始和终端状态。如果参考点选为追捕者的初始状态，则 $\lambda(t_0)=0$；如果追捕者与目标相遇，则 $\lambda(t_f)=1$。

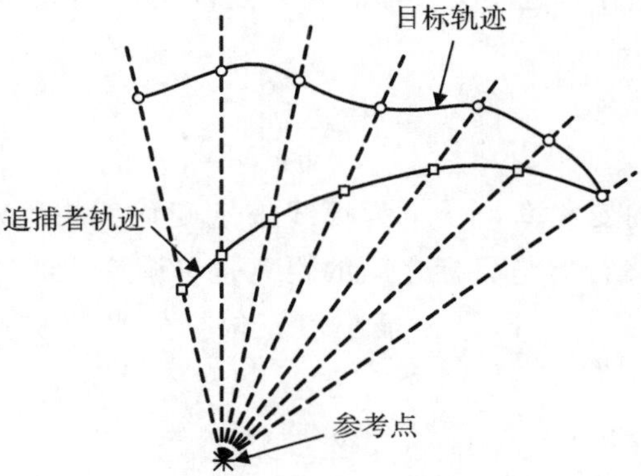

图 5-2　运动伪装策略示意

从运动伪装理论所描述的追捕过程可知，如果伪装背景（参考点）的位置是固定的，那么运动伪装策略类似于传统导引律中的“三点法”；而如果参考点的位置选择为无穷远处，则运动伪装策略类似于导引律中的“平行接近法”。因此，运动伪装策略具有“三点法”和“平行接近法”的导引特点。

5.1.3 末制导律设计

5.1.3.1 基于运动伪装理论的制导律分析

在变质心飞行器的末制导过程中，可以把飞行器视为捕食者，把目标视为猎物，然后将参考点选择在无穷远处，则有：

$$\boldsymbol{r}=\boldsymbol{r}_t-\boldsymbol{r}_m=\lambda(t)\boldsymbol{e}_r \tag{5-10}$$

飞行器和目标的速度在垂直于视线方向上的分量可以分别表示为：

$$\dot{\boldsymbol{r}}_{m\perp}=\dot{\boldsymbol{r}}_m-(\boldsymbol{e}_r\cdot\dot{\boldsymbol{r}}_m)\boldsymbol{e}_r \tag{5-11}$$

$$\dot{\boldsymbol{r}}_{t\perp}=\dot{\boldsymbol{r}}_t-(\boldsymbol{e}_r\cdot\dot{\boldsymbol{r}}_t)\boldsymbol{e}_r \tag{5-12}$$

由以上两式，可以得到相对速度矢量垂直于视线的分量：

$$\boldsymbol{\eta}=(\dot{\boldsymbol{r}}_t-\dot{\boldsymbol{r}}_m)-[\boldsymbol{e}_r\cdot(\dot{\boldsymbol{r}}_t-\dot{\boldsymbol{r}}_m)]\boldsymbol{e}_r=\dot{\boldsymbol{r}}-(\boldsymbol{e}_r\cdot\dot{\boldsymbol{r}})\boldsymbol{e}_r \tag{5-13}$$

根据式(5-10)～(5-13)，文献[102]给出了运动伪装的无穷小的特性：当且仅当$\boldsymbol{\eta}=\boldsymbol{0}$时，飞行器和目标处在运动伪装状态下，反之亦成立。这一特性说明了飞行器在飞行过程中，如果想要拦截目标（即保持运动伪装状态），那么其和目标之间的相对速度在垂直于视线上的分量要始终为零，即相对速度矢量始终指向目标。这类似于平行接近法中视线在空间中保持平行移动的法则。

拦截问题的最终目的是使飞行器和目标之间的距离收敛至零，因此定义一个运动伪装指标Z：

$$Z=\frac{\dot{r}}{|\dot{\boldsymbol{r}}|} \tag{5-14}$$

其中，$\dot{r}$为视线长度的变化率，$|\dot{\boldsymbol{r}}|$为视线矢量变化率的绝对值。运动伪装指标$Z=-1\sim1$。如果飞行器与目标之间的距离是单调递增的，则$Z=1$；如果相对距离是单调递减的，则$Z=-1$，且为最小值。根据矢量相乘关系$\dot{r}\cdot r=\dot{\boldsymbol{r}}\cdot\boldsymbol{r}$，式(5-14)可以写为：

$$Z=\frac{\boldsymbol{r}}{r}\cdot\frac{\dot{\boldsymbol{r}}}{|\dot{\boldsymbol{r}}|} \tag{5-15}$$

从式(5-15)可看出，Z是由两个单位矢量乘积得到的。建立$\boldsymbol{\eta}$与Z的关系有：

$$|\boldsymbol{\eta}|^2=|\dot{\boldsymbol{r}}|^2-2(\boldsymbol{e}_r\cdot\dot{\boldsymbol{r}})^2+(\boldsymbol{e}_r\cdot\dot{\boldsymbol{r}})^2=|\dot{\boldsymbol{r}}|^2(1-Z^2) \tag{5-16}$$

显然，如果 $Z=\pm 1$，则 $\boldsymbol{\eta}=0$，即飞行器和目标之间的关系满足运动伪装状态。而根据相对距离递减的结果可知，只有 $Z=-1$ 时，才能保证飞行器可以拦截目标，故此结果为由运动伪装特性得出的拦截条件。

在获得拦截条件后，如何保证在拦截过程中 $Z=-1$ 是设计制导律的关键问题。若可以证明 $\dot{Z}<0$，则可以保证运动伪装指标 Z 可以收敛至 -1，从而保证飞行器与目标之间的距离收敛至零。因此，对式(5-15)求导可以得到：

$$\begin{aligned}\dot{Z}&=\frac{(\dot{\boldsymbol{r}}\cdot\dot{\boldsymbol{r}}+\boldsymbol{r}\cdot\ddot{\boldsymbol{r}})\cdot r\,|\dot{\boldsymbol{r}}|}{(r\,|\dot{\boldsymbol{r}}|)^2}-\frac{\boldsymbol{r}\cdot\dot{\boldsymbol{r}}\cdot\dot{r}\,|\dot{\boldsymbol{r}}|}{(r\,|\dot{\boldsymbol{r}}|)^2}-\frac{\boldsymbol{r}\cdot\dot{\boldsymbol{r}}\cdot r\cdot\dot{\boldsymbol{r}}\cdot\ddot{\boldsymbol{r}}}{(r\,|\dot{\boldsymbol{r}}|)^2\,|\dot{\boldsymbol{r}}|}\\&=\left(\frac{\dot{\boldsymbol{r}}\cdot\dot{\boldsymbol{r}}+\boldsymbol{r}\cdot\ddot{\boldsymbol{r}}}{r\,|\dot{\boldsymbol{r}}|}\right)-\left(\frac{\boldsymbol{r}\cdot\dot{\boldsymbol{r}}}{|\dot{\boldsymbol{r}}|}\right)\left(\frac{\boldsymbol{r}\cdot\dot{\boldsymbol{r}}}{r^3}\right)-\left(\frac{\boldsymbol{r}\cdot\dot{\boldsymbol{r}}}{r}\right)\left(\frac{\dot{\boldsymbol{r}}\cdot\ddot{\boldsymbol{r}}}{|\dot{\boldsymbol{r}}|^3}\right)\\&=\frac{|\dot{\boldsymbol{r}}|}{r}\left[1-\left(\frac{\boldsymbol{r}}{r}\cdot\frac{\dot{\boldsymbol{r}}}{|\dot{\boldsymbol{r}}|}\right)^2\right]+\frac{1}{|\dot{\boldsymbol{r}}|}\left[\frac{\boldsymbol{r}}{r}-\left(\frac{\boldsymbol{r}}{r}\cdot\frac{\dot{\boldsymbol{r}}}{|\dot{\boldsymbol{r}}|}\right)\frac{\dot{\boldsymbol{r}}}{|\dot{\boldsymbol{r}}|}\right]\cdot\ddot{\boldsymbol{r}}\end{aligned}\tag{5-17}$$

定义：

$$\boldsymbol{\xi}=\frac{1}{|\dot{\boldsymbol{r}}|}\left[\frac{\boldsymbol{r}}{r}-\left(\frac{\boldsymbol{r}}{r}\cdot\frac{\dot{\boldsymbol{r}}}{|\dot{\boldsymbol{r}}|}\right)\frac{\dot{\boldsymbol{r}}}{|\dot{\boldsymbol{r}}|}\right]\tag{5-18}$$

根据矢量运算 $\boldsymbol{a}\times(\boldsymbol{b}\times\boldsymbol{c})=\boldsymbol{b}(\boldsymbol{a}\cdot\boldsymbol{c})-\boldsymbol{c}(\boldsymbol{a}\cdot\boldsymbol{b})$ 及双二阶相对运动关系，可得：

$$\begin{aligned}\boldsymbol{\xi}&=-\frac{1}{|\dot{\boldsymbol{r}}|^3}\left[\dot{\boldsymbol{r}}\times\left(\dot{\boldsymbol{r}}\times\frac{\boldsymbol{r}}{r}\right)\right]\\&=-\frac{1}{|\dot{\boldsymbol{r}}|^3}\left[\dot{\boldsymbol{r}}(\dot{\boldsymbol{r}}\cdot\frac{\boldsymbol{r}}{r})-\frac{\boldsymbol{r}}{r}(\dot{\boldsymbol{r}}\cdot\dot{\boldsymbol{r}})\right]\\&=-\frac{1}{|\dot{\boldsymbol{r}}|^3}[(\dot{r}^2\boldsymbol{e}_r+\dot{r}r\omega\boldsymbol{e}_\theta)-\boldsymbol{e}_r(\dot{r}^2+r^2\omega^2)]\\&=\frac{1}{|\dot{\boldsymbol{r}}|^3}(r^2\omega^2\boldsymbol{e}_r-\dot{r}r\omega\boldsymbol{e}_\theta)\end{aligned}\tag{5-19}$$

将上式与式(5-7)相乘，可得：

$$\begin{aligned}\boldsymbol{\xi}\cdot\ddot{\boldsymbol{r}}&=\frac{1}{|\dot{\boldsymbol{r}}|^3}(r^2\omega^2\boldsymbol{e}_r-\dot{r}r\omega\boldsymbol{e}_\theta)\cdot(P\boldsymbol{e}_\theta+Q\boldsymbol{e}_\omega+R\boldsymbol{e}_r)\\&=\frac{1}{|\dot{\boldsymbol{r}}|^3}(r^2\omega^2R-\dot{r}r\omega P)\end{aligned}\tag{5-20}$$

将式(5-20)代入式(5-17)中并整理，可得：

$$\dot{Z}=\frac{|\dot{\boldsymbol{r}}|}{r}(1-Z^2)-\frac{\dot{r}r\omega}{|\dot{\boldsymbol{r}}|^3}(a_{t\theta}-a_{m\theta})+\frac{\omega^2r^2}{|\dot{\boldsymbol{r}}|^3}(a_{tr}-a_{mr})\tag{5-21}$$

可以看出，最终结果中没有出现副法向加速度项，而根据文献[103]可知，相对于切向加速度$(a_{tr}-a_{mr})$，相对其他方向的加速度是一个高阶小量，可以忽略。因此，最终制导律设计的主要任务是设计飞行器的法向加速度$a_{m\theta}$。

5.1.3.2 制导律设计

首先，给出如下定理。

定理：假设飞行器和目标的速度有界，$v_m^- < v_m < v_m^+$，$v_t^- < v_t < v_t^+$，且飞行器速度大于目标速度，则可采用如下制导律：

$$\boldsymbol{a}_m = \left[\mu \frac{v_m}{\omega r}\left(\dot{r} - \frac{|\dot{\boldsymbol{r}}|^2}{\dot{r}}\right) + W \cdot \mathrm{sat}(\omega, \delta)\right] \cdot \boldsymbol{e}_\theta \tag{5-22}$$

以保证飞行器与目标之间的距离收敛至零。

证明：根据之前的分析可知，实现对目标的拦截只需要设计飞行器法相加速度即可。因此选择：

$$a_{m\theta} = \mu \frac{v_m}{\omega r}\left(\dot{r} - \frac{|\dot{\boldsymbol{r}}|^2}{\dot{r}}\right) + a_{t\theta} \tag{5-23}$$

将上式代入(5-21)中，可得：

$$\dot{Z} = (1 - Z^2)\left(\frac{|\dot{\boldsymbol{r}}|}{r} - \frac{\mu v_m}{|\dot{\boldsymbol{r}}|}\right) \tag{5-24}$$

假设飞行器的速度大于目标速度，且飞行器速度和目标的速度有界，分别为$[v_m^-, v_m^+]$和$[v_t^-, v_t^+]$，则存在K使得：

$$\frac{v_t}{v_m} \leqslant K < 1 \tag{5-25}$$

弹目相对速度满足：

$$v_m^-(1-K) \leqslant |\dot{\boldsymbol{r}}| \leqslant v_m^+(1+K) \tag{5-26}$$

假设：

$$\mu = \frac{v_m^+(K+1)}{v_m^-}\left[\frac{v_m^+(K+1)}{r_o} + \varepsilon\right] \tag{5-27}$$

其中，$r_o > 0$，$\varepsilon > 0$。因此，对于任意的$r > r_o$，都有：

$$\mu \geqslant \frac{v_m^+(K+1)}{v_m^-}\left[\frac{v_m^+(K+1)}{r} + \varepsilon\right] \tag{5-28}$$

当 $r > r_o$ 时，式(5-24) 为：

$$\dot{Z} \leqslant (1-Z^2)\left[\frac{v_m^+(1+K)}{r} - \frac{v_m^-}{v_m^+(K+1)} \frac{v_m^+(K+1)}{v_m^-}\left(\frac{v_m^+(K+1)}{r} + \varepsilon\right)\right]$$
$$= -(1-Z^2)\varepsilon \tag{5-29}$$

对于任意的 $\varepsilon > 0$，都有 $\dot{Z} < 0$，因此，式(5-23) 是可以实现拦截目标的制导律。不过因为式(5-23) 中的目标加速度信息获取较为困难，所以可以对其进行近似的估计。假设存在正常数 W 满足：

$$|a_{t\theta}| \leqslant W \tag{5-30}$$

用 $W\text{sgn}(\omega)$ 替代式(5-23) 中的 $a_{t\theta}$ 后，可以得到：

$$a_{m\theta} = \mu \frac{v_m}{\omega r}\left(\dot{r} - \frac{|\dot{\boldsymbol{r}}|^2}{\dot{r}}\right) + W\text{sgn}(\omega) \tag{5-31}$$

上式中的开关项 sgn(·) 会导致制导律的输出出现高频抖振现象，为此采用饱和函数来替代该开关项：

$$\text{sat}(x,\delta) = \begin{cases} 1, & x > \delta \\ x/\delta, & |x| \leqslant \delta \\ -1, & x < -\delta \end{cases} \tag{5-32}$$

最终，得到的三维制导律的矢量形式为：

$$\boldsymbol{a}_m = \left[\mu \frac{v_m}{\omega r}\left(\dot{r} - \frac{|\dot{\boldsymbol{r}}|^2}{\dot{r}}\right) + W \cdot \text{sat}(\omega,\delta)\right] \cdot \boldsymbol{e}_\theta \tag{5-33}$$

显然，最终设计的制导律仅在弹目视线的法向上有分量，因此基于运动伪装理论的三维制导律设计可以在瞬时视线旋转平面内进行设计。如果目标固定，那么制导律只需要弹目之间的相对距离、视线转率及速度信息。与平行接近法相比，降低了探测难度(不需获取前置角信息)；与比例导引法相比，虽然测量信息较多，但由于引入了相对运动信息，保证了攻击末端的过载较小且响应更快。

5.1.4　数值仿真

本小节进行变质心滑翔飞行器制导律的仿真分析，变质心飞行器做无动力滑翔且 RCS 燃料消耗的质量变化远小于飞行器总质量，因此假设飞行器总质量不变。飞行器初始速度 $v_m = 950\text{m/s}$，初始位置 $r_m = [0\text{km}, 10\text{km}, 0\text{km}]$；目标做匀速直线运动，初始速度 $v_t = 30\text{m/s}$，初始位置 $r_t = [40\text{km}, 0\text{km}, 32\text{km}]$，制导周期为 0.1s，收敛条件为距离误差小于 10m。制导系数分别取 1、2 和 3。其仿真结果如图 5-3 所示。

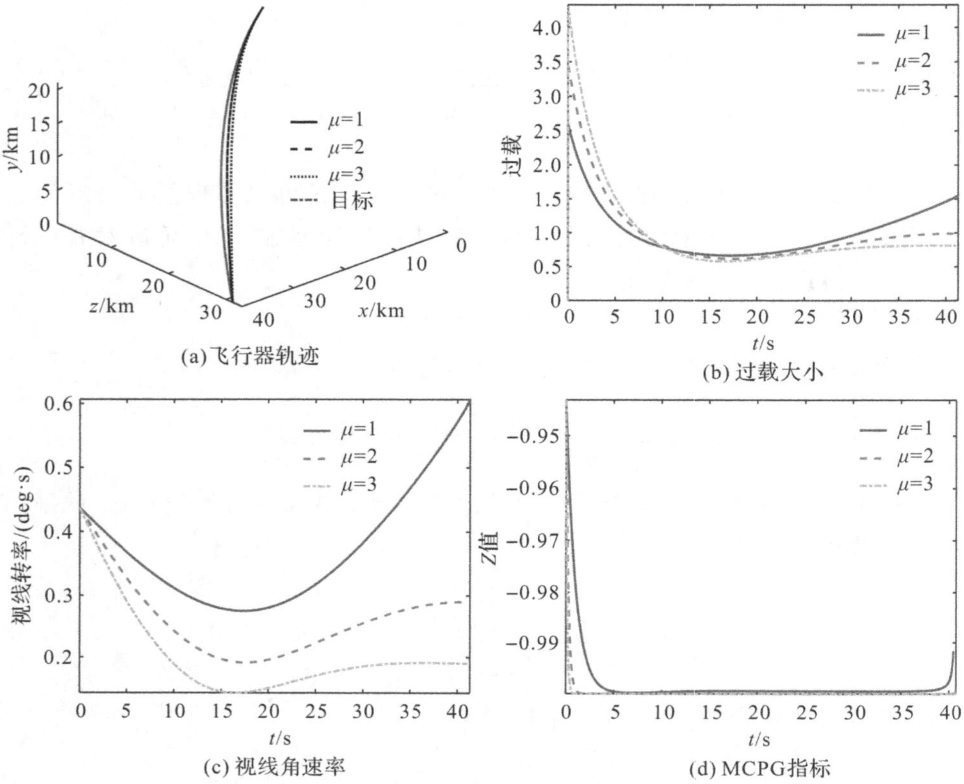

图 5-3　不同制导系数的仿真结果

从图中可以看出，运动伪装制导律可以满足拦截条件，过载的大小和制导系数的选取密切相关。在拦截的初始阶段，飞行器为了能尽快抑制视线角速率，指令过载的幅值较大；而随着拦截距离的减小，过载则逐渐减小。最后，可以看出，当制导系数 $\mu = 3$ 时，其过载较小，因为初期多卷积池化组（multi-convolution pooling group，MCPG）已经将视线角速率抑制得较好，所以在后期无需较大的过载即可保证拦截任务。图 5-3(d) 给出的是运动伪装指标随时间的变化过程，从图中可以看出，该指标在整个制导过程中都接近 -1，说明飞行器和目标的相对关系满足运动伪装状态。

将所设计的运动伪装制导律与传统的纯比例导引律（pure proportional navigation，PPN）进行比较。假设飞行器的初始位置 $r_m = [0\text{km}, 10\text{km}, 0\text{km}]$，初始速度 $v_m = 950\text{m/s}$；目标做转弯机动运动，初始速度 $v_t = 40\text{m/s}$，初始位置 $r_t = [40\text{km}, 0\text{km}, 32\text{km}]$。制导周期为 0.1s，收敛条件为距离误差小于 10m。MCPG 的制导系数取 $\mu = 2$，PPN 的制导系数取 3。其仿真结果如图 5-4 所示。

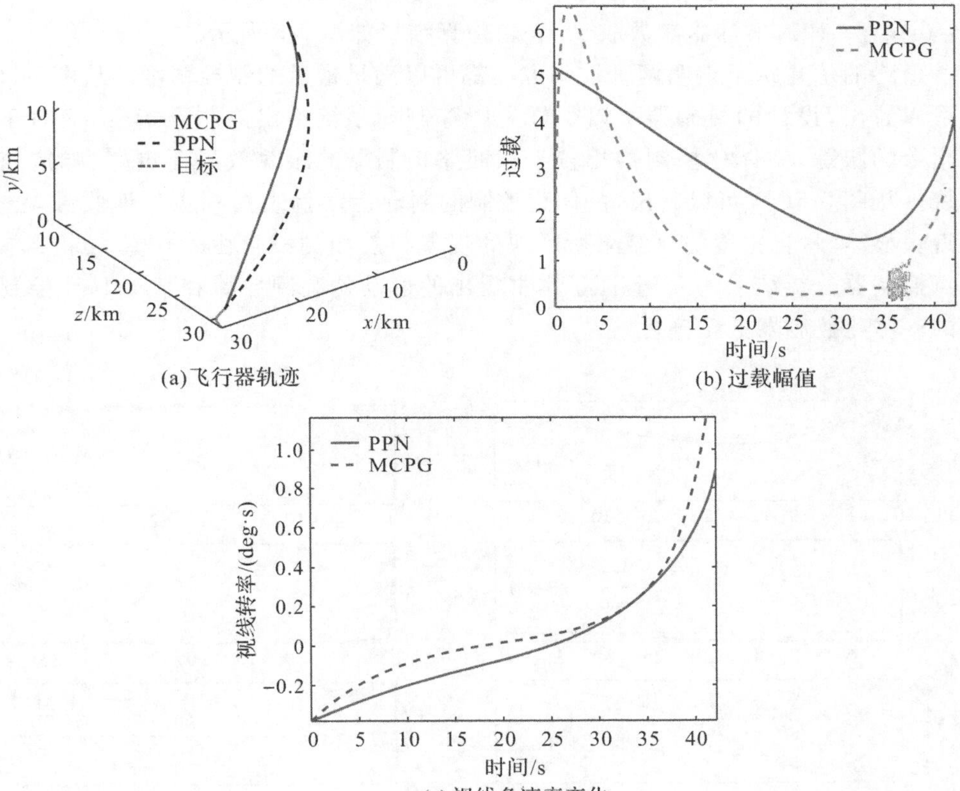

(a) 飞行器轨迹　(b) 过载幅值

(c) 视线角速率变化

图 5-4　MCPG 与 PPN 比较

从图 5-4(a) 中可以看出，MCPG 的轨迹要比 PPN 的轨迹平直，这也导致初始阶段 MCPG 的过载较大，不过随着相对距离的减小，MCPG 的过载逐渐减小并始终小于 PPN 的过载幅值。因此，在引入相对距离后，MCPG 对目标的机动具有更快的响应能力。

5.1.5　制导控制性能分析

为了验证变质心飞行器的制导控制性能，本小节将对前面基于浸入与不变流形理论设计的姿态控制器及运动伪装制导律进行六自由度的全弹道仿真验证。飞行器初始位置 $r_m=[0\text{km},10\text{km},0\text{km}]$，初始速度 $v_m=950\text{m/s}$，初始姿态角均为零，滑块初始偏转角为零；目标初始位置 $r_t=[40\text{km},0\text{km},32\text{km}]$，做匀速直线运动。分别采用双回路控制器和一体化控制器作为六自由度仿真的实现。MCPG

的制导系数取 $\mu=2$，基于 I&I 控制理论的一体化控制器参数 $K=\mathrm{diag}\{15,\ 50\}$，$\lambda=\mathrm{diag}\{5,\ 10\}$，估计器参数取 $\gamma=5$。仿真结果如图 5-5 所示。

最终的仿真结果表明两种控制方案都可以满足最后的制导精度。从图 5-5(a)中可以看出，设计的控制器可以很好地跟踪制导系统给出的制导指令，而对于攻角指令的跟踪，一体化控制器相较于双回路控制器的跟踪效果要更好、响应速度更快。从图 5-5(d) 可以看出，一体化控制的制导运动伪装指标更快地收敛至 −1 附近。显然，六自由度仿真结果所反映的现象与前面的三自由度仿真结果及单特征点控制器分析结果一致，验证了本书提出的运动伪装制导律和基于 I&I 控制理论的一体化控制器的正确性。

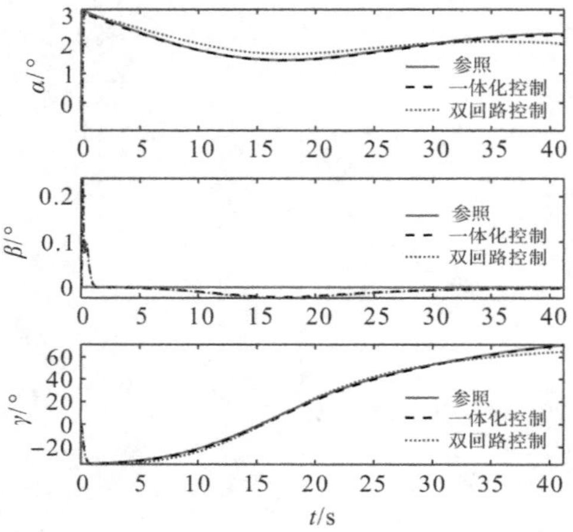

(a) 攻角、侧滑角和滚转角

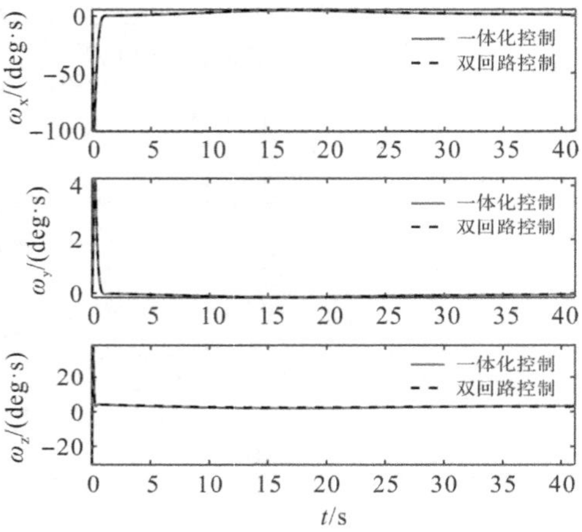

(b) 姿态角速度

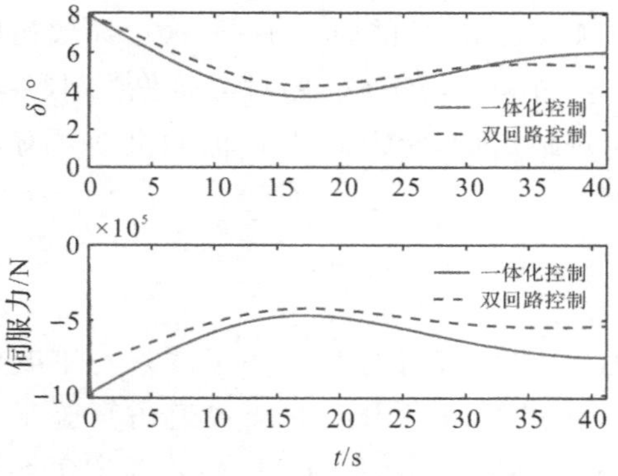

(c) 滑块偏转角和伺服力

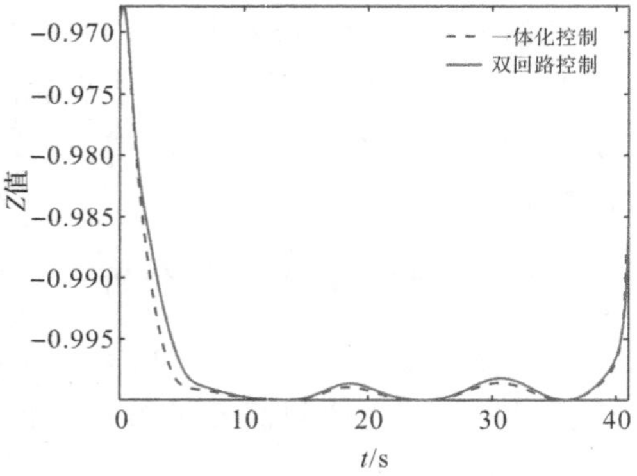

(d) 制导指标

图 5-5　六自由度联合仿真

5.2　基于气动阻力的变质心航天器串联编队控制

对于像低轨集群卫星这种质量和体积都较小、无法携带大量燃料的航天器而言，利用自然环境力的被动控制方式是保持航天器长期飞行稳定的重要方法之一。变质心控制技术应用于低轨卫星的姿轨控制具有明显的优势：一方面，执行机构在飞行器内部可以保证航天器的外形设计实现最优化，可通过降低航天器面质比来减少气动阻力干扰，从而延长编队飞行的寿命周期；另一方面，航天器无需携带额外燃料，避免了发动机的羽流和污染载荷问题。

串联编队构型是航天器常用的一种编队形式，它指从星和主星在同一轨道上，仅在航迹方向错开一段距离，即：

$$\begin{bmatrix} x_c \\ y_c \\ z_c \end{bmatrix} = \begin{bmatrix} 0 \\ l \\ 0 \end{bmatrix} \tag{5-34}$$

其中，下标 c 表示理想的相对位矢，l 表示两颗卫星在航迹方向错开的距离。第一个实现在轨飞行的分布式卫星系统——EO-1 与 LandSat-7 组成的编队就是采用了串联跟飞构型方案。

5.2.1　编队构型控制分析

变质心构型控制的实质是通过变质心机构调整航天器姿态，改变编队中航天器所受气动阻力，再借由差分气动阻力对航天器编队飞行系统进行控制。当航天器运行轨道较低时，由于大气密度较大，气动阻力会对航天器长期的轨道运动产生显著影响。由 C-W 方程（Clohessy-Wiltshire 方程）的解析解可以看出，由于 y 轴存在长期项，在一般情况下，航天器编队不能长期维持。变质心构型控制的目标就是抵消 y 轴运动非零长期项的影响，从而使构型保持长期稳定。

第 2 章中航天器受到的气动阻力模型有：

$$\boldsymbol{F}_{aero} = -\frac{1}{2} C_D \rho V^2 \sum_{i=1}^{6} S_i \operatorname{sgn}(\boldsymbol{n}_i \boldsymbol{v}) \boldsymbol{v} = k_d \boldsymbol{v} \tag{5-35}$$

其中，气动阻力系数 C_D、当地大气密度 ρ 和轨道运行速率 V 在航天器轨道确定的情况下均无法控制。因此，为了改变航天器所受的气动阻力，可改变航天器总迎风面积 $\sum_{i=1}^{6} S_i$。

总迎风面积的改变可以通过调整航天器的姿态来实现。立方体卫星的正投影面积为最小，故其所受气动阻力值为最小：

$$F_{\min}=\frac{1}{2}C_D\rho V^2a^2 \tag{5-36}$$

如图 5-6 所示，当投影方向为立方体的体对角线时，投影为正六边形，此时投影面积最大，为正投影的$\sqrt{3}$ 倍，即立方体所受最大气动阻力为：

$$F_{\max}=\sqrt{3}\ F_{\min}=\frac{\sqrt{3}}{2}C_D\rho V^2a^2 \tag{5-37}$$

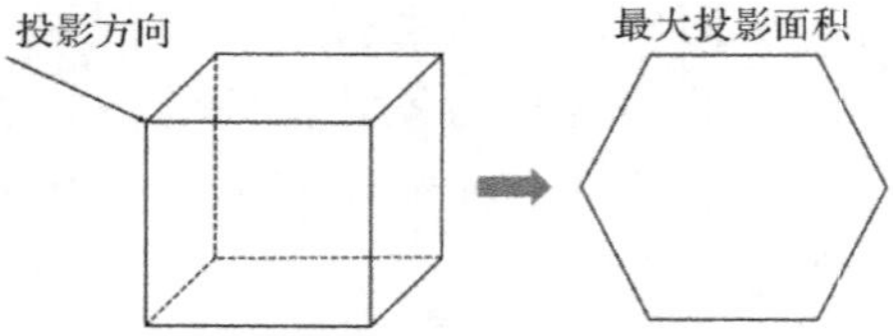

图 5-6　立方体卫星投影

因此，差分气动阻力所能提供的最大控制力大约为最小气动阻力的 70%。

5.2.2　差分气动阻力作用下的系统可控性分析

根据卫星编队飞行的 C-W 方程，航天器在 z 轴方向的运动与 x 、y 平面的运动是各自独立的，而气动阻力仅作用于 y 轴。因此，在差分气动阻力作用下，航天器编队系统 z 轴方向的运动是无法控制的。以下仅讨论水平面内运动的可控性。

航天器编队运动在水平面内的线性化模型为：

$$\dot{\boldsymbol{x}}=\boldsymbol{A}\boldsymbol{x}+\boldsymbol{B}\boldsymbol{u} \tag{5-38}$$

其中，

$$\boldsymbol{A}=\begin{bmatrix}0&0&1&0\\0&0&0&1\\3\omega^2&0&0&2\omega\\0&0&-2\omega&0\end{bmatrix},\boldsymbol{B}=\begin{bmatrix}0\\0\\0\\-\frac{1}{2}C_d\rho V^2a^2\end{bmatrix}$$

系统可控矩阵为：

$$\begin{aligned}\boldsymbol{Q}_k&=[\boldsymbol{B}\quad \boldsymbol{AB}\quad \boldsymbol{A}^2\boldsymbol{B}\quad \boldsymbol{A}^2\boldsymbol{B}]\\&=-\frac{1}{2}C_d\rho V^2a^2\begin{bmatrix}0&0&2\omega&0\\0&1&0&-4\omega^2\\0&2\omega&0&-2\omega^3\\1&0&-4\omega^2&0\end{bmatrix}\end{aligned} \tag{5-39}$$

Q_k 的秩为满秩，因此航天器编队在水平面内的运动可通过差分气动阻力控制。

5.2.3 串联编队控制器设计

采用线性二次调节器设计航天器编队控制律，设二次型指标为：

$$J = \int_0^\infty [\boldsymbol{x}^{\mathrm{T}}(t)\boldsymbol{Q}\boldsymbol{x}(t) + \boldsymbol{u}^{\mathrm{T}}(t)\boldsymbol{R}\boldsymbol{u}(t)]\,\mathrm{d}t \tag{5-40}$$

其中，$\boldsymbol{Q}$ 为正定或半正定实对称矩阵，$\boldsymbol{R}$ 为正定实对称矩阵。

根据最优控制理论设计如下控制律：

$$\begin{gathered} \boldsymbol{u}(t) = -\boldsymbol{K}\boldsymbol{x}(t) \\ \boldsymbol{K} = \boldsymbol{R}^{-1}\boldsymbol{B}^{\mathrm{T}}\boldsymbol{P} \end{gathered} \tag{5-41}$$

其中，$\boldsymbol{P}$ 为对称正定常数矩阵，满足黎卡提(Riccati) 代数方程

$$\boldsymbol{PA} + \boldsymbol{A}^{\mathrm{T}}\boldsymbol{P} - \boldsymbol{PBR}^{-1}\boldsymbol{B}^{\mathrm{T}}\boldsymbol{P} + \boldsymbol{Q} = 0 \tag{5-42}$$

5.2.4 数值仿真

假设航天器在 350km 高度的圆轨道运行，所处环境大气密度为 $2.803 \times 10^{-12}\,\mathrm{kg/m^3}$，卫星对地心惯性系的转动角速度以及轨道运行速度分别为 $\omega_\circ = 11.46 \times 10^{-4}\,\mathrm{rad/s}$ 和 $v = 7.701 \times 10^3\,\mathrm{m/s}$。航天器转动惯量矩阵为 $\boldsymbol{I} = \mathrm{diag}\{0.032,\ 0.0416,\ 0.013\}\,\mathrm{kg \cdot m^2}$，两轴可动质量块与航天器总体质量之比均为 0.06。航天器阻力系数 $C_d = 2.2$，立方星边长 $a = 0.3\mathrm{m}$。从星的基本参数和主星的相同。

主星初始轨道六根数由表 5-1 给出。

表 5-1　轨道六根数

参数	数值
轨道长半轴	6728km
轨道偏心率	0
轨道倾角	88.8°
升交点赤经	0°
近地点幅角	0°
平近点角	0°

从星三轴初始误差在航天器轨道系下的分量式为 $\Delta=[10,0,0]^{\mathrm{T}}\mathrm{m}$，期望构型为 $X_c=[0,100,0]^{\mathrm{T}}\mathrm{m}$。编队仿真结果如图 5-7 所示。

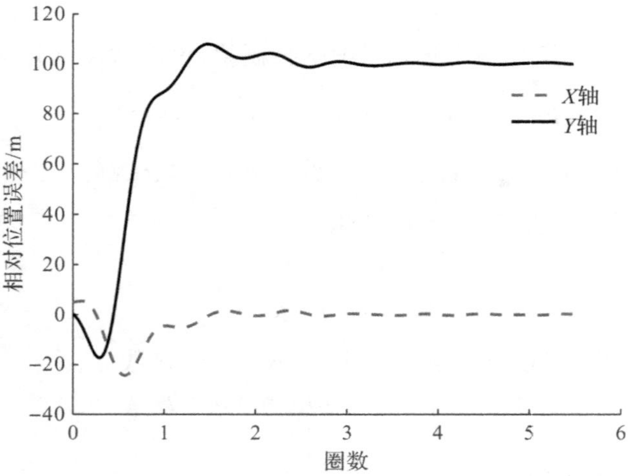

图 5-7　串联编队构型误差

由仿真结果可知，航天器在运行 3 ～ 4 圈后，编队构型误差逐渐趋于稳定，X 轴和 Y 轴最后的稳态误差不超过 0.5m。编队误差无法完全为零的原因是，航天器姿态控制系统可以等效为一个时间常数较大的惯性环节，这使得控制作用有一定滞后性，由于控制作用不能及时地施加在系统上，因此系统会存在一定的稳态误差。

5.3　基于角度信息的航天器编队控制

传统的航天器编队控制主要利用惯导、GPS、相对传感器及通信载荷，以获取自身及相邻航天器的位置信息，从而实现编队队形的保持和重构。但在利用自身信息或者相对状态信息进行编队控制时，为了实现编队信息的统一，传感器测量的信息需要在全局坐标系下统一测量，这对编队航天器的姿态协同提出了相对较高的要求。本节给出了一种利用角度信息进行编队控制的算法，该方法只需要航天器在自身的局部坐标系测量角度信息即可，同时由于角度信息是一种标量，因此可以克服传感器测量误差。

5.3.1 基于角度信息的编队问题描述

考虑到多个航天器编队场景(见图 5-8)，中心虚拟航天器的轨道为圆轨道，令 $\boldsymbol{p}_i$ 和 $\boldsymbol{v}_i$ 分别为伴飞航天器的相对位置矢量和速度矢量，则伴飞航天器的动力学方程在参考坐标系可表述为 C-W 方程：

$$\begin{bmatrix} \dot{\boldsymbol{p}}_i \\ \dot{\boldsymbol{v}}_i \end{bmatrix} = \begin{bmatrix} 0_3 & \boldsymbol{I}_3 \\ \boldsymbol{\Omega}_1 & \boldsymbol{\Omega}_2 \end{bmatrix} \begin{bmatrix} \boldsymbol{p}_i \\ \boldsymbol{v}_i \end{bmatrix} + \begin{bmatrix} 0_3 \\ \boldsymbol{I}_3 \end{bmatrix} u_i \tag{5-43}$$

其中，

$$\boldsymbol{\Omega}_1 = \begin{bmatrix} 3\omega_r^2 & 0 & 0 \\ 0 & 0 & 0 \\ 0 & 0 & -\omega_r^2 \end{bmatrix}, \quad \boldsymbol{\Omega}_2 = \begin{bmatrix} 0 & 2\omega_r & 0 \\ -2\omega_r & 0 & 0 \\ 0 & 0 & 0 \end{bmatrix}$$

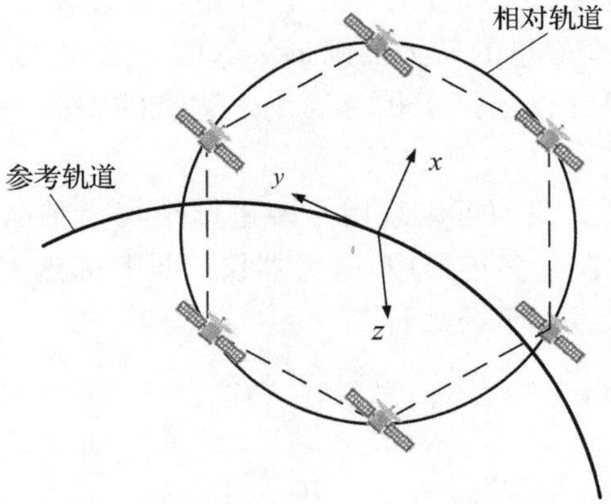

图 5-8　航天器编队场景

根据航天器编队动力学模型可知，当航天器的初始条件满足一些特定关系时，航天器的运动相对于参考原点会形成稳定的相对轨道。

假设 1：所有航天器在初始条件下均在不同半径的相对圆轨道运行，并且相对轨道的角动量方向相同。

假设 2：航天器之间没有信息交换，但每个航天器都搭载有能够提供相对视线测量的传感器。

假设 3：航天器的初始位置不重合且非共线。

在假设 1 ～ 3 的情况下，第 i 个航天器测量得到的视线角如图 5-9 所示。

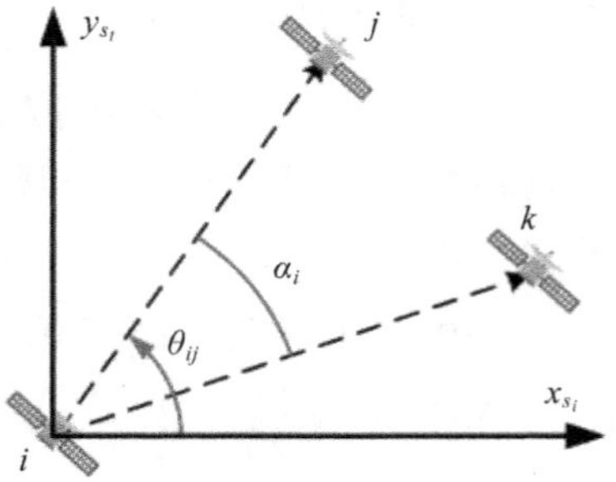

图 5-9 角度测量示意

因此，航天器与相邻航天器之间的视线夹角 α_i 可以由测量角计算得到：

$$\alpha_i = \theta_{ij} - \theta_{ik} \tag{5-44}$$

其中，θ_{ij} 和 θ_{ik} 为在传感器测量坐标系下视线角测量量。

可以给出基于角度信息的航天器圆形编队问题描述：在假设 1 ～ 3 下考虑 n 个航天器的编队任务，设计仅依赖于相对视线角测量的编队控制律来实现圆形编队构型。

对于上述编队问题，我们可以采用凸多边形结构为编队系统构造所需的圆形编队。如图 5-8 所示，在凸多边形中，航天器仅测量其邻近卫星的相对视轴矢量。则相邻视线角 α_i 可通过以下公式计算：

$$\cos\alpha_i = \boldsymbol{z}_{ij}^{\mathrm{T}} \boldsymbol{z}_{ik} \tag{5-45}$$

其中，

$$z_{ij} = \frac{\boldsymbol{p}_j - \boldsymbol{p}_i}{\boldsymbol{p}_j - \boldsymbol{p}_i} \tag{5-46}$$

z_{ij} 为航天器 i 和 j 之间的视线方位矢量。

设 $\alpha_i^* \in (0,\pi)$ 为期望编队构型下的相对视线角，则基于角度信息的编队控制问题可转换为：

$$\lim_{t \to +\infty} (\alpha_i(t) - \alpha_i^*) = 0 \tag{5-47}$$

对于凸多边形而言，其内角和满足 $\sum_{i=1}^{n} \alpha_i^* = (n-1)\pi$。因此，在利用凸多边形构造编队构型时，只需要控制航天器的相对视线角满足期望内角即可达到构型的稳定。值得注意的是，根据凸多边形内角和特性，总是存在一个内角可以由剩余内角和来加以确定。例如，对于三角形而言，第三个内角 α_3 可由内角 α_1 和 α_2 确定，即 $\alpha_3 = \pi - \alpha_1 - \alpha_2$。

但在利用凸多边形进行编队队形构造时会出现一个特例，假如我们希望四颗航天器能够均匀地分布在相对圆轨道上，即四颗航天器组成一个正方形（见图 5-10）。图中，$\alpha_1=\alpha_2=\alpha_3=\alpha_4=90^\circ$，由于四边形并不具有刚性特性，因此矩形也能够满足期望相对视线角的约束。这一特例的解决方案会在后面的章节具体给出。

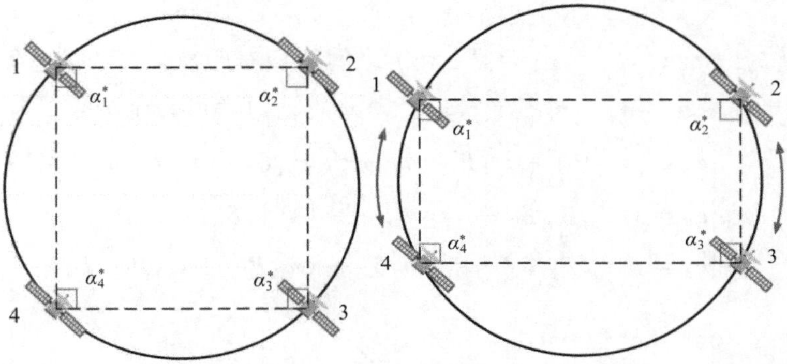

图 5-10　正方形编队（左）、矩形编队（右）

5.3.2　三角构型编队控制

三颗航天器编队控制问题可通过构造三角形结构来实现。首先，给出航天器的编队控制律：

$$\boldsymbol{u}_i=\dot{\boldsymbol{v}}_i^*-\boldsymbol{\Omega}_1 p_i-\boldsymbol{\Omega}_2\boldsymbol{v}_i-k_1(\boldsymbol{\alpha}_i-\boldsymbol{\alpha}_i^*)(\boldsymbol{z}_{i(i+1)}+\boldsymbol{z}_{i(i-1)})-k_2(\boldsymbol{v}_i-\boldsymbol{v}_i^*) \tag{5-48}$$

其中，$k_1>0$ 和 $k_2>0$ 为控制增益，α_i^* 和 v_i^* 为第 i 个期望的相对视线角和期望速度。

在相对圆轨道中，第 i 个航天器的期望速度及其导数可以表示为：

$$\begin{cases}\boldsymbol{v}_i^*=\boldsymbol{\omega}_d\times\boldsymbol{p}_i\\ \dot{\boldsymbol{v}}_i^*=\boldsymbol{\omega}_d\times\dot{\boldsymbol{p}}_i=\boldsymbol{\omega}_d\times\boldsymbol{v}_i\end{cases} \tag{5-49}$$

其中，$\boldsymbol{\omega}_d=[\pm\sqrt{3}/2,0,\pm 1/2]^{\mathrm{T}}\boldsymbol{\omega}_r$ 为预定的角速度矢量，正负号的选取依赖于初始相对轨道的角动量方向。一旦参考轨道确定了，那么编队航天器的伴飞周期就完全确定下来了。

对式(5-45)中的 α 求导,可以得到:

$$\begin{cases}\dot{\boldsymbol{\alpha}}_1=-\dfrac{[\boldsymbol{Z}_{13}(\boldsymbol{v}_3-\boldsymbol{v}_1)]^{\mathrm{T}}\boldsymbol{z}_{12}}{l_{13}\sin\alpha_1}-\dfrac{\boldsymbol{z}_{13}^{\mathrm{T}}\boldsymbol{Z}_{12}(\boldsymbol{v}_2-\boldsymbol{v}_1)}{l_{12}\sin\alpha_1}\\ \dot{\boldsymbol{\alpha}}_2=-\dfrac{[\boldsymbol{Z}_{23}(\boldsymbol{v}_3-\boldsymbol{v}_2)]^{\mathrm{T}}\boldsymbol{z}_{21}}{l_{23}\sin\alpha_2}-\dfrac{\boldsymbol{z}_{23}^{\mathrm{T}}\boldsymbol{Z}_{21}(\boldsymbol{v}_1-\boldsymbol{v}_2)}{l_{21}\sin\alpha_2}\\ \dot{\boldsymbol{\alpha}}_3=-\dfrac{[\boldsymbol{Z}_{31}(\boldsymbol{v}_1-\boldsymbol{v}_3)]^{\mathrm{T}}\boldsymbol{z}_{32}}{l_{31}\sin\alpha_3}-\dfrac{\boldsymbol{z}_{31}^{\mathrm{T}}\boldsymbol{Z}_{32}(\boldsymbol{v}_2-\boldsymbol{v}_3)}{l_{32}\sin\alpha_3}\end{cases} \tag{5-50}$$

其中,$\boldsymbol{Z}_{ij}=\boldsymbol{I}_3-\boldsymbol{z}_{ij}\boldsymbol{z}_{ij}^{\mathrm{T}}$,$l_{ij}$ 为航天器 i 和 j 之间的相对距离。

令 $\boldsymbol{e}_i=\boldsymbol{\alpha}_i-\boldsymbol{\alpha}_i^*$,$\boldsymbol{\delta}_i=\boldsymbol{v}_i-\boldsymbol{v}_i^*$,角度误差的动力学可表示为:

$$\begin{cases}\dot{\boldsymbol{e}}_1=(\boldsymbol{z}_{12}^{\mathrm{T}}\boldsymbol{P}_{13}+\boldsymbol{z}_{13}^{\mathrm{T}}\boldsymbol{P}_{12})\boldsymbol{\delta}_1-\boldsymbol{z}_{13}^{\mathrm{T}}\boldsymbol{P}_{12}\boldsymbol{\delta}_2-\boldsymbol{z}_{12}^{\mathrm{T}}\boldsymbol{P}_{13}\boldsymbol{\delta}_3\\ \dot{\boldsymbol{e}}_2=-\boldsymbol{z}_{23}^{\mathrm{T}}\boldsymbol{P}_{21}\boldsymbol{\delta}_1+(\boldsymbol{z}_{21}^{\mathrm{T}}\boldsymbol{P}_{23}+\boldsymbol{z}_{23}^{\mathrm{T}}\boldsymbol{P}_{21})\boldsymbol{\delta}_2-\boldsymbol{z}_{21}^{\mathrm{T}}\boldsymbol{P}_{23}\boldsymbol{\delta}_3\\ \dot{\boldsymbol{e}}_3=-\boldsymbol{z}_{32}^{\mathrm{T}}\boldsymbol{P}_{31}\boldsymbol{\delta}_1-\boldsymbol{z}_{31}^{\mathrm{T}}\boldsymbol{P}_{32}\boldsymbol{\delta}_2+(\boldsymbol{z}_{32}^{\mathrm{T}}\boldsymbol{P}_{31}+\boldsymbol{z}_{31}^{\mathrm{T}}\boldsymbol{P}_{32})\boldsymbol{\delta}_3\end{cases} \tag{5-51}$$

其中,

$$\boldsymbol{P}_{ij}=\frac{\boldsymbol{Z}_{ij}}{l_{ij}\sin\alpha_i} \tag{5-52}$$

接下来,基于式(5-51)分析提出的三角编队控制律的稳定性,在式(5-48)作用下,航天器的速度误差动态方程可写为:

$$\dot{\boldsymbol{\delta}}_i=-k_1(\boldsymbol{\alpha}_i-\boldsymbol{\alpha}_i^*)(\boldsymbol{z}_{i(i+1)}+\boldsymbol{z}_{i(i-1)})-k_2(\boldsymbol{v}_i-\boldsymbol{v}_i^*) \tag{5-53}$$

由于三角形内角和为 180°,则第 3 个航天器的速度误差动态方程可以重写为:

$$\dot{\boldsymbol{\delta}}_3=-k_1(\boldsymbol{\alpha}_1^*-\boldsymbol{\alpha}_1+\boldsymbol{\alpha}_2^*-\boldsymbol{\alpha}_2)(\boldsymbol{z}_{31}+\boldsymbol{z}_{32})-k_2(\boldsymbol{v}_3-\boldsymbol{v}_3^*) \tag{5-54}$$

同时,我们可以将系统误差重新定义为 $\boldsymbol{e}_r=[\alpha_1-\alpha_1^*,\alpha_2-\alpha_2^*]^{\mathrm{T}}$,然后对误差系统进行线性化,最终得到降维的误差动态方程:

$$\begin{bmatrix}\dot{\boldsymbol{e}}_r\\ \dot{\boldsymbol{\delta}}\end{bmatrix}=\boldsymbol{H}(\alpha^*,\boldsymbol{v}^*)\begin{bmatrix}\boldsymbol{e}_r\\ \boldsymbol{\delta}\end{bmatrix}=\begin{bmatrix}0_2 & \boldsymbol{H}_1\\ \boldsymbol{H}_2 & \boldsymbol{H}_3\end{bmatrix}\begin{bmatrix}\boldsymbol{e}_r\\ \boldsymbol{\delta}\end{bmatrix} \tag{5-55}$$

其中,

$$\boldsymbol{H}_1=\begin{bmatrix}\boldsymbol{z}_{12}^{\mathrm{T}}\boldsymbol{P}_{13}+\boldsymbol{z}_{13}^{\mathrm{T}}\boldsymbol{P}_{12} & -\boldsymbol{z}_{13}^{\mathrm{T}}\boldsymbol{P}_{12} & -\boldsymbol{z}_{12}^{\mathrm{T}}\boldsymbol{P}_{13}\\ -\boldsymbol{z}_{23}^{\mathrm{T}}\boldsymbol{P}_{21} & \boldsymbol{z}_{21}^{\mathrm{T}}\boldsymbol{P}_{23}+\boldsymbol{z}_{23}^{\mathrm{T}}\boldsymbol{P}_{21} & -\boldsymbol{z}_{21}^{\mathrm{T}}\boldsymbol{P}_{23}\end{bmatrix}\Bigg|_{\substack{\boldsymbol{e}_r=0\\ \boldsymbol{\delta}=0}}$$

$$\boldsymbol{H}_2=\begin{bmatrix}-k_1(\boldsymbol{z}_{12}+\boldsymbol{z}_{13}) & 0\\ 0 & -k_1(\boldsymbol{z}_{21}+\boldsymbol{z}_{23})\\ k_1(\boldsymbol{z}_{31}+\boldsymbol{z}_{32}) & k_1(\boldsymbol{z}_{31}+\boldsymbol{z}_{32})\end{bmatrix}\Bigg|_{\substack{\boldsymbol{e}_r=0\\ \boldsymbol{\delta}=0}}$$

$$\boldsymbol{H}_3=-k_2\boldsymbol{I}_9$$

令 λ 为矩阵 $\boldsymbol{H}$ 的特征根，则系统的特征方程为：

$$
\begin{aligned}
&\det[\lambda \boldsymbol{I} - \boldsymbol{H}(\alpha^*, \boldsymbol{v}^*)] \\
&= | \lambda \boldsymbol{I}_9 - \boldsymbol{H}_3 | \, | \lambda I_2 - \boldsymbol{H}_1 (\lambda \boldsymbol{I}_9 - \boldsymbol{H}_3)^{-1} \boldsymbol{H}_2 | \\
&= (\lambda + k_2)^9 \left| \lambda \boldsymbol{I}_2 - \frac{1}{\lambda + k_2} \boldsymbol{H}_1 \boldsymbol{H}_2 \right| \\
&= (\lambda + k_2)^7 [\lambda^4 + 2k_2 \lambda^3 + (k_2^2 - k_1 q_1 - k_1 q_4)\lambda^2 \\
&\quad - (q_1 k_1 k_2 + q_4 k_1 k_2)\lambda + k_1^2 (q_1 q_4 - q_2 q_3)]
\end{aligned} \tag{5-56}
$$

其中，

$$
q_1 = -\frac{\sin\alpha_1^*}{l_{13}^*} - \frac{\sin\alpha_1^*}{l_{12}^*} - \frac{\sin\alpha_3^*}{l_{13}^*}
$$

$$
q_2 = \frac{\sin\alpha_2^*}{l_{12}^*} - \frac{\sin\alpha_3^*}{l_{13}^*}
$$

$$
q_3 = \frac{\sin\alpha_1^*}{l_{21}^*} - \frac{\sin\alpha_3^*}{l_{23}^*}
$$

$$
q_4 = -\frac{\sin\alpha_2^*}{l_{23}^*} - \frac{\sin\alpha_2^*}{l_{21}^*} - \frac{\sin\alpha_3^*}{l_{23}^*}
$$

利用劳斯-赫尔维茨判据分析式(5-56)第二个多项式的特征根，注意到 $q_1 < 0$ 和 $q_4 < 0$，因此第二个多项式的系数均为正，并且有：

$$
2k_2(k_2^2 - k_1 q_1 - k_1 q_4) + k_1 k_2 q_1 + k_1 k_2 q_4 = 2k_2^3 - k_1 k_2 q_1 - k_1 k_2 q_4 > 0 \tag{5-57}
$$

$$
-(q_1 k_1 k_2 + q_4 k_1 k_2)[k_2(2k_2^2 - k_1 q_1 - k_1 q_4)] - 4k_1^2 k_2^2 (q_1 q_4 - q_2 q_3) > 0 \tag{5-58}
$$

基于四阶多项式的劳斯-赫尔维茨判据，式(5-56)的特征根都具有负实部，因此 $\boldsymbol{H}$ 为赫尔维茨的。根据线性系统的稳定性定理可知，在本书提出的控制律作用下，编队系统的误差 e_r 和 $\boldsymbol{\delta}$ 渐近收敛至零。

从控制律的表达式可以看出，相对于传统的分布式编队控制算法，基于角度信息的编队控制只需要航天器通过传感器测量相邻航天器视线角就可以实现期望的编队构型控制。因此，这样并不需要航天器之间进行状态信息的交换，同时避免了通信拓扑的时延及干扰问题。

基于角度信息的编队控制算法的另一个优点是可以克服传感器的安装偏差。假设安装误差角为 β，实线坐标系为无安装误差的测量坐标系，虚线坐标系为具有安装误差的测量坐标系，如图 5-11 所示。

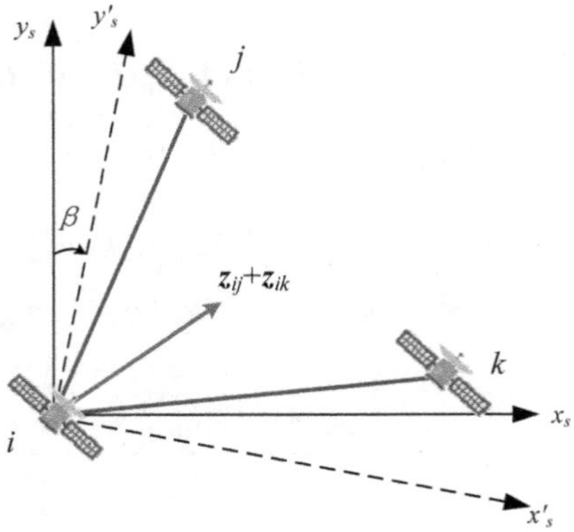

图 5-11　测量坐标系

在安装误差的存在下，视线合成向量 $\boldsymbol{z}_{ij}+\boldsymbol{z}_{ik}$ 在误差坐标系下可写为 $\boldsymbol{R}(\beta)(\boldsymbol{z}_{ij}+\boldsymbol{z}_{ik})$，其中 $\boldsymbol{R}(\beta)$ 为坐标旋转矩阵。因此，新的编队控制律为：

$$\boldsymbol{u}_i=\dot{\boldsymbol{v}}_i^*-\boldsymbol{\Omega}_1\boldsymbol{p}_i-\boldsymbol{\Omega}_2\boldsymbol{v}_i-k_1(\alpha_i-\alpha_i^*)\boldsymbol{R}(\beta)(\boldsymbol{z}_{i(i+1)}+\boldsymbol{z}_{i(i-1)})-k_2(\boldsymbol{v}_i-\boldsymbol{v}_i^*) \tag{5-59}$$

仔细观察上式可以发现，虽然视线向量受到安装误差的影响，但视线相对角 α_i 并不包含安装误差信息。事实上，从控制律的形式上可知 u_i 总是驱动航天器朝着 $z_{ij}+z_{ik}$ 的方向运动，即内角和方向。因此，当安装误差角较小时，并不会对视线合成向量的方向产生较大的影响。由此可以说基于角度信息的编队控制律具有一定的鲁棒特性。

5.3.3　正方形构型编队控制

5.3.1 节中探讨了四颗航天器在相对圆轨道上均匀编队的一个特例，即仅利用凸多边形方法是无法实现正方形构型的圆轨道编队。本节将给出一种解决该问题的方法。

首先，我们可以在航天器 1 和航天器 3 之间添加一条虚线将四边形分割为两个直角三角形，如图 5-12(a) 所示。但是由于在圆上任意一点与直径端点所组成的三角形始终为直角三角形，因此想要仅通过 α_2^* 和 $\alpha_4^*=\pi/2$ 来唯一确定正方形构型是无法实现的。如果在航天器 2 和航天器 3 之间再添加一条虚线，这样虽然可以完全唯一确定正方形的构型，但显然需要测量的相对视线角个数会增多

(α_{312}^*、α_2^*、α_{243}^*、α_{142}^* 和 α_{132}^*)，如图 5-12(b) 所示。因此，我们换一个思路，依旧采用航天器 1 和 3 之间的虚线构造正方形构型，但选取 α_2^* 和 α_{312}^* 作为测量角来唯一确定三角形 $\triangle_{123}$，选取 α_4^* 和 α_{134}^* 作为测量角来唯一确定三角形 $\triangle_{134}$，如图 5-12(c)。最终，通过此方法构造的正方形编队控制律需满足以下目标。

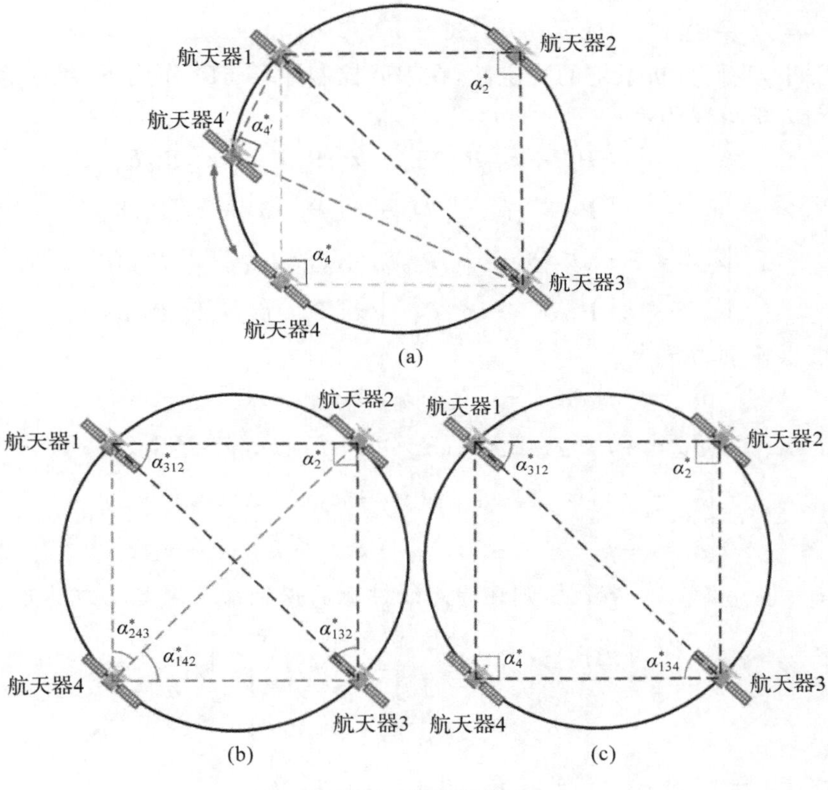

图 5-12　四边形构型

$$\begin{cases}\lim\limits_{t\to+\infty} e_{312} = \lim\limits_{t\to+\infty}(\alpha_{312} - \pi/4) = 0 \\ \lim\limits_{t\to+\infty} e_2 = \lim\limits_{t\to+\infty}(\alpha_2 - \pi/2) = 0 \\ \lim\limits_{t\to+\infty} e_{134} = \lim\limits_{t\to+\infty}(\alpha_{134} - \pi/4) = 0 \\ \lim\limits_{t\to+\infty} e_4 = \lim\limits_{t\to+\infty}(\alpha_4 - \pi/2) = 0\end{cases} \tag{5-60}$$

从而给出正方形构型的编队控制律：

$$\begin{cases} \boldsymbol{u}_1 = \boldsymbol{T}_1 - k_1(\alpha_{312} - \alpha_{312}^*)(\boldsymbol{z}_{12} + \boldsymbol{z}_{13}) \\ \boldsymbol{u}_2 = \boldsymbol{T}_2 - k_1(\alpha_2 - \alpha_2^*)(\boldsymbol{z}_{21} + \boldsymbol{z}_{23}) \\ \boldsymbol{u}_3 = \boldsymbol{T}_3 - k_1(\alpha_{134} - \alpha_{134}^*)(\boldsymbol{z}_{31} + \boldsymbol{z}_{34}) \\ \boldsymbol{u}_4 = \boldsymbol{T}_4 - k_1(\alpha_4 - \alpha_4^*)(\boldsymbol{z}_{43} + \boldsymbol{z}_{41}) \end{cases} \tag{5-61}$$

其中，$T_i = \dot{v}_i^* - \Omega_1 p_i - \Omega_2 v_i - k_2(v_i - v_i^*)$。

接下来，我们分析系统的稳定性，在编队控制律(5-61)作用下，编队系统的位置误差动力学可写为：

$$\begin{cases} \dot{e}_{312} = (\boldsymbol{z}_{12}^{\mathrm{T}}\boldsymbol{P}_{13} + \boldsymbol{z}_{13}^{\mathrm{T}}\boldsymbol{P}_{12})\boldsymbol{\delta}_1 - \boldsymbol{z}_{13}^{\mathrm{T}}\boldsymbol{P}_{12}\boldsymbol{\delta}_2 - \boldsymbol{z}_{12}^{\mathrm{T}}\boldsymbol{P}_{13}\boldsymbol{\delta}_3 \\ \dot{e}_2 = -\boldsymbol{z}_{23}^{\mathrm{T}}\boldsymbol{P}_{21}\boldsymbol{\delta}_1 + (\boldsymbol{z}_{21}^{\mathrm{T}}\boldsymbol{P}_{23} + \boldsymbol{z}_{23}^{\mathrm{T}}\boldsymbol{P}_{21})\boldsymbol{\delta}_2 - \boldsymbol{z}_{21}^{\mathrm{T}}\boldsymbol{P}_{23}\boldsymbol{\delta}_3 \\ \dot{e}_{134} = -\boldsymbol{z}_{34}^{\mathrm{T}}\boldsymbol{P}_{31}\boldsymbol{\delta}_1 - \boldsymbol{z}_{31}^{\mathrm{T}}\boldsymbol{P}_{34}\boldsymbol{\delta}_4 + (\boldsymbol{z}_{34}^{\mathrm{T}}\boldsymbol{P}_{31} + \boldsymbol{z}_{31}^{\mathrm{T}}\boldsymbol{P}_{34})\boldsymbol{\delta}_3 \\ \dot{e}_4 = -\boldsymbol{z}_{43}^{\mathrm{T}}\boldsymbol{P}_{41}\boldsymbol{\delta}_1 + (\boldsymbol{z}_{41}^{\mathrm{T}}\boldsymbol{P}_{43} + \boldsymbol{z}_{43}^{\mathrm{T}}\boldsymbol{P}_{41})\boldsymbol{\delta}_4 - \boldsymbol{z}_{41}^{\mathrm{T}}\boldsymbol{P}_{43}\boldsymbol{\delta}_3 \end{cases} \tag{5-62}$$

速度误差动力学为：

$$\begin{cases} \dot{\boldsymbol{\delta}}_1 = -k_1(\alpha_{312} - \alpha_{312}^*)(\boldsymbol{z}_{12} + \boldsymbol{z}_{13}) - k_2(\boldsymbol{v}_1 - \boldsymbol{v}_1^*) \\ \dot{\boldsymbol{\delta}}_2 = -k_1(\alpha_2 - \alpha_2^*)(\boldsymbol{z}_{21} + \boldsymbol{z}_{23}) - k_2(\boldsymbol{v}_2 - \boldsymbol{v}_2^*) \\ \dot{\boldsymbol{\delta}}_3 = -k_1(\alpha_{134} - \alpha_{134}^*)(\boldsymbol{z}_{31} + \boldsymbol{z}_{34}) - k_2(\boldsymbol{v}_3 - \boldsymbol{v}_3^*) \\ \dot{\boldsymbol{\delta}}_4 = -k_1(\alpha_4 - \alpha_4^*)(\boldsymbol{z}_{41} + \boldsymbol{z}_{43}) - k_2(\boldsymbol{v}_4 - \boldsymbol{v}_4^*) \end{cases} \tag{5-63}$$

令 $e = [e_{312}, e_2, e_{134}, e_4]^{\mathrm{T}}$，则在原点线性化后得到系统误差动力学方程：

$$\begin{bmatrix} \dot{e} \\ \dot{\boldsymbol{\delta}} \end{bmatrix} = \boldsymbol{S}(\alpha^*, \boldsymbol{v}^*)\begin{bmatrix} e \\ \boldsymbol{\delta} \end{bmatrix} = \begin{bmatrix} 0 & \boldsymbol{S}_1 \\ \boldsymbol{S}_2 & -\boldsymbol{K}_2 \end{bmatrix}\begin{bmatrix} e \\ \boldsymbol{\delta} \end{bmatrix} \tag{5-64}$$

其中，

$$\boldsymbol{S}_1 = \begin{bmatrix} \boldsymbol{z}_{12}^{\mathrm{T}}\boldsymbol{P}_{13} + \boldsymbol{z}_{13}^{\mathrm{T}}\boldsymbol{P}_{12} & -\boldsymbol{z}_{13}^{\mathrm{T}}\boldsymbol{P}_{12} & -\boldsymbol{z}_{12}^{\mathrm{T}}\boldsymbol{P}_{13} & 0 \\ -\boldsymbol{z}_{23}^{\mathrm{T}}\boldsymbol{P}_{21} & \boldsymbol{z}_{21}^{\mathrm{T}}\boldsymbol{P}_{23} + \boldsymbol{z}_{23}^{\mathrm{T}}\boldsymbol{P}_{21} & -\boldsymbol{z}_{21}^{\mathrm{T}}\boldsymbol{P}_{23} & 0 \\ -\boldsymbol{z}_{34}^{\mathrm{T}}\boldsymbol{P}_{31} & 0 & \boldsymbol{z}_{34}^{\mathrm{T}}\boldsymbol{P}_{31} + \boldsymbol{z}_{31}^{\mathrm{T}}\boldsymbol{P}_{34} & -\boldsymbol{z}_{31}^{\mathrm{T}}\boldsymbol{P}_{34} \\ -\boldsymbol{z}_{43}^{\mathrm{T}}\boldsymbol{P}_{41} & 0 & -\boldsymbol{z}_{41}^{\mathrm{T}}\boldsymbol{P}_{43} & \boldsymbol{z}_{41}^{\mathrm{T}}\boldsymbol{P}_{43} + \boldsymbol{z}_{43}^{\mathrm{T}}\boldsymbol{P}_{41} \end{bmatrix}\Bigg|_{\substack{e_r=0 \\ \boldsymbol{\delta}=0}}$$

$$\boldsymbol{S}_2 = -k_1\begin{bmatrix} \boldsymbol{z}_{12} + \boldsymbol{z}_{13} & 0 & 0 & 0 \\ 0 & \boldsymbol{z}_{21} + \boldsymbol{z}_{23} & 0 & 0 \\ 0 & 0 & \boldsymbol{z}_{31} + \boldsymbol{z}_{34} & 0 \\ 0 & 0 & 0 & \boldsymbol{z}_{41} + \boldsymbol{z}_{43} \end{bmatrix}\Bigg|_{\substack{e_r=0 \\ \boldsymbol{\delta}=0}}$$

$$\boldsymbol{K}_2 = k_2\boldsymbol{I}_{12}$$

矩阵 $\boldsymbol{S}$ 的特征方程为：

$$\det(\lambda \boldsymbol{I} - \boldsymbol{S}) = (\lambda + k_2)^9 \mid \lambda(\lambda \boldsymbol{I} + K_2) - \boldsymbol{S}_1 \boldsymbol{S}_2 \mid \tag{5-65}$$

由于 $\alpha_{312}^* = \alpha_{134}^* = \pi/4$ 且 $\alpha_2^* = \alpha_4^* = \pi/2$，因此有：

$$\bar{\boldsymbol{S}}_1 \bar{\boldsymbol{S}}_2 = \frac{k_1}{l^*} \begin{bmatrix} -\frac{1+\sqrt{2}}{2} & 1 & \frac{1}{2} & 0 \\ \frac{\sqrt{2}}{2} & -2 & \frac{2+\sqrt{2}}{2} & 0 \\ \frac{1}{2} & 0 & -\frac{1+\sqrt{2}}{2} & 1 \\ \frac{2+\sqrt{2}}{2} & 0 & \frac{\sqrt{2}}{2} & -2 \end{bmatrix} \tag{5-66}$$

其中，l^* 为期望正方形的边长。

经过简单的计算，可知矩阵 $\boldsymbol{S}_1 \boldsymbol{S}_2$ 的特征根具有负实部，因此 $\boldsymbol{S}$ 是 Hurwitz 稳定的。这说明系统误差 e 和 $\boldsymbol{\delta}$ 渐近收敛至零。

5.3.4　数值仿真

为了保证每个航天器的初始运动稳定，航天器需满足圆形轨道伴飞的初始条件：

$$\boldsymbol{v}_{yi}(0) = -2\omega_r \boldsymbol{p}_{xi}(0), \quad \boldsymbol{v}_{xi}(0) = \omega_r \boldsymbol{p}_{yi}(0)/2$$

$$\boldsymbol{p}_{zi}(0) = \sqrt{3}\,\boldsymbol{p}_{xi}(0), \quad \boldsymbol{v}_{zi}(0) = \sqrt{3}\,\boldsymbol{v}_{xi}(0)$$

其中，$\omega_r = 9.96 \times 10^{-4}$ rad/s 为参考中心轨道的角速率，轨道半径为 7378km。

首先，考虑三角形构型的相对圆轨道编队，三颗航天器的初始伴飞半径分别为 620m、420m 和 500m。因为期望的三角形构型为等边三角形，所以期望视线相对角为 $\alpha_1^* = \alpha_2^* = \alpha_3^* = \pi/3$。控制增益 $k_1 = 5$ 和 $k_2 = 1$。

图 5-13 给出了航天器三角形构型的编队轨迹曲线，三颗航天器的初始构型为一个任意三角形，在三角形编队控制律的作用下逐渐形成稳定的等边三角形编队。图 5-14 给出了视线相对角的变化，可以看出，最终三颗航天器的视线相对角都收敛到了 60°，实现了期望的等边三角形构型。

接下来对正方形编队控制律进行数值仿真，首先采用控制律对四颗航天器进行控制来完成正方形编队，正方形构型的期望视线相对角为 $\alpha_1^* = \alpha_2^* = \alpha_3^* = \alpha_4^* = \pi/2$。其仿真结果如图 5-15 和图 5-16 所示。

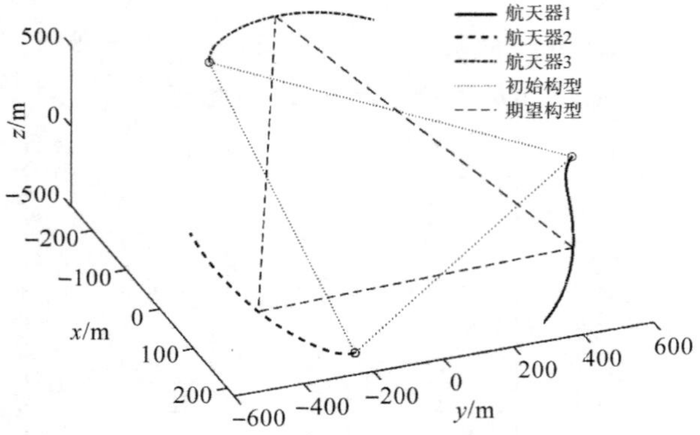

图 5-13　航天器编队飞行轨迹

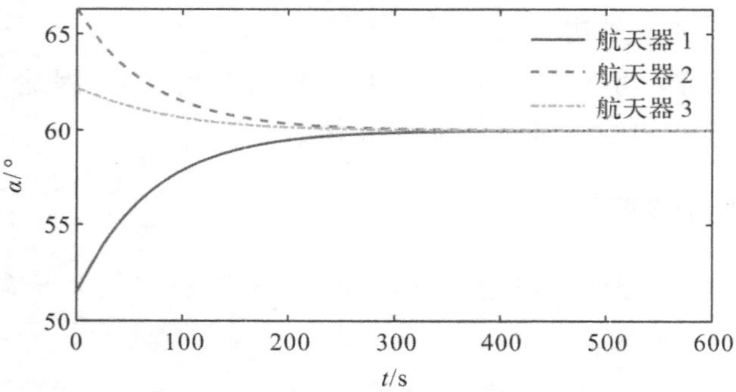

图 5-14　视线相对角变化曲线

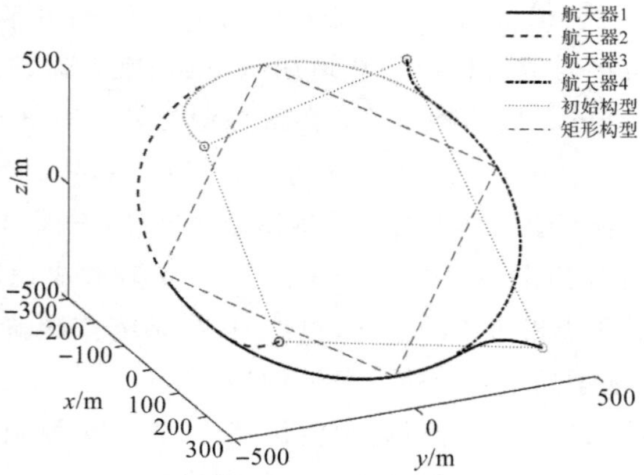

图 5-15　四颗航天器编队轨迹

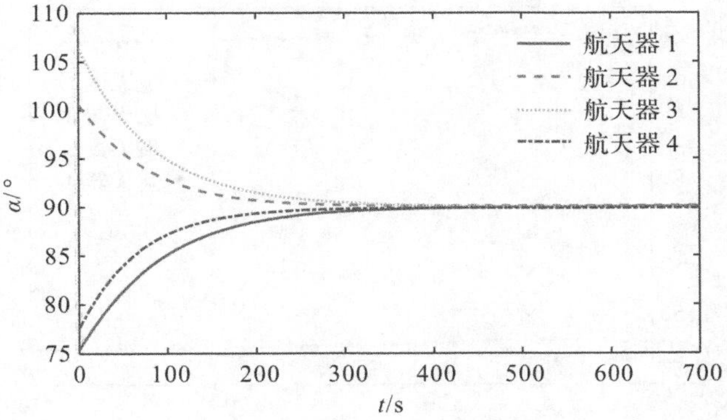

图 5-16　视线相对角变化曲线

从仿真结果可以看出，虽然四颗航天器的视线相对角最终都稳定在了 90°，但四颗航天器组成的四边形边长分别为 $l_{12}=l_{34}=643\text{m}$ 和 $l_{14}=l_{23}=748\text{m}$，显然这是一个矩形，并没有满足正方形编队构型的要求。

因此，在同样的初始条件下，采用控制律对四颗航天器进行控制，仿真结果如图 5-17 和图 5-18 所示。

可以看出，四颗航天器的视线相对角最终稳定在 $\alpha_{312}=\alpha_{314}=\pi/4$ 和 $\alpha_2=\alpha_4=\pi/2$，构型边长为 $l_{12}=l_{23}=l_{34}=l_{14}=1073\text{m}$。其仿真结果证明了控制律可以实现四颗航天器的正方形编队构型。

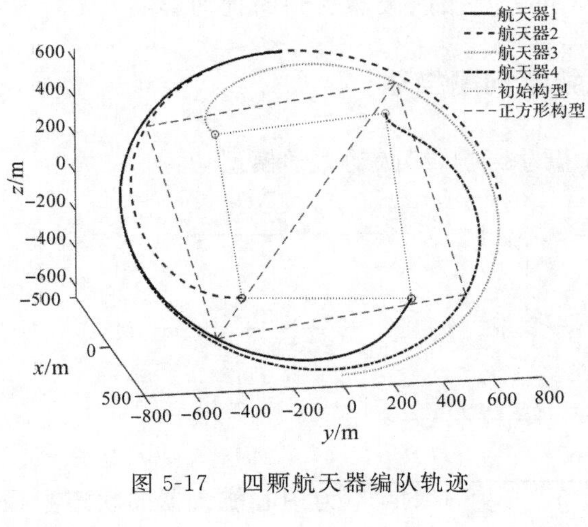

图 5-17　四颗航天器编队轨迹

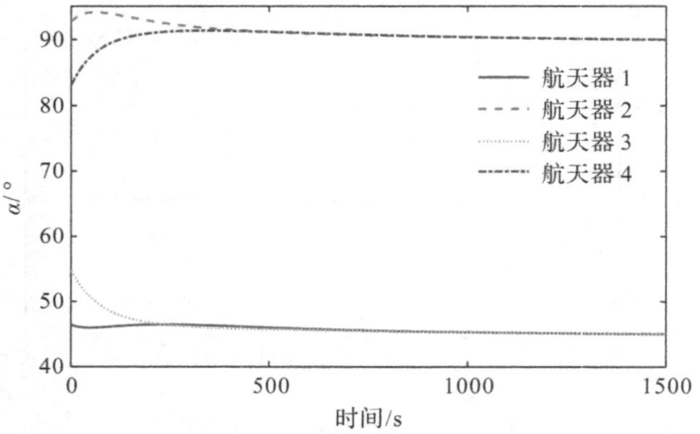

图 5-18　视线相对角变化曲线

5.4　基于博弈理论的分布式鲁棒编队控制

变质心航天器在低轨环境下利用大气阻力进行轨道控制时，还会受到除大气阻力以外的其他扰动影响。其中地球扁率对航天器的摄动是不可忽略的因素之一。本节将探讨如何设计基于开环纳什博弈的分布式鲁棒编队控制算法，利用控制输入与扰动的博弈过程克服航天器受到的扰动影响。

5.4.1　编队控制问题描述

考虑到地球 J_2 摄动影响，编队动力学模型为：

$$\begin{cases} \ddot{x}_i = 2\omega\dot{y}_i + \omega^2 x_i - \dfrac{\mu_e(r_0 + x_i)}{r_i^3} + \dfrac{\mu_e}{r_0^2} + w_{xi} + u_{xi} \\ \ddot{y}_i = -2\omega\dot{x}_i + \omega^2 y_i - \dfrac{\mu_e y_i}{r_i^3} + w_{yi} + u_{yi} \\ \ddot{z}_i = -\dfrac{\mu_e z_i}{r_i^3} + w_{zi} + u_{zi} \end{cases} \tag{5-67}$$

其中，$r_i = \sqrt{(r_0 + x_i)^2 + y_i^2 + z_i^2}$，$r_0$ 为中心航天器的轨道半径，μ_e 为地球引力常

数，扁率摄动项为：

$$\begin{cases} w_{xi} = \dfrac{\mu_e (r_0 + x_i)}{r_i^5}\left[\dfrac{3}{2}J_2 R_e^2\left(\dfrac{5z_i^2}{r_i^2} - 1\right)\right] + \dfrac{3}{2}\dfrac{\mu_e J_2 R_e^2}{r_0^4} \\ w_{yi} = \dfrac{\mu_e y_i}{r_i^5}\left[\dfrac{3}{2}J_2 R_e^2\left(\dfrac{5z_i^2}{r_i^2} - 1\right)\right] \\ w_{zi} = \dfrac{\mu_e z_i}{r_i^5}\left[\dfrac{3}{2}J_2 R_e^2\left(\dfrac{5z_i^2}{r_i^2} - 3\right)\right] \end{cases} \tag{5-68}$$

其中，R_e 为地球平均半径，$J_2 = 1.08263 \times 10^{-3}$ 为第二带谐系数。

航天器的编队动力学可重写为：

$$\begin{bmatrix} \dot{\boldsymbol{p}}_i \\ \dot{\boldsymbol{v}}_i \end{bmatrix} = \begin{bmatrix} 0_3 & \boldsymbol{I}_3 \\ \boldsymbol{\Omega}_1 & \boldsymbol{\Omega}_2 \end{bmatrix}\begin{bmatrix} \boldsymbol{p}_i \\ \boldsymbol{v}_i \end{bmatrix} + \begin{bmatrix} 0_3 \\ \boldsymbol{I}_3 \end{bmatrix}\boldsymbol{u}_i + \begin{bmatrix} 0_3 \\ \boldsymbol{I}_3 \end{bmatrix}\boldsymbol{d}_i \tag{5-69}$$

其中，

$$\boldsymbol{\Omega}_1 = \begin{bmatrix} \omega^2 & 0 & 0 \\ 0 & \omega^2 & 0 \\ 0 & 0 & 0 \end{bmatrix},\quad \boldsymbol{\Omega}_2 = \begin{bmatrix} 0 & 2\omega & 0 \\ -2\omega & 0 & 0 \\ 0 & 0 & 0 \end{bmatrix}$$

$\boldsymbol{p}_i = [x_i, y_i, z_i]^{\mathrm{T}}$ 为相对位置矢量，$\boldsymbol{v}_i = [\dot{x}_i, \dot{y}_i, \dot{z}_i]^{\mathrm{T}}$ 为相对速度矢量，$\boldsymbol{u}_i = [u_{xi}, u_{yi}, u_{zi}]^{\mathrm{T}}$ 为控制输入向量，$\boldsymbol{d}_i = [d_{xi}, d_{yi}, d_{zi}]^{\mathrm{T}}$ 为扰动总和，包括地球扁率扰动及其他干扰。

针对 N 个航天器编队间的通信拓扑结构，可表述为有向图 $\mathcal{G} = (\mathbf{V}, \boldsymbol{\varepsilon})$，其中 $\mathbf{V} = \{v_1, v_2, \cdots, v_N\}$ 为由航天器组成的节点集合，$\boldsymbol{\varepsilon} = \{(v_i, v_j) \mid v_i, v_j \in \mathbf{V}\}$ 为边的集合，边 (v_i, v_j) 表示航天器 j 可以从航天器 i 获得信息，称航天器 i 和航天器 j 是邻接的，记航天器 i 的邻集 $\mathbf{N}_i = \{v_i \in \mathbf{V} \mid (v_i, v_j) \in \boldsymbol{\varepsilon})\}$。相应的拓扑结构的拉普拉斯矩阵 $\boldsymbol{L} = [L_{ij}] \in \mathbf{R}^{n \times n}$ 定义为：

$$\boldsymbol{L}_{ij} = \begin{cases} -l_{ij}, & j \in \mathbf{N}_i \\ 0, & j \notin \mathbf{N}_i \\ \sum_{j \in \mathbf{N}_i} l_{ij}, & j = i \end{cases} \tag{5-70}$$

其中，l_{ij} 代表边的权重。

关于拉普拉斯矩阵，我们给出如下引理。

引理：矩阵 $\boldsymbol{G} = \boldsymbol{I} + (\boldsymbol{I} \otimes \boldsymbol{F}_1)(\boldsymbol{L} \otimes \boldsymbol{F}_2)$ 不可逆，其中 $\boldsymbol{F}_1$ 和 $\boldsymbol{F}_2$ 为半正定矩阵，$\boldsymbol{I}$ 为单位矩阵。

证明：矩阵 $\boldsymbol{G}$ 可以重写为：

$$\boldsymbol{G} = \boldsymbol{I} + \boldsymbol{L} \otimes (\boldsymbol{F}_1 \boldsymbol{F}_2) \tag{5-71}$$

由于 $\boldsymbol{F}_1$ 和 $\boldsymbol{F}_2$ 为半正定的，因此 $\boldsymbol{F}_1\boldsymbol{F}_2$ 的特征根为非负实数。进一步，$(\boldsymbol{L}\otimes\boldsymbol{F}_1\boldsymbol{F}_2)$ 的特征根具有非负实部，从而矩阵 $\boldsymbol{G}$ 的特征根具有正实部且不可逆。

航天器的编队问题可以表述为：利用需求控制策略 u_i 实现期望的编队构型，控制能量最省，干扰影响最小三个目的。

因此，给出综合性能指标：

$$J_i=\sum_{j\in\mathbf{N}_i}\frac{l_{ij}}{2}(\Delta\boldsymbol{p}_{ij}^{\mathrm{T}}\boldsymbol{Q}\Delta\boldsymbol{p}_{ij}+\Delta v_{ij}^{\mathrm{T}}\boldsymbol{W}\Delta\boldsymbol{v}_{ij})+\frac{1}{2}\int_0^{t_f}(\boldsymbol{u}_i^{\mathrm{T}}\boldsymbol{R}_u\boldsymbol{u}_i-\boldsymbol{d}_i^{\mathrm{T}}\boldsymbol{R}_d\boldsymbol{d}_i)\mathrm{d}t \tag{5-72}$$

其中，$\Delta\boldsymbol{p}_{ij}=\boldsymbol{p}_i(t_f)-\boldsymbol{p}_j(t_f)-\delta\boldsymbol{p}_{ij}^d$ 和 $\Delta\boldsymbol{v}_{ij}=\boldsymbol{v}_i(t_f)-\boldsymbol{v}_j(t_f)-\delta\boldsymbol{v}_{ij}^d$，$\delta\boldsymbol{p}_{ij}^d$ 和 $\delta\boldsymbol{v}_{ij}^d$ 分别为航天器之间期望的相对距离和相对速度。Q、W、R_u 和 R_d 为待定的正定矩阵。

与传统最优控制的性能指标进行对比可以看出，由于通信拓扑的存在，个体航天器并不需要知道所有航天器的状态信息。因此，可以将分布式编队控制看作非合作条件下的纳什博弈问题，通过寻求整个编队系统的纳什平衡点得到最优编队控制律。对于编队系统受到的扰动，也可以将其作为博弈问题的局中人，通过在纳什博弈中寻找一种最坏情况(worst-case)策略来克服扰动。因此，针对本节提出的考虑扰动的编队控制问题，给出 worst-case 平衡点的定义：

假设编队航天器的控制策略为 $\boldsymbol{u}=[u_1,u_2,\cdots,u_N]^{\mathrm{T}}$，存在一个 worst-case 扰动 $\hat{d}_i(u)$ 满足：

$$J_i(\boldsymbol{u},\hat{\boldsymbol{d}}_i(\boldsymbol{u}))\geqslant J_i(\boldsymbol{u},\boldsymbol{d}) \tag{5-73}$$

则有最优控制理论$(u_1^*,\cdots,u_N^*)$；假如：

$$J_i(\boldsymbol{u}^*,(\boldsymbol{d}_i,\hat{\boldsymbol{d}}_{-i}))\leqslant J_i(\boldsymbol{u}^*,\hat{\boldsymbol{d}}(\boldsymbol{u}^*))\leqslant J_i((\boldsymbol{u}_i,\boldsymbol{u}_{-i}^*),\hat{\boldsymbol{d}}_i(\boldsymbol{u}_i,\boldsymbol{u}_{-i}^*)) \tag{5-74}$$

则对于控制策略(u_i,u_{-i}^*)及扰动 $\hat{\boldsymbol{d}}_i(u_i,u_{-i}^*)$ 均可成立。

5.4.2 基于开环纳什博弈的抗扰编队控制

5.4.1 节不仅将航天器作为博弈中的局中人，同时也将扰动视为系统博弈中的局中人。因此，考虑到由 N 个航天器组成的编队系统，为满足性能指标式(5-72)，设计 Nash/worst-case 控制律：

$$\boldsymbol{u}_i^*=-\boldsymbol{R}_u^{-1}\boldsymbol{W}_i\left\{\bar{\boldsymbol{L}}\boldsymbol{M}^{-1}\left(\bar{\boldsymbol{\Phi}}\begin{bmatrix}\boldsymbol{p}(0)\\ \boldsymbol{v}(0)\end{bmatrix}-\bar{\boldsymbol{S}}\begin{bmatrix}\delta\boldsymbol{p}^d\\ \delta\boldsymbol{v}^d\end{bmatrix}\right)-\begin{bmatrix}\delta\boldsymbol{p}^d\\ \delta\boldsymbol{v}^d\end{bmatrix}\right\} \tag{5-75}$$

$$\hat{\boldsymbol{d}}_i=\boldsymbol{R}_d^{-1}\boldsymbol{W}_i\left\{\bar{\boldsymbol{L}}\boldsymbol{M}^{-1}\left(\bar{\boldsymbol{\Phi}}\begin{bmatrix}\boldsymbol{p}(0)\\ \boldsymbol{v}(0)\end{bmatrix}-\bar{\boldsymbol{S}}\begin{bmatrix}\delta\boldsymbol{p}^d\\ \delta\boldsymbol{v}^d\end{bmatrix}\right)-\begin{bmatrix}\delta\boldsymbol{p}^d\\ \delta\boldsymbol{v}^d\end{bmatrix}\right\} \tag{5-76}$$

其中，$\boldsymbol{M}=\boldsymbol{I}+\overline{\boldsymbol{SL}}$，$\boldsymbol{W}_i=[\boldsymbol{\varphi}_2^{\mathrm{T}},\boldsymbol{\varphi}_4^{\mathrm{T}}]\boldsymbol{e}_i^{\mathrm{T}}\otimes\boldsymbol{I}$，$\boldsymbol{R}_{ud}=\boldsymbol{R}_u^{-1}-\boldsymbol{R}_d^{-1}$，$\boldsymbol{e}_i$ 为第 i 个元素为 1，其他元素为 0 的列向量。$\bar{\boldsymbol{\Phi}}=\boldsymbol{I}\otimes\boldsymbol{\Phi}$，$\boldsymbol{\Phi}(t_f,t)$ 为状态转移矩阵。

$$\begin{cases}\boldsymbol{\Phi}(t_f,t)=\begin{bmatrix}\boldsymbol{\varphi}_1(t_f,t) & \boldsymbol{\varphi}_2(t_f,t)\\ \boldsymbol{\varphi}_3(t_f,t) & \boldsymbol{\varphi}_4(t_f,t)\end{bmatrix}=\exp\left\{\begin{bmatrix}\boldsymbol{0}_3 & \boldsymbol{I}_3\\ \boldsymbol{\Omega}_1 & \boldsymbol{\Omega}_2\end{bmatrix}(t_f-t)\right\}\\ \boldsymbol{S}=\begin{bmatrix}\boldsymbol{S}_{22} & \boldsymbol{S}_{24}\\ \boldsymbol{S}_{24} & \boldsymbol{S}_{44}\end{bmatrix}\end{cases} \tag{5-77}$$

$$\boldsymbol{S}_{ij}=\int_0^{t_f}\boldsymbol{\varphi}_i(t_f,\tau)\boldsymbol{R}_{ud}\boldsymbol{\varphi}_j^{\mathrm{T}}(t_f,\tau)\mathrm{d}\tau \tag{5-78}$$

$$\bar{\boldsymbol{L}}=\begin{bmatrix}\boldsymbol{L}\otimes\boldsymbol{Q} & 0\\ 0 & \boldsymbol{L}\otimes\boldsymbol{W}\end{bmatrix} \tag{5-79}$$

$$\delta\boldsymbol{p}^d=[\delta\boldsymbol{p}_1^d,\cdots,\delta\boldsymbol{p}_N^d],\delta\boldsymbol{p}_i^d=\sum_{j\in\boldsymbol{N}_i}l_{ij}\boldsymbol{Q}\delta\boldsymbol{p}_{ij}^d \tag{5-80}$$

$$\delta\boldsymbol{v}^d=[\delta\boldsymbol{v}_1^d,\cdots,\delta\boldsymbol{v}_N^d],\delta\boldsymbol{v}_i^d=\sum_{j\in\boldsymbol{N}_i}l_{ij}\boldsymbol{W}\delta\boldsymbol{v}_{ij}^d \tag{5-81}$$

下面给出控制律(5-75)和(5-76)的推导过程。首先,根据最优控制理论可以得到如下汉密尔顿(Hamiltonian)函数:

$$H_i=\frac{1}{2}\boldsymbol{u}_i^{\mathrm{T}}\boldsymbol{R}_u\boldsymbol{u}_i-\frac{1}{2}\boldsymbol{d}_i^{\mathrm{T}}\boldsymbol{R}_d\boldsymbol{d}_i+\boldsymbol{\eta}_i^{\mathrm{T}}\boldsymbol{v}_i+\boldsymbol{\mu}_i^{\mathrm{T}}(\boldsymbol{\Omega}_1\boldsymbol{p}_i+\boldsymbol{\Omega}_2\boldsymbol{v}_i+\boldsymbol{u}_i+\boldsymbol{d}_i) \tag{5-82}$$

其中,η_i 和 μ_i 为协变量,其动态方程为:

$$\begin{cases}\dot{\boldsymbol{\eta}}_i=-\dfrac{\partial H_i}{\partial\boldsymbol{p}_i}=-\boldsymbol{\Omega}_1^{\mathrm{T}}\dot{\boldsymbol{\mu}}_i\\ \dot{\boldsymbol{\mu}}_i=-\dfrac{\partial H_i}{\partial\boldsymbol{v}_i}=-\boldsymbol{\eta}_i-\boldsymbol{\Omega}_2^{\mathrm{T}}\dot{\boldsymbol{\mu}}_i\end{cases} \tag{5-83}$$

根据状态终端条件,可解得:

$$\begin{cases}\boldsymbol{\eta}_i=\boldsymbol{\varphi}_1^{\mathrm{T}}(t_f,t)\boldsymbol{\eta}_i(t_f)+\boldsymbol{\varphi}_3^{\mathrm{T}}(t_f,t)\boldsymbol{\mu}_i(t_f)\\ \boldsymbol{\mu}_i=\boldsymbol{\varphi}_2^{\mathrm{T}}(t_f,t)\boldsymbol{\eta}_i(t_f)+\boldsymbol{\varphi}_4^{\mathrm{T}}(t_f,t)\boldsymbol{\mu}_i(t_f)\end{cases} \tag{5-84}$$

根据控制方程 $\partial H_i/\partial u_i=0$ 和 $\partial H_i/\partial d_i=0$,可得到:

$$\boldsymbol{u}_i=-\boldsymbol{R}_u^{-1}[\boldsymbol{\varphi}_2^{\mathrm{T}}(t_f,t)\boldsymbol{\eta}_i(t_f)+\boldsymbol{\varphi}_4^{\mathrm{T}}(t_f,t)\boldsymbol{\mu}_i(t_f)] \tag{5-85}$$

$$\boldsymbol{d}_i=\boldsymbol{R}_d^{-1}[\boldsymbol{\varphi}_2^{\mathrm{T}}(t_f,t)\boldsymbol{\eta}_i(t_f)+\boldsymbol{\varphi}_4^{\mathrm{T}}(t_f,t)\boldsymbol{\mu}_i(t_f)] \tag{5-86}$$

将上述两式代入式(5-69)中,并求系统状态的解,可得到:

$$\begin{aligned}\boldsymbol{p}_i(t_f)=&\boldsymbol{\varphi}_1(t_f,0)\boldsymbol{p}_i(0)+\boldsymbol{\varphi}_2(t_f,0)\boldsymbol{v}_i(0)\\ &-\left[\int_0^{t_f}\boldsymbol{\varphi}_2(t_f,\tau)\boldsymbol{R}_{ud}\boldsymbol{\varphi}_2^{\mathrm{T}}(t_f,\tau)\mathrm{d}\tau\boldsymbol{\eta}_i(t_f)+\int_0^{t_f}\boldsymbol{\varphi}_2(t_f,\tau)\boldsymbol{R}_{ud}\boldsymbol{\varphi}_4^{\mathrm{T}}(t_f,\tau)\mathrm{d}\tau\boldsymbol{\mu}_i(t_f)\right]\end{aligned} \tag{5-87}$$

$$\boldsymbol{v}_i(t_f)=\boldsymbol{\varphi}_3(t_f,0)\boldsymbol{p}_i(0)+\boldsymbol{\varphi}_4(t_f,0)\boldsymbol{v}_i(0)$$
$$-\left[\int_0^{t_f}\boldsymbol{\varphi}_2(t_f,\tau)\boldsymbol{R}_{ud}\boldsymbol{\varphi}_4^{\mathrm{T}}(t_f,\tau)\mathrm{d}\tau\boldsymbol{\eta}_i(t_f)+\int_0^{t_f}\boldsymbol{\varphi}_4(t_f,\tau)\boldsymbol{R}_{ud}\boldsymbol{\varphi}_4^{\mathrm{T}}(t_f,\tau)\mathrm{d}\tau\boldsymbol{\mu}_i(t_f)\right] \tag{5-88}$$

边界条件可以由下式给出：

$$\begin{cases}\boldsymbol{\eta}_i(t_f)=\sum_{j\in\boldsymbol{N}_i}l_{ij}\boldsymbol{Q}\Delta\boldsymbol{p}_{ij}\\ \boldsymbol{\mu}_i(t_f)=\sum_{j\in\boldsymbol{N}_i}l_{ij}\boldsymbol{W}\Delta\boldsymbol{v}_{ij}\end{cases} \tag{5-89}$$

将边界条件代入式(5-87)和式(5-88)得到：

$$\boldsymbol{p}_i(t_f)=\boldsymbol{\varphi}_1(t_f,0)\boldsymbol{p}_i(0)+\boldsymbol{\varphi}_2(t_f,0)\boldsymbol{v}_i(0)$$
$$-\boldsymbol{S}_{22}\sum_{j\in\boldsymbol{N}_i}l_{ij}\boldsymbol{Q}\Delta p_{ij}-\boldsymbol{S}_{24}\sum_{j\in\boldsymbol{N}_i}l_{ij}\boldsymbol{W}\Delta\boldsymbol{v}_{ij} \tag{5-90}$$

$$\boldsymbol{v}_i(t_f)=\boldsymbol{\varphi}_3(t_f,0)\boldsymbol{p}_i(0)+\boldsymbol{\varphi}_4(t_f,0)\boldsymbol{v}_i(0)$$
$$-\boldsymbol{S}_{24}\sum_{j\in\boldsymbol{N}_i}l_{ij}Q\Delta p_{ij}-S_{44}\sum_{j\in\boldsymbol{N}_i}l_{ij}\boldsymbol{W}\Delta\boldsymbol{v}_{ij} \tag{5-91}$$

其中，

$$\boldsymbol{S}_{ij}=\int_0^{t_f}\boldsymbol{\varphi}_i(t_f,\tau)\boldsymbol{R}_{ud}\boldsymbol{\varphi}_j^{\mathrm{T}}(t_f,\tau)\mathrm{d}\tau$$

将式(5-90)和式(5-91)写为列向量的形式有：

$$\boldsymbol{p}(t_f)=\bar{\boldsymbol{\varphi}}_{1f}\boldsymbol{p}(0)+\bar{\boldsymbol{\varphi}}_{2f}\boldsymbol{v}(0)-\bar{\boldsymbol{S}}_{22}[\boldsymbol{L}\otimes\boldsymbol{Q}\boldsymbol{p}(t_f)-\delta\boldsymbol{p}^d]$$
$$-\bar{\boldsymbol{S}}_{24}[L\otimes Wv(t_f)-\delta\boldsymbol{v}^d] \tag{5-92}$$

$$\boldsymbol{v}(t_f)=\bar{\boldsymbol{\varphi}}_{3f}\boldsymbol{p}(0)+\bar{\boldsymbol{\varphi}}_{4f}\boldsymbol{v}(0)-\bar{\boldsymbol{S}}_{24}[\boldsymbol{L}\otimes\boldsymbol{Q}\boldsymbol{p}(t_f)-\delta\boldsymbol{p}^d]$$
$$-\bar{\boldsymbol{S}}_{44}[\boldsymbol{L}\otimes\boldsymbol{W}\boldsymbol{v}(t_f)-\delta\boldsymbol{v}^d] \tag{5-93}$$

其中，$\bar{\boldsymbol{\varphi}}_i=\boldsymbol{I}\otimes\boldsymbol{\varphi}_i$，$\bar{\boldsymbol{S}}_{ij}=\boldsymbol{I}\otimes\boldsymbol{S}_{ij}$。

求解上述两式，可得到：

$$\begin{bmatrix}\boldsymbol{p}(t_f)\\ \boldsymbol{v}(t_f)\end{bmatrix}=\boldsymbol{M}^{-1}\left\{\begin{bmatrix}\bar{\boldsymbol{\varphi}}_1 & \bar{\boldsymbol{\varphi}}_2\\ \bar{\boldsymbol{\varphi}}_3 & \bar{\boldsymbol{\varphi}}_4\end{bmatrix}\begin{bmatrix}\boldsymbol{p}(0)\\ \boldsymbol{v}(0)\end{bmatrix}+\begin{bmatrix}\bar{\boldsymbol{S}}_{22} & \bar{\boldsymbol{S}}_{24}\\ \bar{\boldsymbol{S}}_{24} & \bar{\boldsymbol{S}}_{44}\end{bmatrix}\begin{bmatrix}\delta\boldsymbol{p}^d\\ \delta\boldsymbol{v}^d\end{bmatrix}\right\} \tag{5-94}$$

将式(5-94)和式(5-89)代入式(5-85)和式(5-86)中，得到最终的 Nash/worst-case 编队控制策略。

从推导过程可以看出，控制策略($\boldsymbol{u}_i^*$，$\hat{\boldsymbol{d}}$)构成了鞍点解，因此，相应的轨迹($\boldsymbol{p}_i(t)$，$\boldsymbol{v}_i(t)$)可以被视为一个 worst-case 状态轨迹，通过建立 Nash/worst-case 平衡点，

所有航天器都可以找到能够保证期望编队控制目标并克服干扰的最优策略。这里需要指出的是，实施纳什最优策略只需要航天器的初始状态即可(位置和速度)，而不需要求解黎卡提(Riccati)方程。从控制律的组成形式上可以看到需要航天器的全局状态信息，然而对于具有通信拓扑的分布式航天器而言，全局初始状态是无法获得的。

为了实现在局部信息约束下的编队控制，可以设计包含拓扑结构的估计器来获取编队系统的全局状态，注意到系统的协状态 $\boldsymbol{\eta}_i(t_f)$ 和 $\boldsymbol{\mu}_i(t_f)$ 与航天器的终端状态有关，因此给出一种分布式终端估计器，其形式为：

$$\begin{bmatrix}\dot{\tilde{\boldsymbol{p}}}_{if}\\ \dot{\tilde{\boldsymbol{v}}}_{if}\end{bmatrix}=k_i\left\{\boldsymbol{\Phi}(t_f,0)\begin{bmatrix}\boldsymbol{p}_i(0)\\ \boldsymbol{v}_i(0)\end{bmatrix}+\boldsymbol{S}\sum_{j\in\mathbf{N}_i}l_{ij}\left(\begin{bmatrix}\tilde{\boldsymbol{p}}_{if}\\ \tilde{\boldsymbol{v}}_{if}\end{bmatrix}-\begin{bmatrix}\tilde{\boldsymbol{p}}_{jf}\\ \tilde{\boldsymbol{v}}_{jf}\end{bmatrix}-\begin{bmatrix}\delta\boldsymbol{p}_{ij}^d\\ \delta\boldsymbol{v}_{ij}^d\end{bmatrix}\right)-\begin{bmatrix}\tilde{\boldsymbol{p}}_{if}\\ \tilde{\boldsymbol{v}}_{if}\end{bmatrix}\right\} \tag{5-95}$$

其中，k_i 为估计器的增益。

以分布式终端估计器为基础，Nash/worst-case 编队控制律为：

$$\tilde{\boldsymbol{u}}_i^*=-\boldsymbol{R}_u^{-1}\left(\boldsymbol{\varphi}_2^{\mathrm{T}}(t_f,t)\sum_{j\in\boldsymbol{N}_i}l_{ij}\boldsymbol{Q}\Delta\tilde{\boldsymbol{p}}_{ij}+\boldsymbol{\varphi}_4^{\mathrm{T}}(t_f,t)\sum_{j\in\boldsymbol{N}_i}l_{ij}\boldsymbol{W}\Delta\tilde{\boldsymbol{v}}_{ij}\right) \tag{5-96}$$

$$\tilde{\boldsymbol{d}}_i=\boldsymbol{R}_d^{-1}\left(\boldsymbol{\varphi}_2^{\mathrm{T}}(t_f,t)\sum_{j\in\boldsymbol{N}_i}l_{ij}\boldsymbol{Q}\Delta\tilde{\boldsymbol{p}}_{ij}+\boldsymbol{\varphi}_4^{\mathrm{T}}(t_f,t)\sum_{j\in\boldsymbol{N}_i}l_{ij}\boldsymbol{W}\Delta\tilde{\boldsymbol{v}}_{ij}\right) \tag{5-97}$$

其中，$\Delta\tilde{\boldsymbol{p}}_{ij}=\tilde{\boldsymbol{p}}_i(t_f)-\tilde{\boldsymbol{p}}_j(t_f)-\delta\boldsymbol{p}_{ij}^d$，$\Delta\tilde{\boldsymbol{v}}_{ij}=\tilde{\boldsymbol{v}}_i(t_f)-\tilde{\boldsymbol{v}}_j(t_f)-\delta\boldsymbol{v}_{ij}^d$。

接下来分析分布式纳什编队控制策略的稳定性，首先，将式(5-95)重写为：

$$\begin{bmatrix}\dot{\tilde{\boldsymbol{p}}}_f\\ \dot{\tilde{\boldsymbol{v}}}_f\end{bmatrix}=\boldsymbol{K}\left\{\bar{\boldsymbol{\Phi}}\begin{bmatrix}\boldsymbol{p}(0)\\ \dot{\boldsymbol{v}}(0)\end{bmatrix}+\bar{\boldsymbol{S}}\left(\boldsymbol{L}\begin{bmatrix}\tilde{\boldsymbol{p}}_f\\ \tilde{\boldsymbol{v}}_f\end{bmatrix}-\begin{bmatrix}\delta\boldsymbol{p}^d\\ \delta\boldsymbol{v}^d\end{bmatrix}\right)-\begin{bmatrix}\tilde{\boldsymbol{p}}_f\\ \tilde{\boldsymbol{v}}_f\end{bmatrix}\right\} \tag{5-98}$$

联立式(5-94)，可得到：

$$\begin{bmatrix}\dot{\tilde{\boldsymbol{p}}}_f\\ \dot{\tilde{\boldsymbol{v}}}_f\end{bmatrix}=-\boldsymbol{KM}\left(\begin{bmatrix}\tilde{\boldsymbol{p}}_f\\ \tilde{\boldsymbol{v}}_f\end{bmatrix}-\begin{bmatrix}\boldsymbol{p}(t_f)\\ \boldsymbol{v}(t_f)\end{bmatrix}\right) \tag{5-99}$$

令 $\boldsymbol{e}_f(t)=[\tilde{\boldsymbol{p}}_f^{\mathrm{T}}(t),\tilde{\boldsymbol{v}}_f^{\mathrm{T}}(t)]^{\mathrm{T}}-[\boldsymbol{p}^{\mathrm{T}}(t_f),\boldsymbol{v}^{\mathrm{T}}(t_f)]^{\mathrm{T}}$，由线性系统稳定性理论可知，系统式(5-99)渐近稳定且可得：

$$\|\boldsymbol{e}_f(t)\|_2\leqslant e^{-\xi t}\|\boldsymbol{e}_f(0)\|_2 \tag{5-100}$$

其中，$\xi=\min_j\mathrm{Re}[\lambda_j(\boldsymbol{KM})]$。

定义控制误差和扰动误差分别为$\delta \boldsymbol{u}_i(t)=\tilde{\boldsymbol{u}}_i^*(t)-\boldsymbol{u}_i^*(t)$和$\delta \boldsymbol{d}_i(t)=\tilde{\boldsymbol{d}}_i(t)-\hat{\boldsymbol{d}}_i(t)$，联立式(5-96)和式(5-85)，可得：

$$\delta \boldsymbol{u}_i=-\boldsymbol{R}_u^{-1}\boldsymbol{W}_i\bar{\boldsymbol{L}}\boldsymbol{e}_f(t) \tag{5-101}$$

$$\delta \boldsymbol{d}_i=\boldsymbol{R}_d^{-1}\boldsymbol{W}_i\bar{\boldsymbol{L}}\boldsymbol{e}_f(t) \tag{5-102}$$

同样有：

$$\|\delta \boldsymbol{u}_i\|_2 \leqslant \|-\boldsymbol{R}_u\boldsymbol{W}_i\bar{\boldsymbol{L}}\|_2\|\boldsymbol{e}^{-\boldsymbol{KM}t}\|_2\|e_f(0)\|_2 \leqslant \boldsymbol{U}_i e^{-\xi t}\|\boldsymbol{e}_f(0)\|_2 \tag{5-103}$$

$$\|\delta \boldsymbol{d}_i\|_2 \leqslant \|\boldsymbol{R}_d\boldsymbol{W}_i\bar{\boldsymbol{L}}\|_2\|\boldsymbol{e}^{-\boldsymbol{KM}t}\|_2\|\boldsymbol{e}_f(0)\|_2 \leqslant \boldsymbol{D}_i\boldsymbol{e}^{-\xi t}\|\boldsymbol{e}_f(0)\|_2 \tag{5-104}$$

从而控制误差和扰动误差是渐近稳定的，即：

$$\lim_{t\to+\infty}[\tilde{\boldsymbol{u}}_i^*(t)-\boldsymbol{u}_i^*(t)]=0 \tag{5-105}$$

在实际的编队环境下，受到执行机构误差或者测量误差等因素的影响，真实的控制量只能无限接近理论的最优控制律，因此需要对误差ε进行定量分析。

假设除了第i颗航天器，其他航天器均采用最优的分布式纳什编队控制策略，则有：

$$\begin{aligned}\boldsymbol{u}_i^* = -\boldsymbol{R}_u^{-1}\Big\{&\boldsymbol{\varphi}_2^{\mathrm{T}}\sum_{j\in \boldsymbol{N}_i} l_{ij}\boldsymbol{Q}[\boldsymbol{p}_i^*(t_f)-\boldsymbol{p}_j(t_f)-\delta \boldsymbol{p}_{ij}^d] \\ &+\boldsymbol{\varphi}_4^{\mathrm{T}}\sum_{j\in \boldsymbol{N}_i} l_{ij}\boldsymbol{W}[\boldsymbol{v}_i^*(t_f)-\boldsymbol{v}_j(t_f)-\delta \boldsymbol{v}_{ij}^d]\Big\}\end{aligned} \tag{5-106}$$

$$\begin{aligned}\hat{\boldsymbol{d}}_i = \boldsymbol{R}_d^{-1}\Big\{&\boldsymbol{\varphi}_2^{\mathrm{T}}\sum_{j\in \boldsymbol{N}_i} l_{ij}\boldsymbol{Q}[\boldsymbol{p}_i^*(t_f)-\boldsymbol{p}_j(t_f)-\delta \boldsymbol{p}_{ij}^d] \\ &+\boldsymbol{\varphi}_4^{\mathrm{T}}\sum_{j\in \boldsymbol{N}_i} l_{ij}\boldsymbol{W}[\boldsymbol{v}_i^*(t_f)-\boldsymbol{v}_j(t_f)-\delta \boldsymbol{v}_{ij}^d]\Big\}\end{aligned} \tag{5-107}$$

其中，$[\boldsymbol{p}_i^*(t_f),\boldsymbol{v}_i^*(t_f)]$和$[\boldsymbol{p}_j(t_f),\boldsymbol{v}_j(t_f)]$分别对应$\boldsymbol{u}_i^*$和$\boldsymbol{u}_j$作用下的终端状态。

定义状态误差$\delta \boldsymbol{p}_i(t)=\boldsymbol{p}_i(t)-\boldsymbol{p}_i^*(t)$和$\delta \boldsymbol{v}_i(t)=\boldsymbol{v}_i(t)-\boldsymbol{v}_i^*(t)$，则误差动态方程为：

$$\begin{bmatrix}\delta \dot{\boldsymbol{p}}_i \\ \delta \dot{\boldsymbol{v}}_i\end{bmatrix}=\begin{bmatrix}0_3 & \boldsymbol{I}_3 \\ \Omega_1 & \Omega_2\end{bmatrix}\begin{bmatrix}\delta \boldsymbol{p}_i \\ \delta \boldsymbol{v}_i\end{bmatrix}=\begin{bmatrix}0_3 \\ \boldsymbol{I}_3\end{bmatrix}\delta \boldsymbol{u}_i+\begin{bmatrix}0_3 \\ \boldsymbol{I}_3\end{bmatrix}\delta \boldsymbol{d}_i \tag{5-108}$$

求解式(5-108)，可得：

$$\begin{bmatrix}\delta \boldsymbol{p}(t_f) \\ \delta \boldsymbol{v}(t_f)\end{bmatrix}=\int_0^{t_f}[\varphi_2,\varphi_4]^{\mathrm{T}}[\delta \boldsymbol{u}_i(t)+\delta \boldsymbol{d}_i(t)]\,\mathrm{d}t \tag{5-109}$$

假设编队控制策略 $\tilde{u}_i^*$ 作用下的性能指标函数为 J_i，策略 u_i^* 作用下的性能指标函数为 J_i^*，则性能指标误差为：

$$\begin{aligned}\delta J_i = \sum_{j\in\mathbf{N}_i} l_{ij}\ \{&\delta p_i^T(t_f)Q[p_i^*(t_f)-p_j(t_f)-\delta p_{ij}^d] \\ &+\delta v_i^T(t_f)W[v_i^*(t_f)-v_j(t_f)-\delta v_{ij}^d]\} \\ &+\frac{1}{2}\sum_{j\in\mathbf{N}_i} l_{ij}(\delta p_i^T Q\delta p_i+\delta v_i^T W\delta v_i) \\ &+\int_0^{t_f}(\delta u_i^T R_u u_i^*+\frac{1}{2}\delta u_i^T R_u\delta u_i)\mathrm{d}t \\ &+\int_0^{t_f}(\delta d_i^T R_d\hat{d}_i+\frac{1}{2}\delta d_i^T R_d\delta d_i)\mathrm{d}t\end{aligned} \tag{5-110}$$

将式(5-106)和式(5-109)代入式(5-110)中，可得到：

$$\begin{aligned}\delta J_i &= \frac{1}{2}\sum_{j\in\mathbf{N}_i} l_{ij}[\delta p_i^T(t_f)Q\delta p_i(t_f)+\delta v_i^T(t_f)W\delta v_i(t_f)] \\ &\quad+\frac{1}{2}\int_0^{t_f}(\delta u_i^T R_u\delta u_i-\delta d_i^T R_d\delta d_i) \\ &\leqslant \frac{1}{2}\sum_{j\in\mathbf{N}_i} l_{ij}[\lambda_Q^{\max}\delta p_i^T(t_f)\delta p_i(t_f)+\lambda_W^{\max}\delta v_i^T(t_f)\delta v_i(t_f)] \\ &\quad+\frac{1}{2}\int_0^{t_f}[\lambda_u^{\max}\delta u_i^T\delta u_i-\lambda_d^{\min}\delta d_i^T\delta d_i] \\ &\leqslant \frac{1}{2}\sum_{j\in\mathbf{N}_i} l_{ij}\lambda^{\max}e^{-2\xi t_f}+\int_0^{t_f}(\lambda_u^{\max}U_i^2-\lambda_d^{\min}D_i^2)e^{-2\xi t}\mathrm{d}t\Big\}\,\|e_f(0)\|_2^2\end{aligned} \tag{5-111}$$

显然，如果逼近误差 ε 为：

$$\varepsilon=\max\{\rho_i\}\ \|e_f(0)\|_2^2 \tag{5-112}$$

$$\rho_i=\frac{1}{2}\Big\{\sum_{j\in\mathbf{N}_i} l_{ij}\lambda^{\max}e^{-2\xi t_f}+\int_0^{t_f}(\lambda_u^{\max}U_i^2-\lambda_d^{\min}D_i^2)e^{-2\xi t}\mathrm{d}t\Big\} \tag{5-113}$$

则分布式编队控制策略和终端估计器构成了 ε-Nash/worst-case 平衡点。

控制策略 $\tilde{u}_i^*$ 可被视为对 u_i^* 的估计，收敛速度取决于矩阵($\boldsymbol{KM}$)的特征值。通过引入终端状态估计器，每个航天器只需要获取自己的终端位置和速度即可，而不需要初始的全局状态。编队控制策略能够在通信拓扑约束下以完全分布式的方式实现，而且通信拓扑只需要是联通的即可，并无其他额外的特殊要求。此外，还注意到 ρ_i 与 ξ 和估计增益 k_i 有关，因此逼近误差 ε 可以通过调整 k_i 来减小误差。

5.4.3 数值仿真

考虑四颗航天器的编队场景，航天器之间的通信拓扑，如图 5-19 所示。

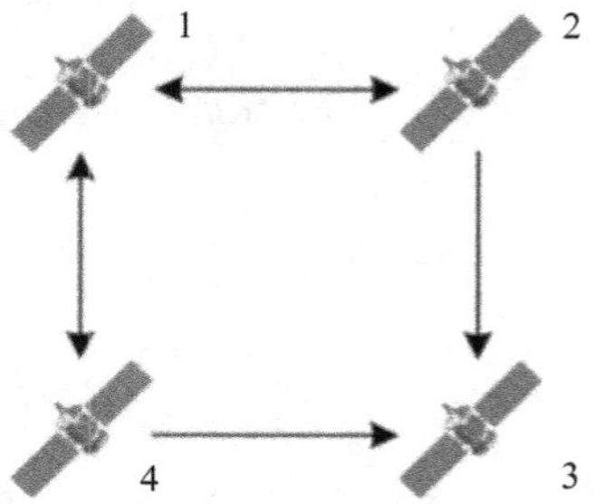

图 5-19 通信拓扑

此拓扑结构的拉普拉斯矩阵为：

$$\boldsymbol{L}=\begin{bmatrix}2 & -1 & 0 & -1\\ -1 & 1 & 0 & 0\\ 0 & -1 & 2 & -1\\ -1 & 0 & 0 & 1\end{bmatrix}$$

参考航天器的运行轨道为半径 7378km 的圆轨道，则四颗航天器的初始相对位置和速度为：

$$p_1(0)=[-250,0,433.01]^{\mathrm{T}},v_1(0)=[0,0.498,0]^{\mathrm{T}}$$
$$p_2(0)=[0,500,0]^{\mathrm{T}},v_2(0)=[0.2491,0,-0.4314]^{\mathrm{T}}$$
$$p_3(0)=[250,0,-433.01]^{\mathrm{T}},v_3(0)=[0,-0.498,0]^{\mathrm{T}}$$
$$p_4(0)=[0,-500,0]^{\mathrm{T}},v_4(0)=[-0.2491,0,0.4314]^{\mathrm{T}}$$

期望的编队半径为 1km，相应的终端状态为：

$$p_1(0)=[0,1000,0]^{\mathrm{T}},v_1(0)=[0.4981,0,-0.8628]^{\mathrm{T}}$$
$$p_2(0)=[500,0,-866.0254]^{\mathrm{T}},v_2(0)=[0,-0.9962,0]^{\mathrm{T}}$$
$$p_3(0)=[0,-1000,0]^{\mathrm{T}},v_3(0)=[-0.4981,0,0.8628]^{\mathrm{T}}$$
$$p_4(0)=[-500,0,866.0254]^{\mathrm{T}},v_4(0)=[0,0.9962,0]^{\mathrm{T}}$$

性能指标中的参数矩阵设为 $\boldsymbol{Q}=\mathrm{diag}\{1,1,1\}$，$\boldsymbol{W}=\mathrm{diag}\{10,10,10\}$，$\boldsymbol{R}_u=\mathrm{diag}\{10,10,10\}$，$\boldsymbol{R}_d=\mathrm{diag}\{5,5,5\}$，估计器增益 $k_i=20$。

其仿真结果如图 5-20、图 5-21 和图 5-22 所示，由图可以看出，编队系统的相对位置误差和相对速度误差均收敛到零附近，在扰动影响下，终端位置误差和速度误差分别为 1.2m 和 0.05m。这表明设计的基于纳什策略的编队控制方法不仅能通过对终端状态的估计来实现开环纳什策略的局部求解，同时能使得航天器系统的编队控制达到纳什均衡。

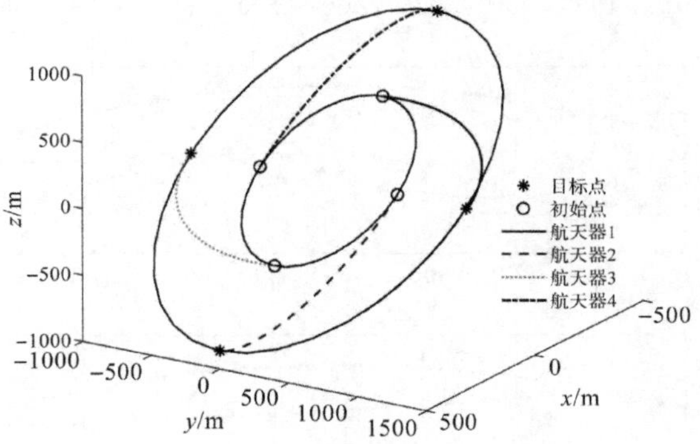

图 5-20　编队轨迹变化

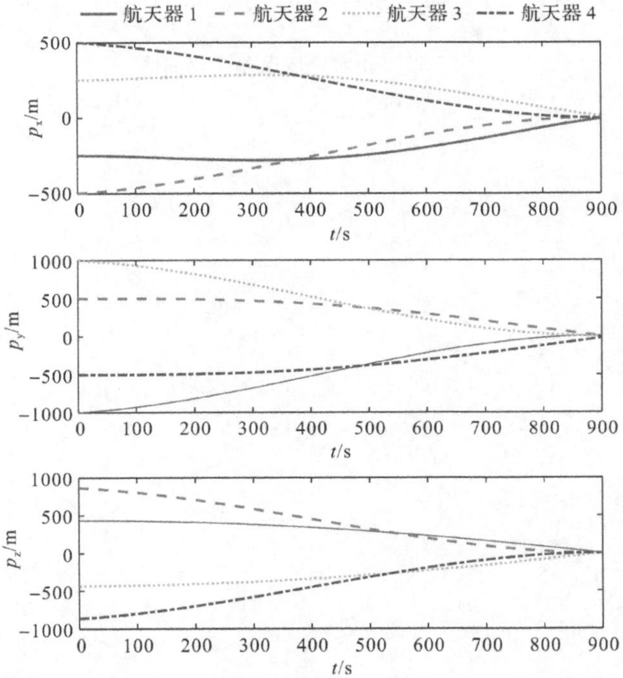

图 5-21　相对位置误差变化曲线

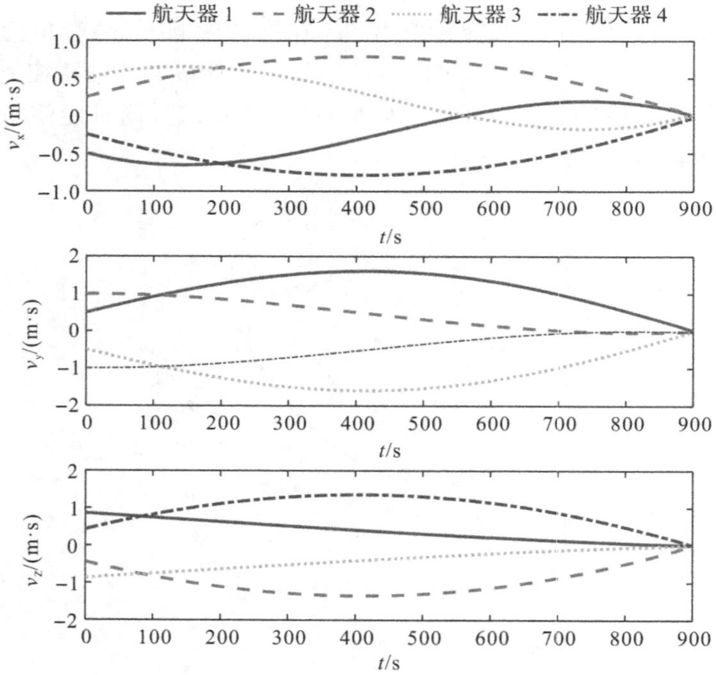

图 5-22 相对速度误差变化曲线

参考文献

[1] Chesi S, Gong Q, Pellegrini V, et al. Automatic Mass Balancing of a Spacecraft Three-Axis Simulator: Analysis and Experimentation[J]. Journal of Guidance, Control, and Dynamics, 2014, 37(1): 197-206.

[2] Jung W, Mazzoleni A P, Chung J. Dynamic Analysis of a Tethered Satellite System with a Moving Mass[J]. Nonlinear Dynamics, 2014, 75(1-2):267-281.

[3] 孔雪,杨明,王松艳. 质量矩/直接力复合控制飞行器的姿态控制[J]. 计算机仿真,2009,26(5):52-56.

[4] Frost G,Costello M. Linear Theory of a Rotating Internal Part Projectile Configuration in Atmospheric Flight[J]. Journal of Guidance Control and Dynamics, 2004,27(27):898-906.

[5] Calhoun P C,Queen E M. Entry Vehicle Control System Design for the Mars Smart Lander[J]. Journal of Spacecraft and Rockets,2002,43(43):324-329.

[6] Erturk S A,Dogan A. Dynamic Simulation and Control of Mass-Actuated Airplane[J]. Journal of Guidance,Control,and Dynamics,2017,40(8): 1939-1953.

[7] Childs D W,Hardison T L. A Movable-Mass Attitude Stabilization System for Cable-Connected Artificial-G Space Stations[J]. Journal of Spacecraft and Rockets,1974,11(3): 165-172.

[8] Janssens F L,Ha J. Stability of Spinning Satellite under Axial Thrust and Internal Mass Motion[J]. Acta Astronautica,2014,94(1):502-514.

[9] Janssens F L,Ha J. Stability of Spinning Satellite under Axial Thrust,Internal Mass Motion,and Damping[J]. Journal of Guidance Control & Dynamics,2015, 38(4):761-771.

[10] El-Gohary A. On the Control of Programmed Motion of a Rigid Body Containing Moving Masses[J]. International Journal of Non-Linear Mechanics,2000, 35(1):27-35.

[11] El-Gohary A. Global Stability of the Rotational Motion of a Rigid Body Containing Moving Masses[J]. International Journal of Non-Linear Mechanics, 2001, 36(4): 663-669.

[12] El-Gohary A I, Tawfik T S. Optimal Control of the Rotational Motion of a Rigid Body Using Moving Masses[J]. Applied Mathematics and Computation, 2004, 153(2): 453-465.

[13] El-Gohary A, Hussein A M. On the Control of a Rigid Body Using Internal Point Masses Stabilization of an Equilibrium Position[J]. International Journal of Non-Linear Mechanics, 2001, 36(7): 1069-1074.

[14] Edwards T L, Kaplan M H. Automatic Spacecraft Detumbling by Internal Mass Motion[J]. AIAA Journal, 1974, 12(4): 496-502.

[15] Oguamanam D C D, Hansen J S, Heppler G R. Dynamics of an Orbiting Flexible Beam with a Moving Mass[J]. AIAA Journal, 2015, 39(11): 2225-2228.

[16] 陆正亮，张翔，于永军，等. 立方体卫星质量矩姿态控制建模与布局优化[J]. 系统工程与电子技术，2017，39(3): 599-605.

[17] Petsopoulos T, Regan F J, Barlow J. Moving-Mass Roll Control System for Fixed-Trim Re-Entry Vehicle[J]. Journal of Spacecraft & Rockets, 1996, 33(1): 54-60.

[18] Robinett R D, Rainwater B A, Kerr S A. Moving Mass Trim Control for Aerospace Vehicles[J]. Journal of Guidance Control and Dynamics, 1994, 1(5): 7-9.

[19] Rogers J, Costello M. A Variable Stability Projectile Using an Internal Moving Mass[J]. Proceedings of the Institution of Mechanical Engineers Part G Journal of Aerospace Engineering, 2013, 223(7): 927-938.

[20] Rogers J, Costello M. Control Authority of a Projectile Equipped with a Controllable Internal Translating Mass[J]. Journal of Guidance Control and Dynamics, 2015, 31(5): 1323-1333.

[21] Balaram J. Sherpa Moving Mass Entry Descent Landing System[C]// ASME 2005 International Design Engineering Technical Conferences and Computers and Information in Engineering Conference. 2005: 63-79.

[22] Mukherjee R, Balaram J. Attitude Dynamics and Control of Moving Mass Multibody Aeromaneuver Vehicle[C]// AIAA Atmospheric Flight Mechanics Conference and Exhibit. 2013.

[23] Atkins B M. Mars Precision Entry Vehicle Guidance Using Internal Moving Mass Actuators[D]. Virginia: Virginia Tech, 2014.

[24] Atkins B M, Queen E M. Internal Moving Mass Actuator Control for Mars Entry Guidance[J]. Journal of Spacecraft and Rockets, 2015, 52(5): 1294-1310.

[25] Erturk S A, Dogan A. Trim Analysis of a Moving-Mass Actuated Airplane in Steady Turn[C]// AIAA Atmospheric Flight Mechanics Conference. Grapevine, Texa, 2015.

[26] Erturk S, Daskiran O, Dogan A. Trim Analysis of a Moving-Mass Actuated Airplane[C]// AIAA Atmospheric Flight Mechanics Conference. 2012: 4647.

[27] Erturk S A, Dogan A. Controllability Analysis of a Mass-Actuated Airplane [C]// AIAA Atmospheric Flight Mechanics Conference, Kissimmee, Florida, 2015.

[28] Erturk S A, Dogan A. Propeller Torque Effect on Cruise Trim of Standard and Mass-Actuated Airplane[C]// AIAA Atmospheric Flight Mechanics Conference. 2013.

[29] Vengate S R, Erturk S A, Dogan A. Development and Flight Test of Moving-mass Actuated Unmanned Aerial Vehicle[C]// AIAA Atmospheric Flight Mechanics Conference. 2016.

[30] Haus T, Orsag M, Bogdan S. Design Considerations for a Large Quadrotor with Moving Mass Control[C]// International Conference on Unmanned Aircraft Systems. IEEE, 2016: 1327-1334.

[31] Haus T, Prkut N, Borovina K, et al. A Novel Concept of Attitude Control for Large Multirotor-Uavs Based on Moving Mass Control[C]//2016 24th Mediterranean Conference on Control and Automation (MED). IEEE, 2016: 832-839.

[32] Woolsey C A. Reduced Hamiltonian Dynamics for a Rigid Body Coupled to a Moving Point Mass[J]. Journal of Guidance Control & Dynamics, 2015, 28(1): 131-138.

[33] Reddy C K, Woolsey C A. Energy Shaping for Vehicles with Point Mass Actuators[C]// 2006 American Control Conference. IEEE, 2006: 6.

[34] Halsmer D M, Mingori D L. Nutational Stability and Passive Control of Spinning Rockets with Internal Mass Motion[J]. Journal of Guidance Control and Dynamics, 2015, 18(18): 1197-1203.

[35] Yam Y, Mingori D L, Halsmer D M. Stability of a Spinning Axisymmetric Rocket with Dissipative Internal Mass Motion[J]. Journal of Guidance Control and Dynamics, 1971, 20(20): 306-312.

[36] Chen L, Zhou G, Yan X J, Duan D P. Composite Control of Stratospheric Airships with Moving Masses[J]. Journal of Aircraft, 2012, 49(3): 794-801.

[37] Gao C, Jing W, Wei P. Research on Application of Single Moving Mass in the Reentry Warhead Maneuver[J]. Aerospace Science & Technology, 2013, 30(1): 108-118.

[38] White J E, Iii R D R. Principal Axis Misalignment Control for Deconing of Spinning Spacecraft[J]. Journal of Guidance Control & Dynamics, 1994, 17(4): 823-830.

[39] 李瑞康，荆武兴，高长生，等. 再入弹头质量矩复合控制系统设计[J]. 航天控制，2009, 27(4): 43-48.

[40] Gao C, Jing W, Wei P. Roll Control Problem for the Long-Range Maneuverable Warhead[J]. Aircraft Engineering & Aerospace Technology An International Journal, 2014, 86(5): 440-446.

[41] 李瑞康，高长生，荆武兴，等. 飞行器变质心控制及性能分析[J]. 宇航学报，2010, 31(9): 2165-2171.

[42] 陈树辉. 强非线性振动系统的定量分析方法[M]. 北京：科学出版社，2007: 2-8.

[43] Gilliatt H C, Strganac T W, Kurdila A J. An Investigation of Internal Resonance in Aeroelastic Systems[J]. Nonlinear Dynamics, 2003, 31(1): 1-22.

[44] Afshar M A, Amini F. Non-linear Dynamics of Asymmetric Structures under 2 : 2 : 1 Resonance[J]. International Journal of Non-Linear Mechanics, 2012, 47(7): 823-835.

[45] Endo K, Yabuno H. Swing-Up Control of a Three-Link Underactuated Manipulator by High-Frequency Horizontal Excitation[J]. Journal of Computational & Nonlinear Dynamics, 2013, 8(1): 011002.

[46] Amer Y A. Resonance and Vibration Control of Two-Degree-of-Freedom Nonlinear Electromechanical System with Harmonic Excitation[J]. Nonlinear Dynamics, 2015, 81(4): 1-17.

[47] Nayfeh AH, Saric WS. Nonlinear Resonances in the Motion of Rolling Reentry Bodies[C]//9th Aerospace Sciences Meeting, 1971.

[48] Maqsood A, Go T H. Multiple Time Scale Analysis of Aircraft Longitudinal Dynamics with Aerodynamic Vectoring[J]. Nonlinear Dynamics. 69, 2012: 731-742.

[49] Go T H, Maqsood A. Longitudinal Flight Dynamic Analysis of an Agile UAV [J]. Aircraft Engineering & Aerospace Technology, 2010, 82(5): 288-295.

[50] Hou L, Chen Y S, Lu Z Y, et al. Bifurcation Analysis for 2 : 1 and 3 : 1 Super-Harmonic Resonances of an Aircraft Cracked Rotor System Due to Maneuver Load[J]. Nonlinear Dynamics, 81, 2015: 1-17.

[51] 夏洁，庞兆君，金栋平. 面内弹性绳系卫星系统的内共振[J]. 振动工程学报，2012，25(3)：232-237.

[52] 夏洁. 两体绳系卫星系统的非线性振动与控制[D]. 南京：南京航空航天大学，2012，23-30.

[53] 贾宝，薛林，闫晓勇. 自旋导弹飞行共振稳定性研究[J]. 固体火箭技术，2015(1)：23-29.

[54] Carroll J V, Mehra R K. Bifurcation Analysis of Nonlinear Aircraft Dynamics [J]. Journal of Guidance, Control, and Dynamics, 1982, 5(5): 529-536.

[55] Halanay A, Ioniţă A, Safta C A. Erratum to: Hopf Bifurcations Through Delay in Pilot Reaction in a Longitudinal Flight[J]. Nonlinear Dynamics, 2010, 60(3): 413-423.

[56] Avanzini G, Matteis G. Bifurcation Analysis of a Highly Augmented Aircraft Model[J]. Journal of Guidance Control and Dynamics, 1997, 20(4): 754-759.

[57] 袁先旭，张涵信，谢昱飞. 飞船返回舱再入俯仰动稳定吸引子数值仿真[J]. 空气动力学学报，2007，25(4)：431-436.

[58] Gill S, Lowenberg M, Krauskopf B, et al. Bifurcation Analysis of the NASA GTM with a View to Upset Recovery[C]// AIAA Atmospheric Flight Mechanics Conference. 2012: 46-48.

[59] Stephen J. Gill, Mark H. Lowenberg, Simon A. Neild. Upset Dynamics of an Airliner Model: A Nonlinear Bifurcation Analysis[J]. Journal of Aircraft, 2013, 50(6): 1832-1842.

[60] Lowenberg M H. Bifurcation Analysis as a Tool for Post-Departure Stability Enhancement[C]// AIAA, 1997, 3697-3716.

[61] 王亚飞，于剑桥，王林林，等. 单滑块变质心再入飞行器分岔特性[J]. 系统工程与电子技术，2015，37(6)：1338-1346.

[62] 王亚飞. 再入飞行器动力学特性分析与控制方法研究[D]. 北京：北京理工大学，2015.

[63] Doroshin A V. Attitude Dynamics of Gyrostat-satellites under Control by Magnetic Actuators at Small Perturbations[J]. Communications in Nonlinear Science & Numerical Simulation, 2017, 49: 159-175.

[64] Doroshin A V. Initations of Chaotic Motions as a Method of Spacecraft Attitude Control and Reorientations [C]// International Multiconference of Engineers and Computer Scientists. 2016:15-28.

[65] 孙卫华,李高风,王小虎. 移动质心飞行器的参数辨识和补偿控制[J]. 航天控制,2008,26(5):32-36.

[66] 孙卫华,李高风,王小虎. 移动质心自旋再入飞行器的建模与解耦控制[J]. 计算机仿真,2008,25(11):72-75.

[67] Vaddi S S,Menon P K,Sweriduk G D,Ohlmeyer E J. Multi-Stepping Solution to Linear Two Point Boundary Value Problems in Missile Integrated Control [C]// AIAA Guidance,Navigation,and Control Conference and Exhibit,San Francisco,California,2005.

[68] Vaddi S S,Menon P K,Sweriduk G D,et al. Multistepping Approach to Finite-Interval Missile Integrated Control[J]. Journal of Guidance Control & Dynamics,2015,29(4):1015-1019.

[69] 毕开波,周军,周凤岐. 变质心旋转弹头变结构控制研究[J]. 航天控制,2006,24(3):17-20.

[70] 雍恩米,唐国金. 动量轮控制弹头姿态控制系统设计[J]. 系统工程与电子技术,2006,28(9):1384-1387.

[71] 高长生,荆武兴,李君龙. 基于自适应反演法的质量矩导弹控制律设计[J]. 兵工学报,2011,32(6):686-690.

[72] 林鹏,周军,周凤岐. 变质心再入飞行器的动态逆控制器设计[J]. 飞行力学,2009,27(1):59-62.

[73] 毕开波. 旋转质量矩弹头双环滑模变结构姿态控制[J]. 弹道学报,2009,21(4):51-55.

[74] 高长生,荆武兴,于本水,等. 质量矩导弹构型及自适应控制律设计[J]. 航空学报,2010,31(8):1593-1599.

[75] 呼延霄,周军,林鹏. 变质心 BTT 拦截导弹姿态控制系统设计[J]. 航天控制,2009,27(6):23-27.

[76] 徐珂文,高晓冬,赵红超,等. 基于扩张状态观测器的再入弹头控制系统设计[J]. 海军航空工程学院学报,2014,29(5):401-404.

[77] 李自行,李高风. 移动质心再入飞行器建模及自抗扰滚动控制[J]. 航空学报,2012,33(11):2121-2129.

[78] 何矞,周凤岐,周军. 变质心控制导弹 H∞综合 LPV 鲁棒自动驾驶仪的设计[J]. 西北工业大学学报,2004,22(3):360-364.

[79] 张晓宇,贺有智,王子才. 基于 H∞性能指标的质量矩拦截弹鲁棒控制[J]. 航空学报,2007,28(3):634-640.

[80] 张晓宇,王子才. 基于模糊神经网络的质量矩拦截弹动态逆控制[J]. 宇航学报,2007,28(3):551-556.

[81] 廖国宾. 质量矩导弹的神经网络及自适应非线性控制[J]. 宇航学报,2004,25(5):7.

[82] 张晓宇,贺有智,王子才. 质量矩拦截弹的模糊滑模姿态控制系统设计[J]. 宇航学报,2006,27(6):1419-1423.

[83] 贺有智,张晓宇. 模糊变结构在三滑块质量矩导弹系统上的应用[J]. 系统工程与电子技术,2005,27(2):292-294.

[84] 秦之瑾,张宗美. 俄罗斯的白杨-M 洲际弹道导弹[J]. 导弹与航天运载技术,2001(01):57-64.

[85] 张臻,王玉坤,毛剑琴. 基于模糊树逆方法的高超飞行器变质心控制[J]. 中国科学:信息科学,2012,42(11):1379-1390.

[86] 王洪礼. 非线性动力学理论及其应用[M]. 天津:天津科学技术出版社,2002.

[87] Sturrock P A. Non-Linear Effects in Electron Plasmas[J]. Proceedings of the Royal Society of London. Series A. Mathematical and Physical Sciences,1957,242(1230): 277-299.

[88] Nayfeh A H,Mook D T. Nonlinear Oscillations[M]. New Jersey: John Wiley & Sons,2008.

[89] Nayfeh A H,Emam S A. Non-linear Response of Buckled Beams to 1 : 1 and 3 : 1 Internal Resonances[J]. International Journal of Non-Linear Mechanics,2013,52(6):12-25.

[90] Seo D,Akella M R. High-Performance Spacecraft Adaptive Attitude-Tracking Control Through Attracting-Manifold Design[J]. Journal of Guidance Control and Dynamics,2012,31(4):884-891.

[91] Lee K W,Singh S N. Noncertainty-Equivalent Adaptive Missile Control via Immersion and Invariance[J]. Journal of Guidance Control and Dynamics,2010,33(3):655-665.

[92] Hunt L,Su R,Meyer G. Global Transformations of Nonlinear Systems[J]. IEEE Transactions on Automatic Control,1983,28(1):24-31.

[93] Spong M W. The Swing up Control Problem for the Acrobot[J]. IEEE Control Systems,1995,15(1):49-55.

[94] Lanzon A, Freddi A, Longhi S. Flight Control of a Quadrotor Vehicle Subsequent to a Rotor Failure[J]. Journal of Guidance Control, and Dynamics, 2014, 37(2): 580-591.

[95] Tan X, Zhang J, Yang Y. Synchronizing Chaotic Systems using Backstepping Design[J]. Chaos Solitons & Fractals, 2003, 16(1): 37-45.

[96] Ortega R, Schaft A V D, Maschke B, et al. Interconnection and Damping Assignment Passivity-Based Control of Port-controlled Hamiltonian Systems[J]. Automatica, 2002, 38(4): 585-596.

[97] Xu R, Ümit Özgüner. Sliding Mode Control of a Class of Underactuated Systems[J]. Automatica, 2008, 44(1): 233-241.

[98] Hirschorn R M. Generalized Sliding-Mode Control for Multi-Input Nonlinear Systems [J]. IEEE Transactions on Automatic Control, 2006, 51 (9): 1410-1422.

[99] Olfati-Saber R. Normal Forms for Underactuated Mechanical Systems with Symmetry[J]. IEEE Transactions on Automatic Control, 2000, 47(2): 305-308.

[100] Zhang J, Li Q, Cheng N, Liang B. Adaptive Dynamic Surface Control for Unmanned Aerial Vehicles Based on Attractive Manifolds[J]. Journal of Guidance Control & Dynamics, 2013, 36(36): 1776-1783.

[101] Glendinning P. The Mathematics of Motion Camouflage[J]. Proceedings of the Royal Society of London. Series B: Biological Sciences, 2004, 271(1538): 477-481.

[102] Justh E W, Krishnaprasad P S. Steering Laws for Motion Camouflage[J]. Proceeding of the Royal Society A: Mathematical Physical and Engineering Science, 2006, 462(2076): 3629-3643.

[103] Yang C D, Yang C C. Analytical Solution of Three-Dimensional Realistic True Proportional Navigation[J]. Journal of Guidance, Control, and Dynamics, 1996, 19(3): 569-577.

索　引